化学の指針シリーズ

触媒化学

岩澤康裕　小林　修　冨重圭一
関根　泰　上野雅晴　唯 美津木　共著

裳華房

CATALYTIC CHEMISTRY

by

YASUHIRO IWASAWA

SHU KOBAYASHI

KEIICHI TOMISHIGE

YASUSHI SEKINE

MASAHARU UENO

MIZUKI TADA

SHOKABO

TOKYO

「化学の指針シリーズ」刊行の趣旨

このシリーズは，化学系を中心に広く理科系（理・工・農・薬）の大学・高専の学生を対象とした，半年の講義に相当する基礎的な教科書・参考書として編まれたものである．主な読者対象としては大学学部の2～3年次の学生を考えているが，企業などで化学にかかわる仕事に取り組んでいる研究者・技術者にとっても役立つものと思う．

化学の中にはまず「専門の基礎」と呼ぶべき物理化学・有機化学・無機化学のような科目があるが，これらには1年間以上の講義が当てられ，大部の教科書が刊行されている．本シリーズの対象はこれらの科目ではなく，より深く化学を学ぶための科目を中心に重要で斬新な主題を選び，それぞれの巻にコンパクトで充実した内容を盛り込むよう努めた．

各巻の記述に当たっては，対象読者にふさわしくできるだけ平易に，懇切に，しかも厳密さを失わないように心がけた．

1．記述内容はできるだけ精選し，網羅的ではなく，本質的で重要な事項に限定し，それらを十分に理解させるようにした．

2．基礎的な概念を十分理解させるために，また概念の応用，知識の整理に役立つよう，演習問題を設け，巻末にその略解をつけた．

3．各章ごとに内容に相応しいコラムを挿入し，学習への興味をさらに深めるよう工夫した．

このシリーズが多くの読者にとって文字通り化学を学ぶ指針となることを願っている．

「化学の指針シリーズ」編集委員会

ま え が き

触媒は，化学反応の速度を促進させるが，平衡を変えない，反応式には現れない，それ自身は変化しない物質であると定義されている．しかし，触媒化学の進歩と分析手法の著しい発展により，触媒反応中の触媒の構造と電子状態，およびそれらの変化を観察・評価できるようになり，触媒は化学反応の前後では変わらないが，実際には触媒作用中，その構造や電子状態はダイナミックに変化しながら，反応物から反応中間体を経て生成物へと転換していることが分かってきた．触媒作用の仕組みが分かってくると，合理的な触媒の設計・合成法が可能となり，新たな触媒開発の発展や反応プロセスの最適化につながり，高い活性を持ち省資源的な優れた触媒プロセスの創出が可能となる．本書は，多くの学問分野に関係しとても重要な「触媒化学」について，基礎から応用までを適切に総合的に理解できるよう，最新のトピックスも含めて丁寧に説明されており，関連の他の教科書・参考書に見られない特色を持っている．

触媒化学の研究対象は，物理化学，有機化学，無機化学，分析化学と密接に関連し，また，表面化学，電気化学，石油化学，材料科学，環境科学，あるいは生物科学など多種多様な研究分野とも連携して，触媒化学は魅力ある基礎学問として発展してきた．同時に，触媒化学は上記研究分野と新たな学際・融合領域を形成して現代科学技術に課された難しい課題の解決に貢献し，また，触媒による効率的で環境負荷の小さな反応プロセスの実現を通して，持続可能な人類社会の発展に大きな貢献をしてきている．触媒は様々な学問分野を共通視点で結ぶ共通概念ともなっている．触媒化学は長い研究の歴史があるが，21 世紀に入り触媒化学の学問の重要性と多様性がさらに大きくなっている．一方で，新しい科学技術のチャレンジが求められている．

不均一系触媒（固体触媒）の歴史は，19 世紀半ば，Pt 触媒による硫酸製造が始まりであるが，本格的な文明発展への貢献は，20 世紀初頭の Fe 触媒によるアンモニア合成や Zn-Cr 酸化物によるメタノール合成などから始まったといえる．一方，溶液中で働く均一系触媒は20世紀末ごろから急速に発展し，医薬品，有用化学品，高分子などの合成プロセスを実現してきた．

いまもなお進展し続け扱う対象も広がっている触媒化学であるが，不均一系触媒と均一系触媒の基礎と応用の多岐にわたる内容を適切に含め，それらを関連付けて総合的に説明，解説した教科書・参考書はほとんど見当たらない．学部生，大学院生，または初学者や異分野の研究者および企業の研究者・技術者に対する触媒化学の入門的な教科書・参考書が充実しているわけではない．本書『触媒化学』では，大学の理工系学部3，4年次，および大学院生のための触媒化学の教科書・参考書として何が必要かを熟慮し，適切な題材を分かりやすく，最新トピックスも含めて丁寧にまとめた．また，本書は，触媒化学の分野に新たに参入された研究者や，触媒化学の知識を身に付けたいと考える他分野の研究者にも興味を持てる入門書としても適切であり，企業の研究者・技術者のための参考書としても役に立つものとなっている．

本書は五章から構成されている．第1章では，触媒の定義と歴史，触媒の分類，触媒表面の活性点構造，吸着と反応速度論，触媒反応機構，触媒のキャラクタリゼーションなど，触媒化学の基礎と基本概念を学ぶ．また，触媒の原子分子レベルの構造や電子状態が触媒作用にどのように影響を与えるのか，固体触媒や反応中間体の構造や電子状態を測定・解析するための物理化学的手法や最新の分光法・顕微鏡法などを分かりやすくまとめている．

第2章では，金属触媒，金属酸化物，金属硫化物，多孔質材料（ゼオライトなど），炭素材料，固定化触媒など，固体触媒の化学を取り扱っている．本章では，固体触媒を構成する様々な物質について，触媒機能に関連する表面の構造や特性，結晶構造などを考える．

第3章では，均一系触媒全体を俯瞰（ふかん）し，均一系触媒の化学を詳しく説明している．活性を支配する因子・方法としては，均一系触媒では「配位子」を用い，活性を促進，制御する方法がよく用いられる．金属錯体触媒，不斉金属錯体触媒，有機分子触媒，酵素・抗体触媒，重合触媒などを用いた反応例，反応機構，触媒を開発する意味などを学ぶ．

第4章では，種々の触媒と触媒プロセスを取り扱う．ガソリンなどの燃料，水素，アンモニアや化学品，ポリエチレン，ポリプロピレンなどの高分子，医薬品などはほとんど全てが触媒反応によって生み出されている．

第5章では，最近の環境・エネルギー触媒をまとめている．自動車排ガス浄化触媒，燃料電池触媒，光触媒，バイオマス転換，次世代燃料合成，グリーンケミストリーなど，持続可能な社会実現のための触媒の活躍が紹介されている．

内容の理解を深めるため各章末に演習問題を付した．また，触媒化学分野の興味ある事項や最近のトピックス，最新の分析手法などを“コラム”として随所に挿入した．本書は様々な視点からの詳しい説明をしてあるが，それ以上の学問的な内容に関心をもたれた読者は，巻末にあげた参考書や文献をご参照いただきたい．見返しには“周期表”と“各元素の典型的な触媒事例”を示した．

本書の執筆は，各著者の専門分野を考慮して分担を決めた．また，岩澤が共著者を代表して全体を通読し理解しやすいように工夫し調整する一方，共著者全員が全体を通して互いの章立てや読みやすさや語句の正確性，演習問題，コラムの充実に努め，教科書・参考書の一つの手本となるべく努力を尽くした．本書が，触媒化学分野の学生，初学者のみならず，関連分野の学生，研究者，技術者に対しても，触媒化学の基礎と応用を提供する教科書・参考書として役立てば幸いである．

触媒化学は今後も持続可能な社会の基盤となる学問分野として，また，文明の発展に必須のテクノロジーを提供して，様々な研究対象への広がりと多様な研究分野の発展に貢献していくことであろう．多くの読者が本書を通して触媒化学の面白さを知り，この分野に参入したいと思う方々が増えることを祈念している．

最後に，本書の刊行に際し，熱意を持って辛抱強く鼓舞激励して下さり，本書の完成に多大の編集努力を傾けられた裳華房編集部の小島敏照氏に深く感謝申し上げたい．

2019年4月

著者一同

目　　次

Column

執筆分担

第1章　岩澤康裕・冨重圭一・関根　泰・唯　美津木
第2章　冨重圭一・関根　泰・唯　美津木
第3章　小林　修・上野雅晴
第4章　小林　修・冨重圭一・関根　泰・上野雅晴
第5章　冨重圭一・関根　泰

第1章　触媒化学の基礎

第1章では，触媒化学という学問がどのようにして生まれ，育ってきたのかの経緯を振り返り，そこで分かってきた触媒化学の基礎を理解し，今後の触媒研究につながる知識をまとめる．触媒には均一系触媒と不均一系触媒と呼ばれる二種類がある．それらの原子レベルでの構造や電子の状態が触媒作用にどう影響を与えるか，反応物の吸着と表面での反応機構はどうなっているか，その反応速度や触媒構造の評価方法などを学ぶ．

1.1　触媒の定義と歴史

1.1.1　触媒の定義

触媒および**触媒作用**の語源は，1836年にベルセリウス（Berzelius, J. J.）が，「それ自身は変化しないが他の物質を変える力を持つある種の物質を触媒（catalyst）と命名し，その力を触媒力と呼び，その作用を触媒作用（catalysis）と名付けた」ことによる（触媒の概念を初めて提示）．その後，オストワルト（Ostwald, F. W.）は1901年に「触媒は，化学反応の速度を変化させるが，平衡を変えない，反応式には現れない物質」と定義し，触媒の概念を明確化した．また，**化学平衡**と**反応速度**という概念が明確に区別された．これら触媒作用・化学平衡・反応速度に関する業績が認められ，オストワルトは1909年にノーベル化学賞を受賞した．このオストワルト，ならびにネルンスト（Nernst, W. H.；ネルンストの式や熱力学の第三法則を提唱し，熱化学の研究により1920年にノーベル化学賞を受賞）に師事した大幸勇吉 京都帝大教授が，catalysisに「触媒作用」という日本語訳を与えた．

現在の化学においては，触媒は，「化学反応において，反応速度を変えるが総括反応式には現れず，平衡定数を変えない物質であり，新たな反応経路を作り出すことで見かけの活性化エネルギーを減少させ，いくつかの可能な反応のうちで特定のものを選択的に進行させる物質」と定義されている．触媒は化学反応の前後では変わらないが，実際には触媒作用中，触媒の構造や電子状態が変化しながら，反応分子が反応中間体を経て生成物分子に転換していることが学問の進歩と共に明らかになっている（1.5 節や第 2, 3 章を参照）．触媒に添加して触媒の効率を高める物質は**助触媒**と呼ばれることがある．例えば，窒素と水素からアンモニアを合成する二重促進鉄触媒（鉄の他にアルミナ（2～5 %）と酸化カリウム（0.5～1 %）を含む）のように二つ以上の成分からなる触媒において，主成分の活性金属である鉄の触媒作用を促進させる物質を助触媒という．アルミナ（Al_2O_3）は鉄を微粒子状態に安定化する働きがあり，酸化カリウム（K_2O）は鉄へ電子供与して反応を促進させる効果がある．

1.1.2 触媒の活性部位（活性点）

固体触媒の表面において，あるいは酵素分子中にあって，反応が進む（反応物質が触媒作用を受ける）特定の部位（サイト）は**活性部位**と呼ばれる．1925 年，イギリスのテイラー（Taylor, H.S.）は，固体触媒表面の全てが活性なのではなく，特別な部分（例えば原子配列の不規則な部分など）が反応分子を吸着し反応をひき起こすサイトとして働くと考え，これを**活性中心**（**活性点**）と呼んだ．この考えは，触媒の働きや触媒作用を説明するうえでよく用いられる．しかし，固体触媒では活性点の構造が明らかでない場合も多く，様々なキャラクタリゼーション法を用いて解析されている．金属触媒，酸化物触媒，その他の触媒の活性点構造については，以下のそれぞれの項で詳述する．

1.1.3 触媒の四要素

触媒を考えるうえで，活性，選択性，寿命・安定性，環境負荷の四つの要素が重要となる．活性と選択性は触媒に求められる最も重要な性能である．

活性は，単位時間・単位触媒量当たりの**反応速度**（mol s^{-1} g^{-1}, mol h^{-1} g^{-1} など）で表される．また，触媒の活性を表す尺度として，**TOF**（turnover frequency：**ターンオーバー頻度**）や **TON**（turnover number：**ターンオーバー数**）がある．TOF は，一つの反応サイト（活性点）において単位時間当たりいくつの生成物が生成されるかの触媒回転頻度であり，単位は s^{-1}, h^{-1} などである．TON は，触媒が失活するまでの時間内で触媒 1 モル当たり（活性点 1 モル当たり）生成物が何モル生成されたかの触媒回転数であり，無次元の値である．

選択性とは，いくつかの可能な反応（生成物）のうちで目的の反応（生成物）が進行（生成）する割合（%）である．目的とする生成物だけが得られ，不要な副生成物が生成しない触媒反応が理想であり（選択性が 100 %），それを実現する触媒設計が触媒化学の一つのゴールである．

三つ目の要素として，**寿命・安定性**が挙げられる．長時間（工業触媒では数カ月 ～ 十年程度）同じ触媒反応に用いているうちに，活性金属錯体が分解するなど構造が変化したり，金属の酸化状態などの表面状態が変わったり，金属微粒子が凝集したり，化学原料に含まれる硫黄などの不純物や触媒反応中に析出した炭素が反応サイト（活性点）に付着したりして，性能が低下する場合がある．工業触媒では，一定の期間使用して機能が低下した触媒を，酸化や還元により再生処理を行い再使用することが多い．触媒を有効に使用できる期間を**寿命**という．活性，選択性，寿命は，プロセスの経済性にとり極めて重要な要素である．

最後に，近年注目される要素として**環境負荷**が問題にされるようになっている．従来は生産性が高ければそれでよかったが，21 世紀の化学プロセスでは，環境への負荷をできるだけ小さくすることも重要となってきた．カドミウム，鉛，オスミウム，水銀など毒性のある物質を使用しないこと，高価で希少な元素を低減したり普遍的に存在する元素に代替すること，再利用可能なこと，触媒を用いることで反応における廃棄物発生が低減できることなどが望まれる．環境負荷の尺度として，**E-ファクター**（副生成物量 / 目的生成物量）や**アトムエコノミー**（原子経済；原子効率ともいう）（目的物の分子量 / 反応物の分子量

×100(%))と呼ばれる省資源性を示す指標が用いられる(5.6節参照).

これからの触媒プロセスには，高い活性，高い選択性，長期の安定性(長寿命)，低い環境負荷の四つの要素が同時に達成されることが要求される.

1.1.4　触媒の種類と分類

触媒は，反応系(相)，触媒材料，触媒形態，反応の種類，使用目的により多様である．触媒も反応物も同じ溶媒に溶けているなど触媒と反応物が同一相にある場合，**均一系触媒**(homogeneous catalyst)と呼び，触媒が固体で反応物が気体や液体(溶質)のように触媒と反応物が異なる相の反応の場合，**不均一系触媒**(heterogeneous catalyst)と呼ぶ.

金属錯体など分子触媒による精密な医薬品合成や有機合成は，触媒も反応物も溶媒に溶かして用いることが多いので，均一系触媒反応の場合が多く，大規模な化学プロセスでは，固体表面で気体や液体を反応させる不均一系触媒反応が多い．均一系触媒は溶媒の沸点以下での反応温度に限定されるので，活性は不均一系に比べて高くないのが一般的である．しかし，均一系錯体触媒では，金属元素と数，**配位子**の設計により目的の反応に適した分子レベルの触媒設計制御が可能であり，高い選択性を実現できる．最近では高活性な錯体も多く合成されている．一方で，全てが溶媒に溶けているため，生成物の分離や触媒の回収・再生は困難である.

対照的に，不均一系触媒では，固体触媒の耐熱温度までは高温での触媒反応が可能で活性を高めることができる．一方，触媒表面は必ずしも均質でなく，分子レベルの設計・制御が困難であるため，選択性は均一系触媒に比べて低いことが多い．しかし，不均一系触媒では，生成物の分離，触媒の回収・再生，プロセス操作などが比較的容易であり，これらは工業プロセス上の大きな利点となっている.

触媒の分類の仕方には様々なものがある．触媒材料による分類では，触媒の活性点が金属，金属酸化物，金属硫化物などである場合，それぞれ金属触媒，金属酸化物触媒，金属硫化物触媒などと呼ぶ．また，酸性・塩基性の活性点を持つ酸・塩基触媒，有機合成反応に多用される金属錯体触媒なども，触媒材料を反映した分類である．

触媒形態による分類では，表面積の大きい担体に金属微粒子などを担持した触媒は担持触媒と呼ばれ，工業触媒に広く利用されている．また，ゼオライトなどの多孔質材料，薄膜，ミセル，分子など，様々な触媒物質の形態により分類される．最近では，SiO_2, ZnO, MgO などの固体表面に金属錯体を孤立して固定化したものや，原子状に金属を分散させたものをシングルサイト触媒と呼ぶこともある．

触媒を利用する反応の種類により，酸化触媒，還元触媒，脱硫触媒，脱硝触媒，重合触媒，リフォーミング触媒，不斉合成触媒などに分類される．

また，使用の目的や対象によって，自動車触媒，環境触媒，石油精製用触媒，重合用触媒，ファインケミカルズ合成触媒，燃料電池電極触媒，バイオマス変換触媒，光触媒などに分類される．

1.2　不均一系触媒の表面の構造と性質

1.2.1　不均一系触媒の表面構造と電子状態

ここでは，触媒表面の構造と性質について，不均一系触媒として代表的な金属触媒と，金属酸化物触媒についてまとめる．表面は内部（**バルク**）とは異なる構造をとることが多い．表面近傍では 1 層目と 2 層目の原子間の距離は縮まり，2 層目と 3 層目の間は伸びるなどの**表面緩和**が起こることが知られている．また，配列までも大きく変わる**表面再構成**が起こることもある．このような表面の特性が，触媒作用と密接に関係している．これらは，反応雰囲気や温度によっても変わる．そのため，触媒作用を理解するには，真空下での表面構造だけでなく，反応条件下での表面構造の解析が重要になっている．

1）金属触媒

金属元素は，金属触媒だけでなく，固体金属酸化物触媒などの他の固体触媒および均一系錯体触媒においても重要な活性成分であるが，ここでは，金属元

表 1.1　固体触媒としてよく用いられる金属と結晶構造

結晶構造	金　属
面心立方構造（fcc：face-centered cubic）	Co, Ni, Cu, Rh, Pd, Ag, Ir, Pt, Au 等
六方最密充填構造（hcp：hexagonal closed-packing）	Mg, Co, Zn, Ru, Os, Re, Nd 等
体心立方構造（bcc：body-centered cubic）	V, Cr, Fe, W 等

素の単体，すなわち，価数が0価の状態（金属状態）の構造や性質，電子状態が表す金属触媒作用について説明する．固体触媒としてよく用いられる金属単体とその結晶構造について**表 1.1** にまとめる．

ここで示した結晶構造は固体内部の構造に相当するが，固体触媒の触媒作用は，反応分子と相互作用できる固体表面の性質によって決まるため，次に固体表面の構造について考える．一つの結晶構造について，表面の切り出し方は**ミラー指数**で規定され，定義的にはそれは無数に存在するが，実際の固体触媒を考えるうえでは低指数面（ミラー指数で表したときに0または1）が基本となる．これは，後でも述べるように，金属原子1個が最近接する金属原子の数（**配**

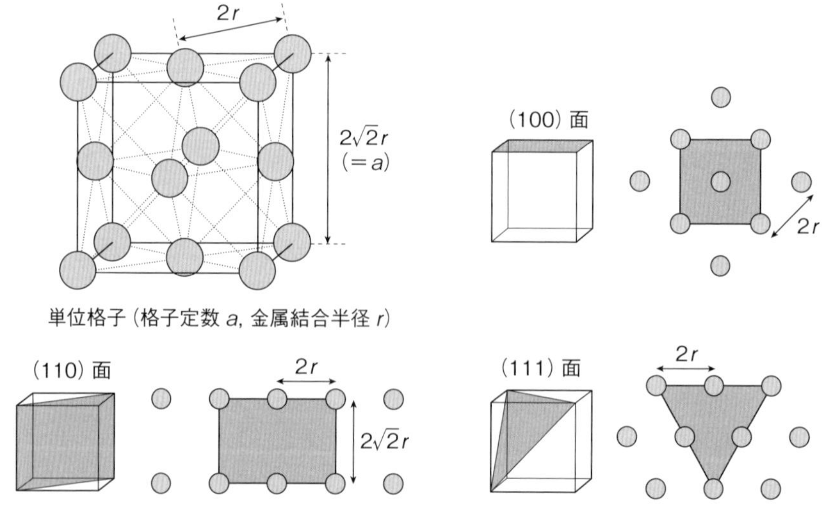

図 1.1　面心立方構造の単位格子および (100), (110), (111) 面の表面原子の配列

位数と呼ぶ）が比較的大きく，熱力学的に安定な表面であるためである．**図 1.1** に**面心立方**（fcc）**構造**の単位格子および（100），（110），（111）面の表面原子の配列を示す．**図 1.2** に**六方最密充填**（hcp）**構造**の単位格子および（0001）面の

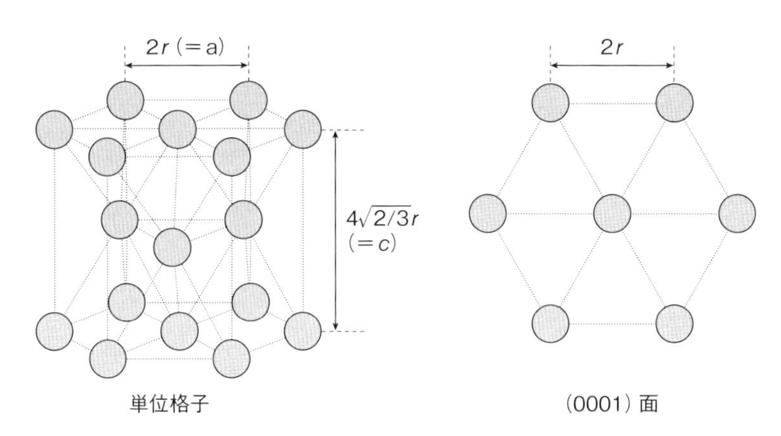

図 1.2　六方最密充填構造の単位格子および（0001）面の表面原子の配列

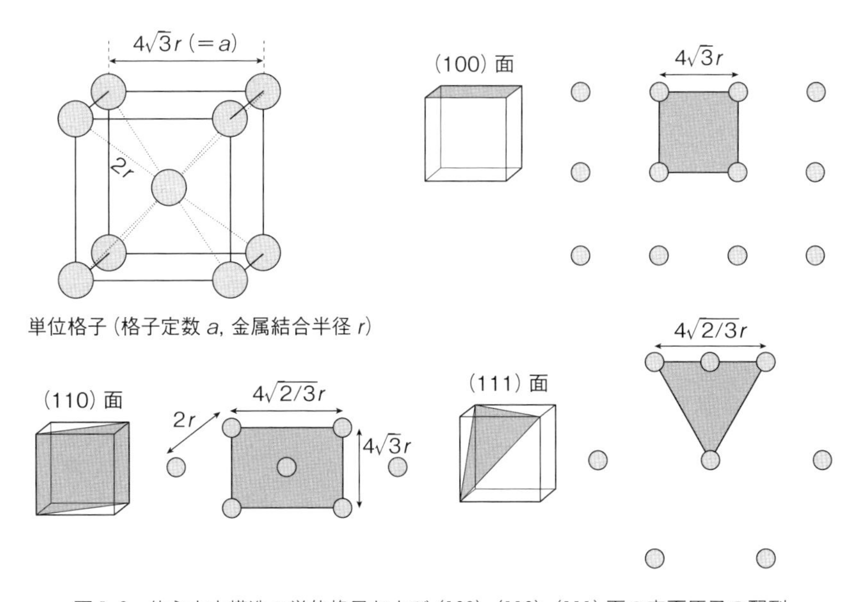

図 1.3　体心立方構造の単位格子および（100），（110），（111）面の表面原子の配列

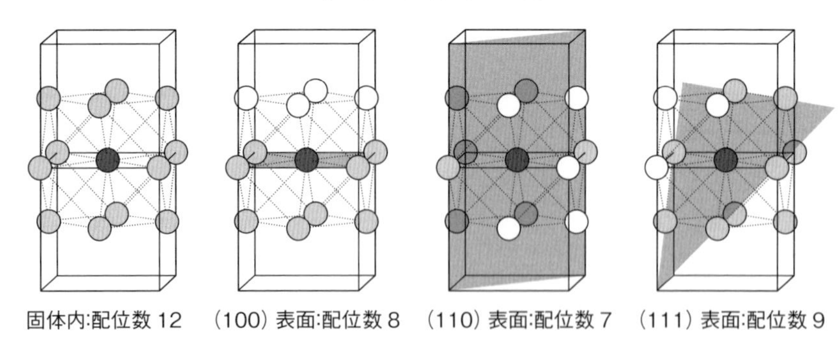

図 1.4　面心立方構造中の原子の配位数（黒は基準原子，白は表面より上の原子）

表面原子の配列．**図 1.3** に**体心立方**（bcc）**構造**の単位格子および (100), (110), (111) 面の表面原子の配列を示す．

ここで，面心立方構造を例にして，配位数について考えてみる．面心立方構造の場合，**図 1.4** に示すように，固体内の原子の配位数は 12 であり，(100), (110), (111) 面における表面第 1 層に存在する原子の配位数は，それぞれ，8, 7, 9 となる．配位数が 12 に近いほど**配位不飽和度**が小さく，エネルギー的に安定である．また，(100), (110), (111) 面の表面原子の配列（表面の単位格子）が，正方形，長方形，正菱形正六角形（または正三角形）であり，配位不飽和度が小さいほど空隙が小さいことにも注目したい．六方最密充填構造では，単位格子における単位ベクトルの取り方が面心立方構造や体心立方構造と異なり，同一平面で互いに 120° の角度を持つ a_1, a_2, a_3 と，それらと鉛直で交わる c で表されるため，(0001) という四つの数字で面を表現する．(0001) 面の表面原子の配列は，面心立方構造の (111) 面と類似しており，(0001) 面はエネルギー的に安定な面である．

金属の場合，金属微粒子表面では，(100), (110), (111) などの平滑な低指数面に加えて，端面などが露出することで，**図 1.5** に示すような**ステップ**や**キンク**といった高指数な面で生成するサイトが触媒として重要な役割を果たすことが多い．

図 1.5 の階段状表面では，平滑面を**テラス**，階段の段差の部分を**ステップ**，

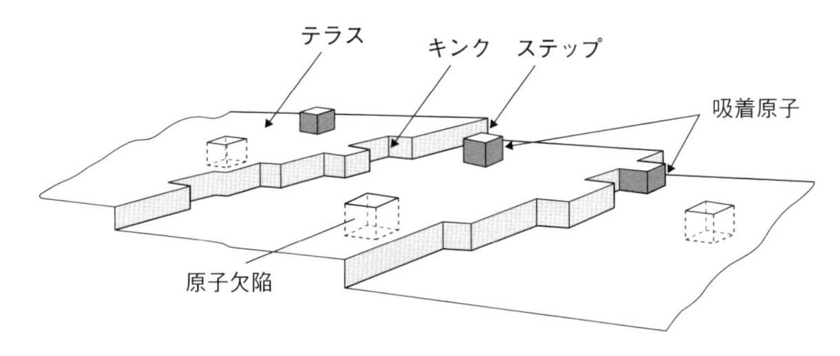

図 1.5 テラスとステップとキンクの構造

二つのステップが交わるところを**キンク**と呼ぶ．ステップやキンクはテラスに比べて欠陥のあるサイトであり，配位不飽和であるため，強い吸着を起こしやすく，触媒の活性点として働く場合が多い．

次に，表面近傍の金属の電子状態について説明する．金属の結晶では，個々の金属原子の電子のエネルギーは準位が連続的なバンド（帯）を形成する．電子はエネルギーの低い結合性のバンドから，エネルギーの高い反結合性のバンドに向かって詰まっていくが，この電子が（絶対零度で）存在することのできる最大のエネルギーを**フェルミ準位**（**フェルミレベル**）という（**図 1.6**）．金属ではこれらのバンドは連続的なバンド構造をとり，フェルミ準位がバンド内にあるため電子は自由に動くことができる．

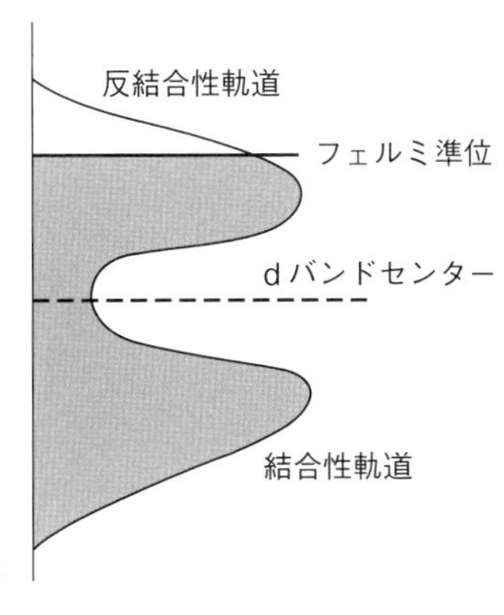

図 1.6 d バンドセンターとフェルミ準位

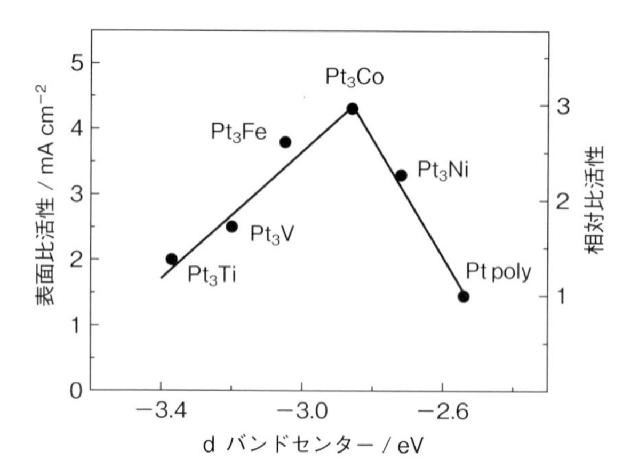

図 1.7 合金電極の酸素還元活性と d バンドセンターとの火山型相関

左の縦軸は 0.9 V での電極表面積当たりの活性；右の縦軸は多結晶 Pt に対する相対活性.

(Tamenkovic, V. R., Mun, B. S., Arenz, M., Mayrhofer, K. J. J., Lucas, C. A., Wang, G., Ross, P. N. and Markovic, N. M.：*Nat. Mater.*, **6**, 241-247 (2007) を改変)

触媒には第 4, 第 5 周期の遷移金属がよく用いられるが, 金属触媒作用の指標として **d バンドセンター**が用いられる. d バンドセンターは, d 軌道からなるバンドの電子状態密度のエネルギー中央値 (重み) を指しており, d バンドセンターが表面構造や表面状態によって上下することで, 反応性と深く関わっている. 例えば, 酸素が解離して酸素原子 (電子求引性) として Pt 表面に吸着するとき, Pt の表面構造の違いにより, d バンドセンターが低いほど酸素吸着は弱くなる. 逆に上がるほど酸素吸着は強くなり, それに伴い酸化触媒活性が変化する. d バンドセンターが下がりすぎると酸素が吸着しにくくなり, 高いと吸着酸素が安定すぎて反応性が低下するため, 適度な d バンドセンターを持つ触媒が一番高い活性を示す (**火山型活性序列**). **図 1.7** は, 金属触媒の金属の酸素還元反応活性と d バンドセンターとの火山型相関である. バンド構造については, 紫外光電子分光 (価電子帯など占有電子状態のバンド情報) と逆光電子分光 (伝導帯などの非占有電子状態のバンド情報) などによって評価することが可能である．

次に，金属が担体の上に担持されている担持金属触媒の構造と電子状態についてまとめる．担持金属触媒においては，金属元素の種類，構成（単一成分，複数成分（合金）など），露出面（ミラー指数）に加えて，金属微粒子のサイズ，金属と担体との相互作用などによっても触媒の特性が影響される．金属微粒子のサイズが小さくなると表面積が大きくなる．微粒子の全原子のうち表面に露出している割合を**分散度**（D_M）という．D_M は以下の式で定義される．

$$D_M = \frac{N_s}{N_t} \times 100(\%) \quad (N_s \text{は表面に露出している原子数，} N_t \text{は全原子数})$$

担持金属微粒子で，全原子が原子状あるいは単原子層状に担体表面に分散している場合は，分散度が 100 % となる．fcc 金属においては，5 nm の球状粒子が均一に担持されている場合はおよそ 20 % の分散度，3 nm の場合はおよそ 35 % の分散度となる．分散度は H_2 や CO の吸着などによって求めることができる．前述の TOF が分散度（粒子サイズ）に依存する反応を**構造敏感反応**と呼び，依存しない場合を**構造鈍感反応**と呼ぶ（2.1 節参照）．これらの違いは活性点の構造と反応機構に関係する．

担持金属微粒子触媒においては，金属微粒子の触媒性能は担体の種類・性質によって大きく異なる．小さな金属微粒子では，構造や電子状態が担体の影響をより強く受ける．担体も触媒機能を持っている場合には，金属微粒子の触媒機能と担体の触媒機能を合わせた**二元機能触媒**として働いたり，単なる和以上の相乗効果が現れたりする．また，TiO_2, ZnO など還元性担体に担持した Pt 触媒を高温で水素還元処理すると，Pt 粒径は変わらないのに H_2 や CO が吸着できなくなる現象がみられ，**SMSI**（strong metal support interaction）**効果**と呼ばれている．その一つの原因は，高温で担体が部分還元を受けて生成した TiO_x が Pt 微粒子表面を覆うことによると説明されている．担体の役割と働きは多様である．

異種の物質による触媒作用への複合効果は，遷移金属を複数組み合わせて用いる場合（合金化）にも多くみられる．合金微粒子触媒では，二種類の金属が完全に固溶し合う場合，隣接して独立に存在する場合（共晶），一定の結合をもって秩序構造をとる場合（金属間化合物），コアシェル構造をとる場合などが知られる．合金化に際しては，**リガンド効果**と**アンサンブル効果**の二つの複合効果が現れる．リガンド効果とは，加えた異種元素により元の遷移金属の電子状態が変わる電子的効果のことであり，アンサンブル効果とは，異種金属元素（Au など）を添加したとき，元の遷移金属原子（例えばPd）の電子状態はほとんど変わらなくても，Pd 原子同士の集合度合い（アンサンブル）が変わること（幾何学的効果）によって触媒活性が増大する場合である．Au の添加量が増えていくとPd 原子がAu で囲まれる割合が増えていき，ついにはAu の中にPd 原子が孤立して分散している表面構造となる．リガンド効果やアンサンブル効果により，触媒の活性や選択性が大きく変わることが知られている．

2）金属酸化物触媒

金属酸化物のバンド構造は，一般に結合性の**価電子帯**（valence band）と反結合性の**伝導帯**（conduction band）からなり，これら二つの間のエネルギー幅を**バンドギャップ**（**禁制帯**の幅）と呼ぶ（**図1.8**）．金属酸化物には，バンドギャップの大きな絶縁体や，比較的小さな半導体から，禁制帯がない金属に近い状態まで多様な種類があり，様々な化学反応に触媒活性を示す．MgO や Al_2O_3 などはイオン結合性の絶縁体であり，イオン結合性が強い MgO の表面は酸素アニオンによる塩基性を示す．TiO_2, SnO_2, ZnO などは共有結合性も含み，半導体性を示す．金属酸化物に異種元素を置換したり欠陥を導入すること

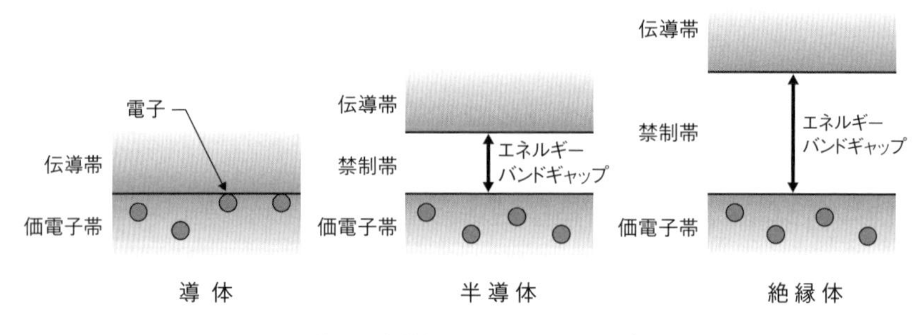

図1.8 導体・半導体・絶縁体のバンドギャップ

により，バンドギャップ内に新たに不純物準位が形成される．このようなバンド構造により，半導体金属酸化物の光触媒作用は大きく影響を受ける．

一般の熱化学反応に対する金属酸化物の触媒作用は，バンド構造というより，表面の配位構造や局所的な電子状態により影響を受けることが多い．例えば，金属酸化物表面の金属イオンは**ルイス**（Lewis）**酸**，酸素イオンは**ルイス塩基**として働き，ヒドロキシ基が存在している場合はヒドロキシ基がプロトン酸性を示したり塩基性を示したり，金属-酸素間の結合エネルギーが小さく酸素が抜けやすいため酸化機能を示したり，酸素欠陥サイトが電子や分子の授受に働くなど，金属酸化物の酸塩基触媒作用や酸化還元触媒作用など触媒性能や特性は，表面状態により著しく変化する．

一方，金属触媒が酸化反応に優れた触媒作用を示すので金属表面が活性なのかと思っていたら，実は，酸素による金属表面の酸化により酸化物層が形成され，その表面金属酸化物層が本当の活性表面だった，などということもある．金属酸化物は金属とならび，非常に多くの反応プロセスに対して優れた触媒として使われている．

1.2.2　酸化還元特性

金属触媒の酸素による酸化活性は，**酸化還元特性**を示す金属（M）と酸素（O）との結合エネルギーと関係する．M–O 結合エネルギーが小さいと酸素の活性化が弱く，M–O 結合エネルギーが大きいと反応性は小さくなる．したがって，適度な M–O 結合エネルギーを持つ金属が最も酸化活性が高い．**図 1.9** は，金属触媒のエチレン酸化活性と，金属-酸素結合生成熱との火山型相関である．電気化学反応，生体内電子伝達反応，光合成の光反応では，電子をやりとりする**酸化還元電位**により反応のしやすさが決まる．酸化還元電位は，物質の電子の放出しやすさ，あるいは受け取りやすさを定量的に評価する尺度である．金属酸化物の触媒作用では，表面酸素（格子酸素）が反応に関わる多くの例が知られており，マーズ-ヴァンクレベレン（Mars-van Krevelen；MVK）機構と呼ばれている（詳細は 1.5 節）．この場合，酸素が反応に関与して消費された後に

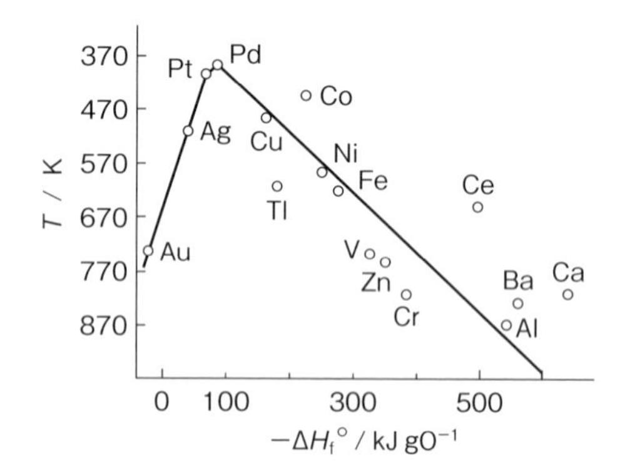

図1.9　各種金属の酸化物のエチレン酸化活性と金属–酸素結合の生成熱との間の火山型相関

T は1.8％転化率を示す温度．$-\Delta H_f^\circ$ は金属酸化物の酸素原子当たりの金属–酸素結合生成熱．

（清山哲郎・鹿川修一・梶原良史・徳永栄之：触媒，**8**，306（1966）より改変）

酸素欠陥が生じるが，酸素分子，水蒸気，二酸化炭素などの酸素源によって補充され元の酸化物表面に戻る．

このような酸素の動きは，定常状態において酸素源を同位体 ^{18}O に切り替えて過渡応答を質量分析計（MS）で測定する SSITKA（steady state isotopic transient kinetic analysis）法，あるいは ^{18}O パルスに対して MS で生成物の時間分析を行う TAP（temporal analysis of products）法により調べることができる．

1.2.3　酸塩基特性

触媒表面の**酸塩基性**は，触媒作用に影響を与える重要な表面の性質である．中性表面では吸着分子は**均等解離**（ラジカルを生成する）を起こしやすく，酸性あるいは塩基性の表面では**不均等解離**（イオンを生成）しやすい．触媒としてはとりわけ酸が多く用いられる．

炭化水素の分解，異性化，水和，脱水，アルキル化などの反応は，酸触媒により進行する．硫酸やフッ化水素酸でも反応が進行しうるが，プロセスの簡便性，触媒の分離，環境負荷の問題を考慮すると，固体酸を用いることが望ましい．固体酸としては，プロトンを与える**ブレンステッド**（Brønsted）**酸**と，電子対を受け取る**ルイス酸**が知られ，γ-アルミナはルイス酸のみが存在し，シリカアルミナは両方の酸を有し，ゼオライトはブレンステッド酸が多いことが知られている．触媒表面の酸の量と強さは，ピリジン，アンモニア，アセトニトリルなどの塩基性分子の**昇温脱離**（TPD：temperature programmed desorption）**法**により評価できる．塩基の量と強さは，二酸化炭素などの昇温脱離法により評価できる．また，**酸解離定数** pK_a の明らかな一群の**ハメット指示薬**を固体表面に吸着させ，その変色の様子を観察することで簡便に酸塩基特性を評価することができる．

1.3　吸　着

本節では，分子の固体表面上への**吸着**（adsorption）を具体例として，**吸着質**（吸着原子・分子）と**吸着剤**（吸着媒ともいう）（触媒）の相互作用について考える．反応分子の**触媒活性点**への吸着過程は，触媒反応の第一段階として重要なステップである．また，**均一系錯体触媒反応**では反応分子の配位や酸化的付加に相当し，**酵素反応**では酵素–基質の複合体の形成に相当する．原子・分子が固体内部に入り込む場合は**吸収**（absorption）と呼び，吸着と吸収が同時に起こっている場合には**収着**（sorption）と呼ぶ．吸着の現象を熱力学的に考えると，吸着前には三次元空間を自由に動いていた状態から，吸着後の二次元平面内に束縛された状態へ変化するため，系のエントロピーは減少する（$\Delta S < 0$）．ほとんどの場合，吸着は自発的な過程（$\Delta G = \Delta H - T\Delta S < 0$）であり，吸着のエンタルピー変化は負（$\Delta H < 0$）となり，このことは吸着が発熱現象であることを示す．

1.3.1　物理吸着と化学吸着

分子や原子の吸着は，大きく**物理吸着**と**化学吸着**に分けられる．物理吸着は

表 1.2　代表的分子の物理吸着エンタルピーの最大値 (kJ mol^{-1})

N_2	−21	O_2	−21
CH_4	−21	C_2H_4	−34
CO	−25	CO_2	−25
H_2O	−59	Xe	−21

表 1.3　金属単結晶表面における H_2 と CO の吸着エンタルピー (kJ mol^{-1})
(H_2 は解離して H 原子として吸着)

結晶面	H_2	CO
Ni (111)	−95	−125
Cu (111)	−*	−50
Rh (111)	−78	−132
Pd (111)	−88	−142
Ag (111)	−15	−27
Ir (111)	−53	−142
Pt (111)	−75	−138

* ほとんど吸着しない.

ファンデルワールス力による吸着であり，化学吸着では，化学結合を形成して吸着する．物理吸着の**吸着エンタルピー**は凝縮のエンタルピーと同程度 (20 kJ mol^{-1} 程度) である．化学吸着の吸着エンタルピーは吸着質によって大きく変化し，一般的におよそ 40 kJ mol^{-1} 以上，400 kJ mol^{-1} 程度まで様々な値をとる．典型的な分子の物理吸着および化学吸着の吸着エンタルピーを**表 1.2** および**表 1.3** に示す．物理吸着エンタルピーの値は一般に分子の種類に依存しない．面心立方格子の結晶構造を持つ金属の (111) 表面への化学吸着の吸着エンタルピーの値は，吸着質によっても金属の種類によっても大きく異なることが分かる．様々な金属表面上にどのような吸着質が吸着できるかは，**表 1.4** にまとめた．

1.3.2　吸着等温式

温度一定の条件で吸着量は圧力の関数として表現され，その関係は**吸着等温**

表 1.4　各金属の各吸着質との化学吸着形成の有無

金　属	O_2	C_2H_4	CO	H_2	CO_2	N_2
Cr, Fe, Mo, Ru, W, Os	○	○	○	○	○	○
Ni, Co	○	○	○	○	○	×
Cu, Rh, Pd, Ir, Pt	○	○	○	△	×	×
Al, Au	○	○	×	×	×	×
Mg, Si, Zn, Ge, Ag, In, Sn, Pb	○	×	×	×	×	×

○：吸着する，△：条件による，×：吸着しない（物理吸着のみ）

式で表される．化学吸着および物理吸着を表現する吸着等温式として代表的なラングミュア (Langmuir) 型および BET 型を説明する．

ラングミュア型吸着等温式は，下記の三つの仮定に基づいて導かれる．

① 単分子層吸着 (2 層以上にならない)

② 固体表面の全ての吸着点は等価

③ 吸着分子間に相互作用なし (吸着エンタルピーが吸着量によらず一定)

まず，分子 A が吸着剤表面上の吸着点 σ に分子状吸着する場合のラングミュア型吸着等温式を考える．

$$\mathrm{A} + \sigma \rightleftarrows \mathrm{A}\cdot\sigma\,(\text{吸着種 A}) \tag{1}$$

式 (1) について吸着速度 v_{ad} および脱離速度 v_{de} を求めると，式 (2)，(3) のようになる．

$$v_{\mathrm{ad}} = k_{\mathrm{ad}} P\,(1-\theta) \tag{2}$$

$$v_{\mathrm{de}} = k_{\mathrm{de}}\theta \tag{3}$$

k_{ad} は吸着速度定数，k_{de} は脱離速度定数，P は気体 A の圧力，θ は被覆率である．被覆率 θ は全吸着点に対する吸着種の割合であり，吸着点に全く吸着していない状態の 0 から，全てが吸着されている状態の 1 まで，様々な値をとる．$(1-\theta)$ は，空いている吸着点の割合である．

吸着平衡状態では，$v_{\mathrm{ad}} = v_{\mathrm{de}}$ であるため，式 (4) が得られる．

$$\theta = \frac{KP}{1+KP} \tag{4}$$

K は吸着平衡定数であり，$K = k_{\mathrm{ad}}/k_{\mathrm{de}} = \theta_{\mathrm{eq}}/P_{\mathrm{eq}}(1-\theta_{\mathrm{eq}})$ である．$_{\mathrm{eq}}$ は平衡状

態での θ や P の値を意味する．

ここで吸着点数を a とすると，吸着量 V は $a\theta$ であるから，V と P の関係は吸着等温式 (5) として得られる．

$$V = a\theta = a\frac{KP}{1+KP} \tag{5}$$

また，吸着質分子が解離して吸着する場合には，

$$V = a\frac{(KP)^{1/2}}{1+(KP)^{1/2}} \tag{6}$$

となる（演習問題［2］参照）．

式 (5) および (6) のラングミュア型吸着等温式から，吸着量 V は，充分に低圧では，それぞれ，$V = aKP$ および $V = a(KP)^{1/2}$ となり，吸着量は P または $P^{1/2}$ に比例する．一方，充分に高圧では，両者とも $V = a$ であるので吸着量は圧力に依存しない．吸着平衡定数 K が大きいほど，比較的低い圧力で $V = a$ に近づいていくことになる（演習問題［3］参照）．

一方で，実験的には，圧力 P での吸着量 V が測定されるが，この結果を解析する際，V と P（または θ と P）の関係（曲線）を解析するよりは，上式を変形して，

$$\frac{P}{V} = \frac{1}{aK} + \frac{P}{a} \tag{7}$$

$$\frac{P^{1/2}}{V} = \frac{1}{aK^{1/2}} + \frac{P^{1/2}}{a} \tag{8}$$

を用いれば直線関係が得られ，切片と傾きから a と K を決定することができる．

さらに，吸着等温線をいくつかの異なる温度で測定すると，それらの温度で吸着量が等しくなる圧力を求めることにより，等量吸着エンタルピー（被覆率を固定した際の吸着エンタルピー）を算出することができる．

吸着平衡状態では $v_{ad} = v_{de}$ であるため，式 (2) と (3) から式 (9) が得られる．

$$KP = \frac{\theta}{1-\theta} \tag{9}$$

被覆率 θ が一定の条件では，

$$\ln K + \ln P = \mathrm{Const.} \tag{10}$$

となる．

式(10)とファントホッフ(van't Hoff)の式 $(\partial \ln K/\partial T)_\theta = \Delta H_{\mathrm{ad}}{}^*/RT^2$ (R：気体定数，$\Delta H_{\mathrm{ad}}{}^*$：被覆率を固定した際の吸着の標準エンタルピー)を用いて，クラウジウス-クラペイロン(Clausius-Clapeyron)式(11)

$$\left(\frac{\partial \ln P}{\partial T}\right)_\theta = -\left(\frac{\partial \ln K}{\partial T}\right)_\theta = -\frac{\Delta H_{\mathrm{ad}}^*}{RT^2} \tag{11}$$

が得られ，さらに次のように変形できる．Q_{ad} は吸着熱(吸着は発熱現象なので吸着エンタルピーの絶対値として表される：$Q_{\mathrm{ad}} = -\Delta H_{\mathrm{ad}}$)である．

$$\left(\frac{\partial \ln P}{\partial (1/T)}\right)_\theta = \frac{\Delta H_{\mathrm{ad}}^*}{R} = -\frac{Q_{\mathrm{ad}}}{R} \tag{12}$$

積分して，式(13)が得られる．

$$\ln P = \frac{\Delta H_{\mathrm{ad}}{}^*}{R}\frac{1}{T} + \mathrm{C} = -\frac{Q_{\mathrm{ad}}}{R}\frac{1}{T} + \mathrm{C} \quad (\mathrm{C}\text{ は積分定数}) \tag{13}$$

各温度で被覆率(吸着量)が等しくなる圧力($\ln P$)を $1/T$ に対してプロットすると，その傾きが $\Delta H_{\mathrm{ad}}{}^*/R$ または $-Q_{\mathrm{ad}}/R$ となるので，標準吸着エンタルピーまたは吸着熱を求めることができる．さらに，各温度の K の値から，$\Delta G_{\mathrm{ad}}{}^*$ (吸着の標準ギブズエネルギー)が与えられ，これらを用いて，吸着の標準エントロピー $\Delta S_{\mathrm{ad}}{}^*$ が算出できる．

次に**BET 型吸着等温式**を取り上げる．BET は吸着等温式を導いた三人，ブルナウアー(Brunauer, S.)，エメット(Emmett, P.)，テラー(Teller, E.)の名前の頭文字に由来する．BET 型吸着等温式は，多分子層吸着を扱う等温式であり，粉体や多孔質物質の比表面積や細孔容量を測定するために多く用いられる．具体的には，液体窒素温度での窒素分子の物理吸着が使われる．

BET 型吸着等温式は，式(14)により表される．

$$\frac{V}{V_{\mathrm{m}}} = \frac{xC}{(1-x)(1-x+xC)} \tag{14}$$

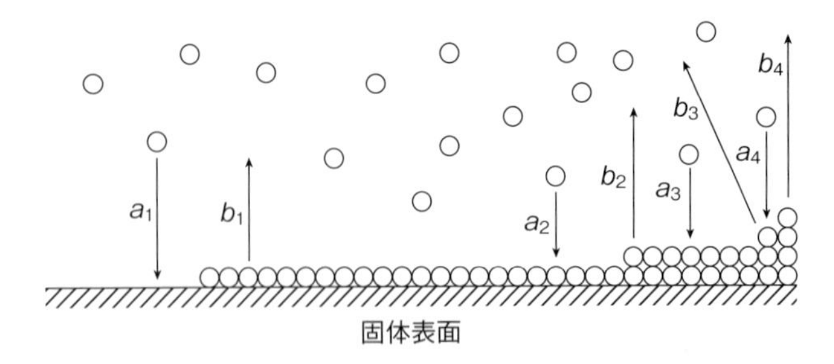

図 1.10　BET 型多分子層吸着のモデル
白丸が分子を示す．第 2 層以降の吸着は液体表面への凝縮と同等で（$a_2/b_2 = a_3/b_3 = a_4/b_4 \cdots$），固体表面の第 1 層の吸着はそれより強い（$a_1/b_1 = Ca_2/b_2$，$C > 1$）．

V_m：単位表面を単分子層で覆うのに必要な気体分子の体積（常圧換算）

V：単位表面に吸着した分子全体の気体状態での体積（常圧換算）

x：$a_i/b_i \cdot P\exp(Q_L/RT)$（$= \theta_i/\theta_{i-1}$，層数 i が 2 以上で成立，P は気体の圧力，Q_L は気体の凝縮熱，a_i および b_i は吸着および脱離の速度定数）

C：吸着第 1 層と第 2 層以降の吸着熱の差を示すパラメータ；$\exp\{(Q_1 - Q_L)/RT\}$（Q_1 は気体分子の表面への吸着熱）

多層吸着している様子を**図 1.10** に示す．

圧力 P が吸着温度における飽和蒸気圧 P_0 に等しくなった場合に凝縮が起こり吸着量は無限大になるので，P_0 のとき，x（$= \theta_i/\theta_{i-1}$）が 1（$\theta_i = \theta_{i-1}$）と等しくなることを意味する．したがって，$1 = a_i/b_i \cdot P_0\exp(Q_L/RT)$ となるので，x は式 (15) で表される．

$$x = \frac{P}{P_0} \tag{15}$$

式 (14) と式 (15) から式 (16) が得られる．

$$\frac{P}{V(P_0 - P)} = \frac{1}{V_mC} + \frac{(C-1)}{V_mC}\frac{P}{P_0} \tag{16}$$

式 (16) を使って，$P/\{V(P_0 - P)\}$ を P/P_0 に対してプロットすれば直線関係が得られ，切片と傾きから V_m を求めることができる．

V_mを用いて，式(17)から比表面積Sを求めることができる．実際の測定については，P/P_0が0.05から0.3程度の範囲内で用いることが好ましい．

$$S = V_m \times 2.67 \times 10^{19} \times 0.162\ \mathrm{nm^2\ g^{-1}} \tag{17}$$

ここで，2.67×10^{19}は$1\ \mathrm{cm^3}$気体中の窒素分子数で，$0.162\ \mathrm{nm^2}$は窒素分子の断面積である．通常Sは$\mathrm{m^2\ g^{-1}}$で使われることが多いため，単位を正確に変換することを忘れないように．

なお，ラングミュア型やBET型の吸着等温式のように明確なモデルはないが，工業的な実在試料での測定値によくフィットするので経験的に使われる吸着等温式にフロイントリッヒ（Freundlich）の吸着等温式$V = \alpha P^{1/\beta}$がある．αやβは実験的に求まる定数である．

吸着速度と脱離速度

固体表面への気体分子の吸着速度は分子の衝突頻度Zにより表される．分子が単位時間に表面の単位面積に衝突する回数（衝突頻度）は，Pを圧力，mを分子の質量，Tを温度，k_Bをボルツマン定数とすると，式(18)（ヘルツ-クヌーセン（Hertz-Knudsen）の式）で与えられる．

$$Z = \frac{P}{(2\pi m k_B T)^{1/2}} \quad (単位は 1/(\mathrm{m^2 \cdot s})または 1/(\mathrm{cm^2 \cdot s})) \tag{18}$$

衝突した分子が全て吸着する場合は，初期（$\theta = 0$）の吸着速度はZとなる．しかし，一般には，表面に衝突した分子のうち一部が吸着するのみである．その確率を付着確率（sticking probability）σと呼び，吸着速度は式(19)で表される．

$$v_{ad} = \frac{\sigma P}{(2\pi m k_B T)^{1/2}} \tag{19}$$

付着確率は，衝突する分子の種類，表面の性質などの影響を強く受け，極めて小さな値からほぼ1まで様々である．

式(19)は$\theta = 0$のときのv_{ad}である．吸着に伴い表面の吸着点が被覆されているところにはもはや吸着できないので，ある被覆率θのときのσは，$\theta = 0$のときの初期付着確率をσ_0とすると，ラングミュア型吸着では吸着エンタルピーがθによらず一定なので，σ_0に$(1 - \theta)$を乗じた式(20)となる．

$$\sigma = \sigma_0(1-\theta) \tag{20}$$

したがって，吸着速度 v_{ad} は式 (21) となる．

$$v_{\mathrm{ad}} = \frac{\sigma_0(1-\theta)\,P}{(2\pi\, m\, k_{\mathrm{B}}\, T)^{1/2}} \tag{21}$$

式 (21) を本文 (p.17) の式 (2) と比較することで，吸着速度定数 k_{ad} は式 (22) により表される．

$$k_{\mathrm{ad}} = \frac{\sigma_0}{(2\pi\, m\, k_{\mathrm{B}}\, T)^{1/2}} \tag{22}$$

一方，吸着分子の脱離速度は式 (23) で与えられる．

$$v_{\mathrm{de}} = k_{\mathrm{de}}\,\theta^{n} \tag{23}$$

ここで，$n=1$ は分子状脱離 (本文 p.17 の式 (3))，$n=2$ は解離した吸着種が会合して脱離する場合である．脱離速度定数 k_{de} はアレニウス式により式 (24) で表される．

$$k_{\mathrm{de}} = A\exp\left(\frac{-E_{\mathrm{de}}}{RT}\right) \tag{24}$$

A は前指数因子 (あるいは頻度因子) と呼ばれ，E_{de} は脱離の活性化エネルギーである．吸着の活性化エネルギーは多くの場合，吸着熱に比べて無視できるか極めて小さいので，脱離の活性化エネルギーは近似的に吸着エンタルピーにほぼ等しいと考えてよい．

ラングミュア型吸着を前提に説明してきたが，工業的な実際の系では，吸着種間に相互作用があり，被覆率により吸着エンタルピーが変わり，表面の吸着点の性質が不均一なことも多く，そのような系では個々に応じて吸着や脱離の速度を取り扱う必要がある．

1.3.3　原子・分子レベルでの化学吸着状態

1）金属表面と金属酸化物表面

典型的分子として，一酸化炭素，水素および酸素の金属表面での化学吸着状態を原子・分子レベルで見てみよう．分子の化学吸着には**分子状吸着**と**解離吸着**がある．最初に CO の分子状化学吸着を説明する．化学吸着は吸着質と吸着媒の間で化学結合を形成するものであるので，吸着分子の **HOMO** (**最高被占軌道**) と **LUMO** (**最低空軌道**) が重要である．HOMO は，炭素原子上に非結合性の非共有電子対（孤立電子対）を持つ5σであり，LUMOは二重に縮退した反結合性2π^*である．CO分子の電気双極子モーメントの実測値は0.1 D（デバイ）であり，分子の分極はかなり小さい．HOMOである5σの非共有電子対を金属原子の空のd_{z^2}軌道に供与（σ供与）して配位結合（σ結合）を形成し，同時に，金属原子のd_{zx}軌道がCOのLUMOである分子軌道2π^*とπ結合を形成する（π逆供与）．**図1.11**のように，CO分子は金属表面に，σ供与・π逆供与により比較的強い結合を形成して吸着する（ブライホルダー（Blyholder）モデルと呼ばれる）．

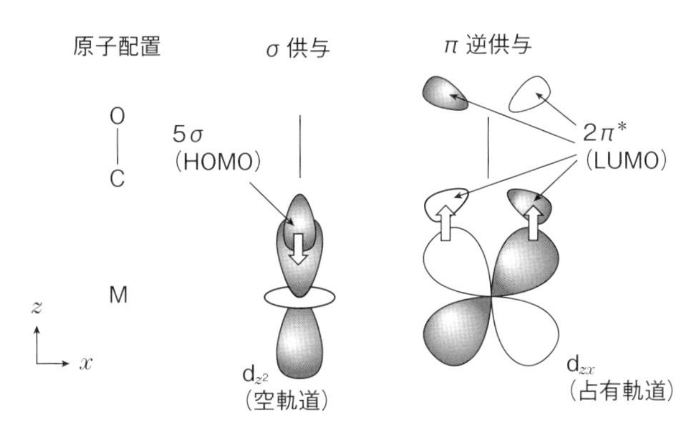

図1.11　金属原子へのCO分子の吸着状態（ブライホルダーモデル）
紙面に垂直方向にも，d_{yz}軌道ともう一つの2π^*軌道により形成されたπ逆供与の結合が存在する．

このように，金属表面における吸着分子の構造と結合様式は金属錯体から類推できることが多いが，実際の固体表面では金属原子は孤立しているわけではなく，多数の原子軌道の重なりにより連続的なエネルギーバンドが形成され，フェルミ準位（1.2.1項参照）が存在する．**図1.12**に，Pt表面のバンドとCOの分子軌道の相互作用によるエネルギーの広がりと分裂の様子を示す．COの5σと2π^*がPt表面のspバンドと相互作用し，二つの準位は幅広となると共に少し安定化し，上述のσ供与・π逆供与と同様にdバンドと相互作用して，それぞれ結合性軌道と反結合性軌道に分裂する．密度汎関数法による理論計算

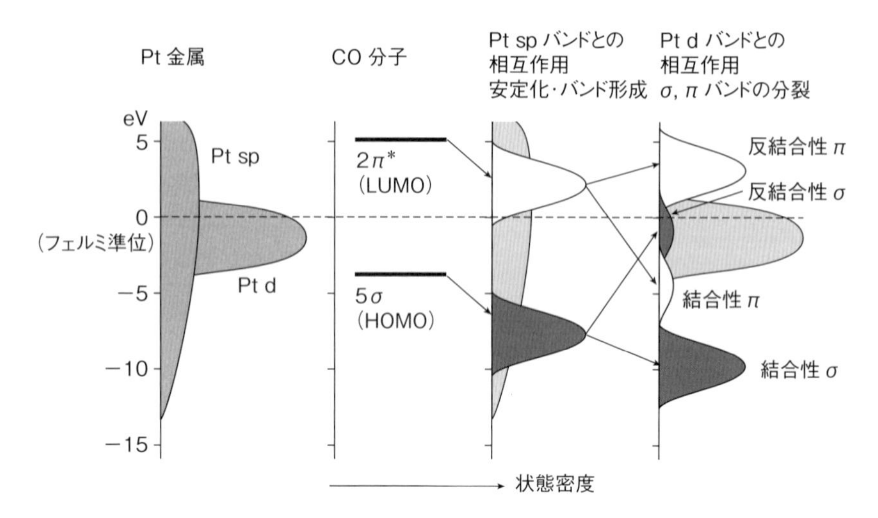

図 1.12　CO 分子軌道の Pt 表面のバンドとの相互作用によるエネルギーの広がりと分裂．フェルミ準位以下の状態に電子が収容される．Pt d 軌道のエネルギーが上がると，π の分裂は大きくなり，σ の分裂は小さくなる．このとき，Pt では結合性 π の安定化の寄与が大きく，全体として吸着エネルギーは大きくなる．
(Hammer, B., Nielsen, O. H. and Nørskov, J. K.：*Catal. Lett.*, **46**, 31 (1997) を改変)

によれば，Pt 表面の d バンドセンター（重心）のエネルギーが負に大きくなる（下がる）と吸着エネルギーは小さくなって吸着しにくくなり，d バンドセンターが上がるほど（フェルミ準位に近づくほど）CO の $2\pi^*$ 準位との相互作用が強くなり吸着エネルギーが大きくなる．

Pt などの金属表面では金属原子上に CO が直線型吸着するが，金属の種類・性質によって，架橋型吸着やジェミナル（geminal）型吸着も存在する（**図 1.13**）．架橋型吸着形態をとりやすいかどうかは，二つの金属の原子間距離に依

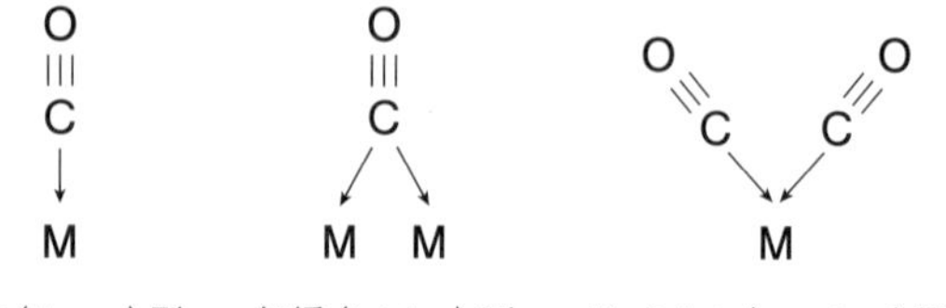

図 1.13　金属表面上への CO 吸着タイプの例

存する．一般的に遷移金属結合半径は，第4周期，第5周期，第6周期の順で大きくなっていくため，第4周期や第5周期の元素，例えば，NiやPdのような金属では架橋型吸着形態がとれるのに対して，第6周期の元素であるPtのような金属では，架橋型吸着は困難になり，ほとんど直線型吸着となる．

CO吸着状態は，単結晶表面では高分解能電子エネルギー損失分光法や高感度反射赤外吸収分光法により，担持金属触媒では赤外吸収分光法により調べることができる．気相のCOの波数2170 cm^{-1}に対して，金属表面に吸着することによって低波数へシフトする．直線型吸着（linear-CO）では2100–2000 cm^{-1}に1本の赤外吸収ピークを与え，架橋型吸着（bridge-CO）では2000–1850 cm^{-1}に1本の赤外吸収ピークを与え，ジェミナル型（gem-CO）（ツイン型とも呼ばれる）では2100–2000 cm^{-1}に2本のピーク（対称伸縮と逆対称伸縮）を与える．一般的には，π逆供与の寄与が多くなるほど反結合性の分子軌道2πへ電子が注入されC–O結合は弱まり，赤外吸収ピークは低波数へシフトする．波数シフトは金属原子の電子状態を反映するので，CO分子をプローブとして既知物質との比較により金属原子の酸化状態を推定することができる．

COが分子状吸着するか解離吸着するかは，金属酸化物あるいは金属炭化物の生成熱と関係がある．分子状吸着では吸着エネルギーは金属の種類によりあまり変わらないが（125～210 kJ mol^{-1}），解離吸着ではCOが解離して酸素原子と炭素原子が表面金属原子と結合するため，吸着エネルギーは金属の種類に依存して大きく異なる．金属酸化物の生成熱がおよそ140 kJ mol^{-1}以上を持つ金属では，COは室温で解離吸着する．

水素分子は，金属表面上で均等（homolytic）に解離し，水素原子として吸着する．

$$H_2 + M\text{-}M \longrightarrow 2M\text{-}H \qquad (25)$$

酸化物表面では，水素分子は隣り合う金属カチオンと酸化物アニオンに，プロトンとヒドリドに不均等（heterolytic）に解離して吸着する．

$$H_2 + M\text{-}O \longrightarrow M-H^- + O\text{-}H^+ \qquad (26)$$

Cu金属表面に対して水素分子が無限遠にある場合のエネルギーをゼロとし

た場合の，吸着過程のポテンシャルエネルギー曲線を**図 1.14** に示す．表面に近づくにつれてエネルギーは負となり，物理吸着エンタルピー分だけ安定化した後に，水素-水素の結合を切断するための活性化エネルギー障壁（E_a はおよそ 20 kJ mol^{-1}）を越えて，水素原子が表面に化学吸着した安定な状態となる．多くの場合，吸着の活性化エネルギー E_a は化学反応の活性化エネルギーに比べてかなり小さいが，鉄触媒上でのアンモニア合成反応のように，窒素分子の解離吸着過程が反応の**律速段階**（1.4 節参照）である場合もある．上述のように，分子状吸着では活性化エネルギー障壁はほとんどない．CO の分子状吸着や水素の解離吸着の吸着量は容易に測定が可能で，金属の表面原子数や触媒活性点数の決定に用いられている．

酸素は CO や水素より電子受容性が大きいため，金属表面は酸素の吸着によ

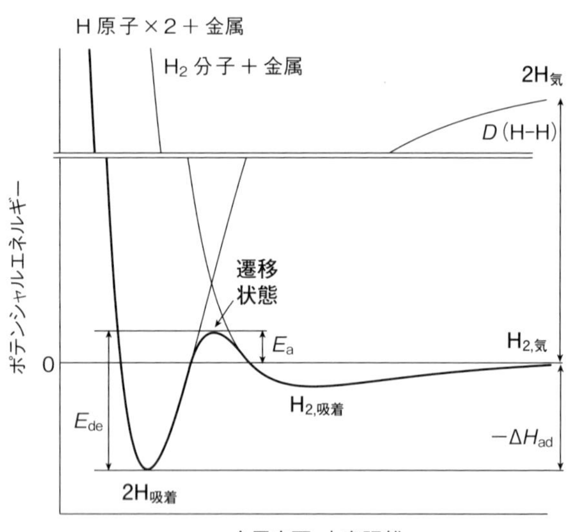

図 1.14　金属表面上への水素分子の分子状吸着および解離吸着のポテンシャルエネルギー変化
E_a：吸着の活性化エネルギー，E_{de}：脱離の活性化エネルギー，D (H–H)：H–H の結合エネルギー，$-\Delta H_{ad}$：解離吸着の吸着熱

り酸化される．表面の酸化されやすさは，相対的には標準電極電位の序列で説明できる；Au < Pt < Ir < Pd < Rh < Cu < H_2 < Sn < Ni < Co < Fe < Zn．金属酸化物の生成熱が大きい金属ほど，その表面で O_2 は室温でも容易に O 原子に解離し，生成熱が小さい金属では，解離にはある程度の温度が必要である．解離した O 原子は，例えば，酸化触媒活性の高い Pt 金属の fcc（111）表面では，三つの Pt 原子の中心（3 中心）サイトに吸着する．O_2 分子は CO 分子と同様に，金属表面の d バンドセンター（重心）が負に大きくなる（下がる）ほど弱く吸着し（例；Ag, Au など），上がる（フェルミ準位に近づく）ほど強く吸着する（例；Fe, Mo など）．強い吸着状態は安定すぎて反応性は低く，弱すぎる場合は不安定で表面にほとんど吸着できないことになる．したがって，O_2 の還元（燃料電池電極触媒表面の酸素還元反応）では，O_2 吸着が強すぎず弱すぎない最適な d バンドセンターを持つ Pt 金属表面で活性が最も高いという火山型依存性を示す（図 1.7（p.10）参照）．また，O_2 分子は金属酸化物表面にも吸着する．表面の配位不飽和な金属イオン上に O_2 は分子状に吸着し，酸素欠陥サイトが存在すると解離吸着が起こり，生成する O 原子が酸素欠陥を埋める．

2）酸性・塩基性表面

NH_3 のような塩基性の分子は，**ブレンステッド酸点**や**ルイス酸点**などの酸性のサイトに，CO_2 のような酸性の分子は，**ブレンステッド塩基点**や**ルイス塩基点**などの塩基性のサイトに，酸-塩基相互作用により吸着する．NH_3 はブレンステッド酸点から H^+ を受け取ってアンモニウムイオン NH_4^+ となり，H^+ とイオン交換したような形で吸着する．一方，ルイス酸点には，NH_3 分子の持つ非共有電子対を供与して配位結合を作り吸着する．CO_2 はブレンステッド塩基点の OH^- と反応し，炭酸水素イオン HCO_3^- として吸着する．CO_2 はルイス塩基点，例えば配位不飽和な O^{2-} と反応して炭酸イオン CO_3^{2-} が生成する．また，カルボン酸 RCOOH の場合，ブレンステッド塩基点の OH^- と脱水反応し，$RCOO^-$ が表面上に吸着する．RCOOH はルイス塩基点 O^{2-} と反応し，表面ヒドロキシ基 OH^- と $RCOO^-$ が吸着種として生成する．

表面の酸性や塩基性を評価するプローブ分子として，それぞれ NH_3 や CO_2

が用いられている．室温で触媒に吸着させ，触媒を直線的に昇温したときに脱離する生成物の量と温度を分析する**昇温脱離法**（temperature programmed desorption，TPD 法）で，表面の酸強度と酸量，あるいは塩基強度と塩基量を評価することができる．高温で脱離する触媒ほど酸性や塩基性が強いということになる．

1.4 触媒反応速度

触媒反応の多くは，複数の素反応過程からなる複合反応（多段階反応）である．化学反応式 (27) で示される触媒反応の速度 v は，触媒の単位重量，単位体積，あるいは単位表面積当たり単位時間に反応する反応物の物質量または生成する生成物の物質量であり，式 (28) で示される．例えば，触媒単位重量当たりの**反応速度**の場合，単位は，$\mathrm{mol\ s^{-1}\ g_{cat}{}^{-1}}$ である．式 (27) の左辺の反応物は時間と共に減少するので負の符号を付し，右辺の生成物は時間と共に増加するので正の符号を付す．

$$\mathrm{aA + bB + cC \longrightarrow pP + qQ + rR} \tag{27}$$

$$v = -\frac{1}{\mathrm{a}}\frac{\mathrm{d[A]}}{\mathrm{d}t} = -\frac{1}{\mathrm{b}}\frac{\mathrm{d[B]}}{\mathrm{d}t} = -\frac{1}{\mathrm{c}}\frac{\mathrm{d[C]}}{\mathrm{d}t} = \frac{1}{\mathrm{p}}\frac{\mathrm{d[P]}}{\mathrm{d}t} = \frac{1}{\mathrm{q}}\frac{\mathrm{d[Q]}}{\mathrm{d}t} = \frac{1}{\mathrm{r}}\frac{\mathrm{d[R]}}{\mathrm{d}t} \tag{28}$$

[A]，[B]，[C]，[P]，[Q]，[R] はそれぞれの成分の濃度あるいは分圧である．各成分それぞれの反応変化量は化学量論係数 (a,b,c,p,q,r) の相対比となるので，化学反応式 (27) の反応速度は，式 (28) のように各成分の反応速度 ($\mathrm{d[X]}/\mathrm{d}t$) を化学量論係数で除して規格化したものとなる．

反応速度の測定は，例えば，所定量の触媒を用いて，一定の反応時間ごとに反応物や生成物の濃度や分圧を測定し，経時的な変化をプロットした**反応曲線**から得られる．物質収支が得やすい回分式（バッチ式）反応装置（気相触媒反応の閉鎖循環系反応装置や液相合成反応のフラスコ系など）では，反応物量や生成物量が積分型で得られることになり，それら反応曲線を時間微分したものがそれぞれの時間での反応速度となる（式(28)）．一方，流通式反応装置を用いた場合には，反応物が連続して供給され，触媒により生成物に転換されていくので，触媒の接触時間（触媒量（W）/供給速度（F））が反応時間に相当する．連続流通式反応では**反応率**（**転化率**）は一定である．反応した反応物量や生成する生成物量を接触時間で割れば反応速度が得られる．反応速度論を議論するときは，反応物の濃度があまり低下せず生成物の影響が少ない低い転化率（10～15％以下）に抑えることが望ましい．

反応速度 v が，反応物 A, B, C の分圧 $P_{\mathrm{A}}, P_{\mathrm{B}}, P_{\mathrm{C}}$ を用いて式(29)により与えられるとする．k は**速度定数**，α, β, γ は**反応次数**である．

$$v = k P_{\mathrm{A}}{}^{\alpha} P_{\mathrm{B}}{}^{\beta} P_{\mathrm{C}}{}^{\gamma} \tag{29}$$

反応次数 α, β, γ は以下の分離法により決定することができる．P_{A} に対して P_{B} と P_{C} が極めて大きいとき，P_{A} の変化に対して P_{B} と P_{C} の変化は無視できるので（一定とみなせるので），式(29)は $v = k' P_{\mathrm{A}}{}^{\alpha}$（$k' = k P_{\mathrm{B}}{}^{\beta} P_{\mathrm{C}}{}^{\gamma}$；$k'$ は擬 α 次速度定数と呼ばれる）となり，式(30)で表される．

$$\log v = \log k' + \alpha \log P_{\mathrm{A}} \tag{30}$$

$\log v$ を $\log P_{\mathrm{A}}$ に対してプロットすると，その傾きから反応次数 α を求めることができる．同様にして，P_{A} と P_{C} が一定とみなせる反応条件での $\log v$ と $\log P_{\mathrm{B}}$ のプロットから反応次数 β が求まり，P_{A} と P_{B} が一定とみなせる場合の $\log v$ と $\log P_{\mathrm{C}}$ のプロットから反応次数 γ が求まる．また，切片から k' が求まるので k を計算することができる．

速度定数 k は式(31)（アレニウス（Arrhenius）式）により与えられるので，$\log k$ を $1/T$ に対してプロットして得られる直線の傾き（$-E_{\mathrm{a}}/R$）から E_{a} を求めることができる．A は**前指数因子**（あるいは**頻度因子**）と呼ばれる．A の単位は，**1 次反応**では頻度（$\mathrm{s^{-1}}$）であるが，**2 次反応**では頻度/濃度（$\mathrm{s^{-1}\,mol^{-1}\,L}$）であることに注意．

$$k = A \exp\left(-\frac{E_{\mathrm{a}}}{RT}\right) \tag{31}$$

一方，式(31)を式(29)に代入すると式(32)あるいは式(33)となるので，

$$v = A\exp\left(-\frac{E_a}{RT}\right)P_A{}^{\alpha}P_B{}^{\beta}P_C{}^{\gamma} \tag{32}$$

$$\log v = -\frac{E_a}{RT} + \log A + \alpha\log P_A + \beta\log P_B + \gamma\log P_C \tag{33}$$

$P_A{}^{\alpha}P_B{}^{\beta}P_C{}^{\gamma}$ を一定とさせて，反応温度だけを変えて反応速度 v を求め，$\log v$ を $1/T$ でプロットすることで E_a を求めることができる．例えば，反応初期 ($t = 0$ 付近) では P_A, P_B, P_C はそれぞれの初圧 (既知) とほぼ同じで一定とみなせるので，温度を変えて初速度を測定することにより E_a を決定することができる．

以下に,触媒反応が複数の素反応から成り立っているときの取扱いを述べる．

1.4.1 逐次反応と並発反応

触媒反応は，一つの化学反応式として示されていても，複数の素反応過程から構成されている．触媒自身も含め，分子，原子などが互いに直接反応して生成物を与える反応を**素反応**と呼ぶ．複合反応を考える際の基本形である二つの素反応からなる**逐次反応**と**並発反応**を以下に示す．

逐次反応

$$\mathrm{A} \xrightarrow{k_1} \mathrm{B} \xrightarrow{k_2} \mathrm{C} \tag{34}$$

並発反応

$$\mathrm{A} \begin{cases} \xrightarrow{k_1} \mathrm{B} \\ \xrightarrow{k_2} \mathrm{C} \end{cases} \tag{35}$$

図 1.15 に，いずれの素反応過程も不可逆で1次反応であるという仮定の下での，逐次反応と並発反応における各成分の経時変化を示す．生成物Cの経時変化から，その生成物がAから一段階で直接生成するのか，中間体Bを経て生成するのかが判断できる．逐次反応においては，図 1.15(a) から，Aは単調に減少するが，Bの生成量には極大値が存在する．また，Cの生成量は単調に増加するが,下に凸から上に凸に変化する変曲点が存在する．Bの選択率 (B/(B＋C)) は［B］の極大値の時間で最大になり，その後，時間と共にCの選択率

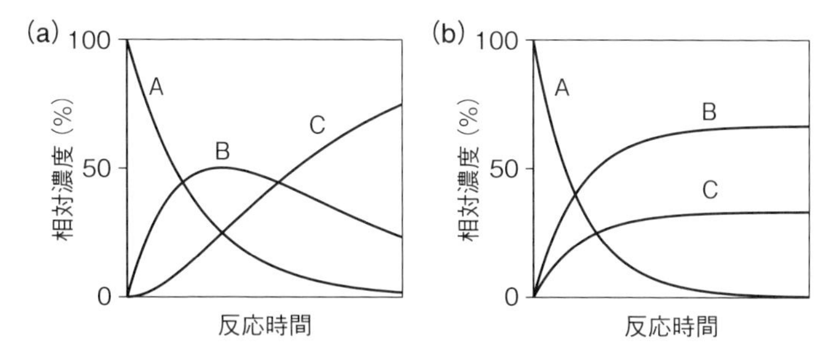

図 1.15　逐次反応 (a) と並発反応 (b) の経時変化 ($k_1 = 2k_2$)

(C / (B + C)) が高くなる．一方，並発反応では，B と C の選択率は反応時間によらず一定である．

逐次 1 次反応 (式 (34)) において，速度定数の比 (k_2 / k_1) の違いによる各成分濃度の経時変化を**図 1.16** に示す．k_2 / k_1 が大きくなるにつれて，すなわち B の反応性が高くなるにつれて，B の最大量と極大になる反応時間も小さくなる．[B] の極大値 $[B]_{max}$ は，A の初濃度 (または初圧) $[A]_0$ と速度定数 k_1 と k_2 を用いて，$[B]_{max} = [A]_0(k_1/k_2)^{k_2/(k_2-k_1)}$ で表される．k_1 に比べて k_2 が非常に大きい場合は，$[B]_{max} \approx 0$ に近似されるので，B はほとんど観測されないことになる ($[B] \approx 0$) (図 1.16 (c))．

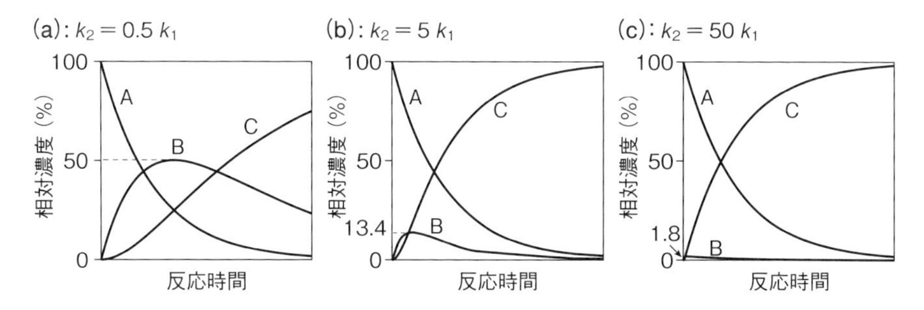

図 1.16　逐次 1 次反応 (A → B → C) (式 (34)) における速度定数の比 (k_2/k_1) の影響
B の濃度と経時変化が著しく影響を受ける．

1.4.2　平衡反応の速度論

複合反応について先の1）では不可逆反応として取り扱ったが，実際には多くの場合で可逆反応である．

$$\mathrm{A} \underset{k_{-1}}{\overset{k_{+1}}{\rightleftarrows}} \mathrm{B}$$

k_{+1} と k_{-1} はそれぞれ正反応および逆反応の速度定数である．正反応および逆反応のいずれも1次反応であると仮定すると，反応速度は式(36)で表される．[A],[B]はそれぞれA, Bの濃度（または分圧）である．

$$-\frac{\mathrm{d}[\mathrm{A}]}{\mathrm{d}t} = \frac{\mathrm{d}[\mathrm{B}]}{\mathrm{d}t} = k_{+1}[\mathrm{A}] - k_{-1}[\mathrm{B}] \tag{36}$$

Aの初濃度（または初圧）が $[\mathrm{A}]_0$ でありBは最初存在しない（$[\mathrm{B}]_0 = 0$）場合，ある時間 t で[A]が $[\mathrm{A}]_0 - x$ に減少し，$[\mathrm{B}] = x$ となったとき，式(36)は式(37)と表される．

$$\frac{\mathrm{d}x}{\mathrm{d}t} = k_{+1}([\mathrm{A}]_0 - x) - k_{-1}x \tag{37}$$

ここで，平衡状態（$\mathrm{d}x/\mathrm{d}t = 0$）での x を x_e（平衡定数により決まる一定値）とおくと，式(37)から $(k_{+1} + k_{-1}) = k_{+1}[\mathrm{A}]_0/x_\mathrm{e}$ となるので式(38)が得られる．

$$\frac{\mathrm{d}x}{\mathrm{d}t} = \frac{k_{+1}[\mathrm{A}]_0}{x_\mathrm{e}}(x_\mathrm{e} - x) \tag{38}$$

変数分離して積分し，

$$\ln\frac{x_\mathrm{e}}{x_\mathrm{e} - x} = \left(\frac{k_{+1}[\mathrm{A}]_0}{x_\mathrm{e}}\right)t \tag{39}$$

または

$$\ln\frac{x_\mathrm{e}}{x_\mathrm{e} - x} = (k_{+1} + k_{-1})\,t \tag{40}$$

が得られる．$\ln\{x_\mathrm{e}/(x_\mathrm{e} - x)\}$ を t に対してプロットすると直線になり，その傾きから $k_{+1} + k_{-1}$ を求めることができる．平衡定数 K（$= k_{+1}/k_{-1}$）は既知なので，これらから k_{+1} と k_{-1} が決まる．

1.4.3　定常状態近似

複数の素反応過程からなる複合反応が，反応物から反応中間体 X_i (複数あっても同様) を経て生成物へと定常的に進行しているとき，反応中間体 X_i の反応性が極めて大きい場合は，図 1.16 (c) の [B] のように，反応中間体の濃度 $[X_i]$ は非常に小さい値となり $[X_i] \approx 0$ とみなせる．したがって，その濃度変化 $d[X_i]/dt$ は反応物や生成物の濃度変化に比べて無視できて，$d[X_i]/dt = 0$ と近似することができる．速度論におけるこの取扱いを**定常状態近似**という．

A が B を経て C に可逆的に転換される逐次 1 次反応 (式 (41)) を考える．

$$\mathrm{A} \underset{k_{-1}}{\overset{k_{+1}}{\rightleftarrows}} \mathrm{B} \underset{k_{-2}}{\overset{k_{+2}}{\rightleftarrows}} \mathrm{C} \tag{41}$$

A から B を経て C に定常的に反応が進行しているとき，式 (41) の反応速度 v は，各ステップの正反応と逆反応の四つの素反応過程の反応速度 $v_{+1}, v_{-1}, v_{+2}, v_{-2}$ を用いて式 (42) および式 (43) で表される．

$$v = v_{+1} - v_{-1} = v_{+2} - v_{-2} \tag{42}$$

$$= k_{+1}[\mathrm{A}] - k_{-1}[\mathrm{B}] = k_{+2}[\mathrm{B}] - k_{-2}[\mathrm{C}] \tag{43}$$

式 (43) から B の濃度 (あるいは分圧) [B] は

$$[\mathrm{B}] = \frac{k_{+1}[\mathrm{A}] + k_{-2}[\mathrm{C}]}{k_{-1} + k_{+2}} \tag{44}$$

一方，反応 (41) における B の濃度の時間変化は

$$\frac{d[\mathrm{B}]}{dt} = k_{+1}[\mathrm{A}] - k_{-1}[\mathrm{B}] - k_{+2}[\mathrm{B}] + k_{-2}[\mathrm{C}] \tag{45}$$

で表されるから，定常状態近似である $d[\mathrm{B}]/dt = 0$ とおくことでも式 (44) は得られる．

式 (44) を式 (43) に代入すると式 (46) が得られる．

$$v = \frac{k_{+1}k_{+2}[\mathrm{A}]}{k_{-1} + k_{+2}} - \frac{k_{-1}k_{-2}[\mathrm{C}]}{k_{-1} + k_{+2}} = v_{s+} - v_{s-} \tag{46}$$

式 (46) の v_{s+} と v_{s-} は，反応 (41) の定常状態における A から C に行く正方向と，C から A に戻る逆方向の速度であり，その差は正味右方向への全体反応速度に対応している．

ここで，$k_{-1} \gg k_{+2}$ のときを考えると，両辺に [B] を乗じるとそれぞれ速度であり，$v_{-1} \gg v_{+2}$ の関係なので，$v_{+1} > v_{-1} \gg v_{+2} > v_{-2}$ の関係が成り立つ．したがって，式 (42) の大小関係は**図 1.17** で示される．

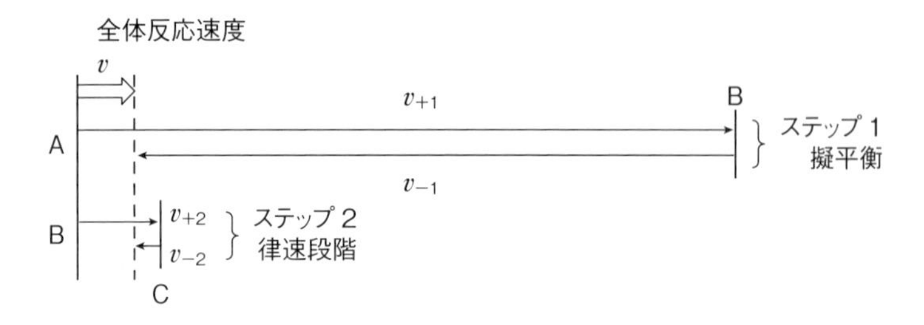

図 1.17 反応 A ⇄ B ⇄ C において $k_{-1} \gg k_{+2}$ のときの各素反応速度の大小関係

このような条件下では，A ⇄ B については $v_{+1}/v_{-1} \approx 1$ と見なすことができ，擬似的な平衡状態 ($k_{+1}[A] = k_{-1}[B]$ すなわち $[B] = K_1[A]$) と見なすことができる．また，正方向と逆方向の全体反応速度 v_{s+} と v_{s-} は，式 (47) と式 (48) で表される．

$$v_{s+} = k_{+2}\frac{k_{+1}}{k_{-1}}[A] = k_{+2}K_1[A] = k_{+2}[B] \tag{47}$$

$$v_{s-} = k_{-2}[C] \tag{48}$$

K_1 は A ⇄ B (ステップ 1) の平衡定数である．こうして，正逆反応速度はステップ 2 の正逆素反応速度で与えられる．

反応 (41) のギブズエネルギー変化 $\Delta_r G$ は，$\Delta_r G = \Delta_r G_1 + \Delta_r G_2$ であり，$\Delta_r G_1 = RT \ln (v_{-1}/v_{+1}) = 0$ であるから，$\Delta_r G = \Delta_r G_2$ となり，反応全体のギブズエネルギー変化はステップ 2 のギブズエネルギー変化と等しい．このように，ステップ 1 が平衡状態と見なせ，反応全体の $\Delta_r G$ はステップ 2 に集約されており，ステップ 2 がステップ 1 に比べ非常に遅いとき，ステップ 2 を**律速段**

階と呼ぶ．律速段階は速度定数 k_i の大小ではなく反応速度 $v_i = k_i\,[X_i]$ の大小の議論によっていることに注意が必要である（k_i が大きくても［X_i］が非常に小さければ速度 v_i は遅くなるし，k_i が小さくても［X_i］が非常に大きければ速度 v_i は速くなる）．

1.4.4　吸着種の反応の速度論

気体反応物分子 A が触媒表面の空いた活性サイト σ に吸着し，吸着種 A_{ad} が表面反応により生成物分子 B になって表面から脱離し，空いた活性サイト σ が再生するという触媒反応を考える（式 (49), (50)）．

$$A + \sigma \underset{k_{-1}}{\overset{k_{+1}}{\rightleftarrows}} A_{ad} \tag{49}$$

$$A_{ad} \xrightarrow{k_{+2}} B + \sigma \tag{50}$$

A の圧力 P_A の下での吸着種 A_{ad} の被覆率を θ_A とすると空きサイトの被覆率は $(1 - \theta_A)$ なので，定常状態近似（式 (51)）を用いると，被覆率 θ_A は式 (52) で与えられる．

$$\frac{d\theta_A}{dt} = k_{+1}(1 - \theta_A)P_A - (k_{-1} + k_{+2})\theta_A = 0 \tag{51}$$

$$\theta_A = \frac{k_{+1}P_A}{k_{+1}P_A + k_{-1} + k_{+2}} \tag{52}$$

反応速度 v は B の生成速度で表される（式 (53)）．

$$v = k_{+2}\theta_A = \frac{k_{+1}k_{+2}P_A}{k_{+1}P_A + k_{-1} + k_{+2}} \tag{53}$$

また，吸着と脱離は速いので吸着平衡にあると仮定すると（$k_{+1}P_A, k_{-1} \gg k_{+2}$），吸着平衡定数 $K_{ad} = k_{+1}/k_{-1}$ を用いて，

$$v = \frac{k_{+2}K_{ad}P_A}{1 + K_{ad}P_A} \tag{54}$$

ここで二つの極端な場合（$K_{ad}P_A \ll 1$ および $K_{ad}P_A \gg 1$）の反応速度式を比較

する．

(1) A の吸着が弱く，$K_{ad}P_A \ll 1$ の場合

$$v = k_{+2}K_{ad}P_A = kP_A \tag{55}$$

$$\begin{aligned} k &= A \exp\left(\frac{-E_a}{RT}\right) \\ &= k_{+2}K_{ad} = A_2 \exp\left(\frac{-E_2}{RT}\right) \exp\left(\frac{-\Delta G_{ad}}{RT}\right) \\ &= A_2 \exp\left(\frac{\Delta S_{ad}}{R}\right) \exp\left\{\frac{-(E_2 + \Delta H_{ad})}{RT}\right\} \end{aligned} \tag{56}$$

A_2 と E_2 は速度定数 k_{+2} のアレニウスパラメータ（前指数因子（頻度因子）と活性化エネルギー），ΔG_{ad}，ΔS_{ad} と ΔH_{ad} はそれぞれ吸着（式(49)）のギブズエネルギー変化，エントロピー変化，エンタルピー変化である．

図1.18 に示すように，実験的に求まる反応の活性化エネルギー E_a は $E_2 + \Delta H_{ad}$ である．吸着熱 Q_{ad}（$= -\Delta H_{ad}$）は前述のように実験的に得られるので，吸着種 A_{ad} の素反応（式(50)）の活性化エネルギー E_2 を決定することができる．

(2) A の吸着が強く，$K_{ad}P_A \gg 1$ の場合

$$v = k_{+2} = A_2 \exp\left(\frac{-E_2}{RT}\right) \tag{57}$$

となり，反応速度は P_A に依存しない．すなわち，この条件では反応物分子 A は触媒表面にほぼ飽和吸着している（$\theta_A \approx 1$）．また，実験的に得られる活性化

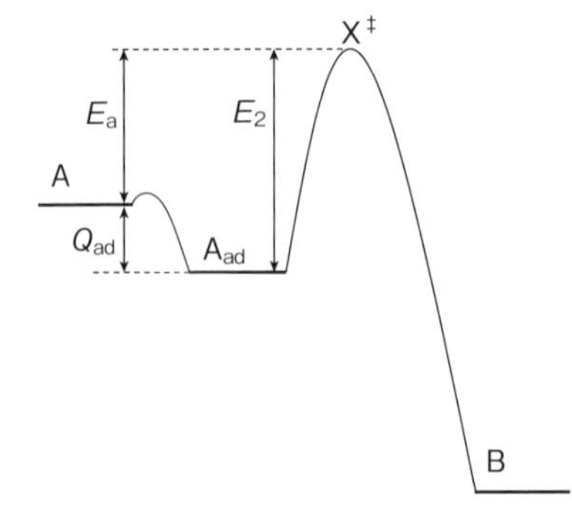

図 1.18 吸着種の反応プロフィル（$K_{ad}P_A \ll 1$ の場合）
X‡：活性錯合体（遷移状態），
Q_{ad}：吸着熱（$-\Delta H_{ad}$）

エネルギーが吸着種の素反応の活性化エネルギーを表している．

このように，同じ反応を取り扱っていたとしても，触媒の性質（K_{ad} が変わる）や P_A など反応条件が異なると，実験で得られる活性化エネルギー E_a の意味が異なる．

1.5 反応機構

触媒反応機構を知ることにより触媒作用と触媒の役割を理解することができる．触媒反応はいくつかの素反応から成る複合反応なので，その全てを明らかにすることは依然として難しい．以下に，反応機構の決め方，触媒活性構造，およびそれらに関連する火山型活性序列，構造–活性相関，合金効果などを概説する．金属錯体などによる均一系触媒反応では，核磁気共鳴や各種分光法による反応中間体の計測，中間体単離，同位体効果，反応経路の理論計算などを基に反応機構が議論される（第3章および4.2節を参照）．本節では，触媒反応機構の解明が難しい**不均一系触媒反応**について説明する．反応機構など触媒作用の本性を明らかにするためには，活性点や活性種が微量であることも多く，触媒の作用状態における特性が重要になるため，反応条件下での *in situ*（その場）測定が肝要である．

1.5.1 反応機構の決め方

触媒反応機構を明らかにするためには，速度式と反応次数を実験的に求め，触媒反応を構成するであろういくつかの素反応と中間体を仮定して得られる速度式や反応次数と比較することで，反応機構を推定する速度論的な方法がとられる．推定された反応機構が正しいかどうかは，触媒表面の吸着種，触媒活性点構造，それらの挙動を，赤外分光，核磁気共鳴，X 線光電子分光，X 線吸収微細構造，電子顕微鏡などにより実際に観察する必要がある（1.6節参照）．さらに，吸着種に同位体でラベルし，それが触媒反応速度と同じ速度で生成物中に取り込まれることを確かめることで，観察された吸着種が本当の中間体なのかが分かる.

1）ラングミュア-ヒンシェルウッド機構とイーレイ-リディール機構

不均一系触媒反応，A ＋ B → C ＋ D，は，吸着種（A_{ad} と B_{ad}）同士が反応して生成物 C と D を与える**ラングミュア-ヒンシェルウッド**（Langmuir-Hinshelwood）**機構**により進行する場合と，吸着種（例えば A_{ad}）に気体分子（B）（あるいは吸着前駆体 B）が衝突して反応する**イーレイ-リディール**（Eley-Rideal）**機構**により進行する場合がある．前者は，均一系の金属錯体触媒反応において，活性化された配位子間で反応が進む機構に相当し，後者は，溶媒中の反応分子が中心金属に配位することなしに，直接配位子との間で反応が進む機構に類似する．不均一系触媒反応では，E-R 機構の反応性衝突の確率は低いので，ほとんどは L-H 反応機構による．

L-H 機構の触媒反応速度（v_{LH}）は式(58)，E-R 機構の触媒反応速度（v_{ER}）は式(59)で与えられる．

$$v_{LH} = k_{LH}\theta_A\theta_B = \frac{k_{LH}K_AK_BP_AP_B}{(1 + K_AP_A + K_BP_B)^2} \tag{58}$$

$$v_{ER} = k_{ER}\theta_AP_B = \frac{k_{ER}K_AP_AP_B}{1 + K_AP_A} \tag{59}$$

k, θ, K, P はそれぞれ速度定数，被覆率，吸着平衡定数，分圧である．したがって，1 に比べて K_AP_A や K_BP_B が大きい場合は v_{LH} と v_{ER} とが異なり，L-H 機構と E-R 機構を速度論的に区別できるが，1 に比べて K_AP_A や K_BP_B が小さい場合は v_{LH} と v_{ER} とが速度論的に同じで区別できない．

エルトル（Ertl, G.）らは，Pd(111) 単結晶表面に吸着した O 原子（O_{ad}）に CO 分子線を衝突させたときの CO_2 生成速度と，吸着酸素原子量 [O_{ad}] および吸着一酸化炭素量 [CO_{ad}] の経時変化を測定した．**図 1.19** に示すように，最初は反応がほとんど進行しないで，まず，CO 分子が吸着して [CO_{ad}] が増えてから CO_2 生成が増大していく．E-R 機構ならば最初から O_{ad} と CO 分子との反応で CO_2 が生成し，[O_{ad}] 量の減少と共に CO_2 生成速度が一義的に減少していくはずである．しかし，結果は [CO_{ad}] の増大と共に CO_2 生成速度が増大し

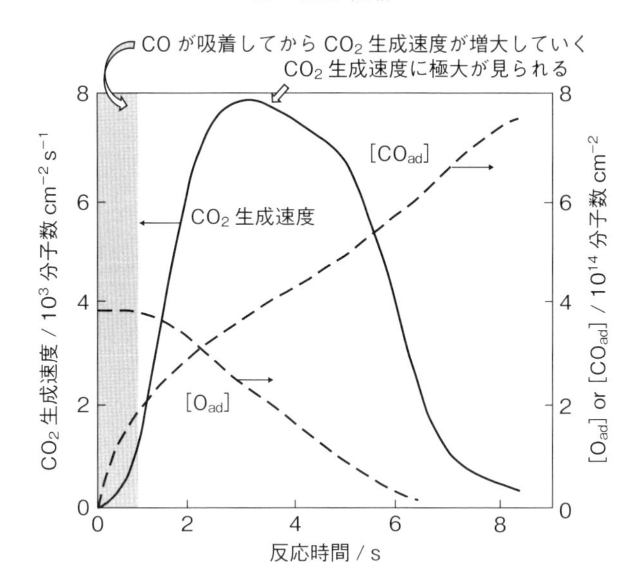

図 1.19 Pd (111) 面に吸着した O 原子 (O_{ad}) に CO 分子線を衝突させたときの CO_2 生成速度と吸着酸素原子量 [O_{ad}] および吸着一酸化炭素量 [CO_{ad}] の経時変化
反応温度 = 374 K.
(Ertl, G.：*Catalysis*, **4**, 210 (1983) を改変)

て極大を示し，その後，[O_{ad}] が少なくなって CO_2 生成速度も減少しゼロに近づいていく．図 1.19 の結果は CO 酸化反応が L–H 機構により進むことを示している．

図 1.20 に Pt 表面上の O_2 による CO 酸化の反応プロフィルを示す．Pt 触媒上で O_2 は O 原子に解離吸着し，生成した O 原子と吸着 CO 分子との L–H 反応機構により進行する．Pt 触媒は CO 分子–O_2 分子反応を CO 分子–O 原子反応に変えて速やかな反応を実現し，結果として活性化エネルギーも大きく減少する．触媒は新たな反応経路（反応機構）を提供していることが分かる．

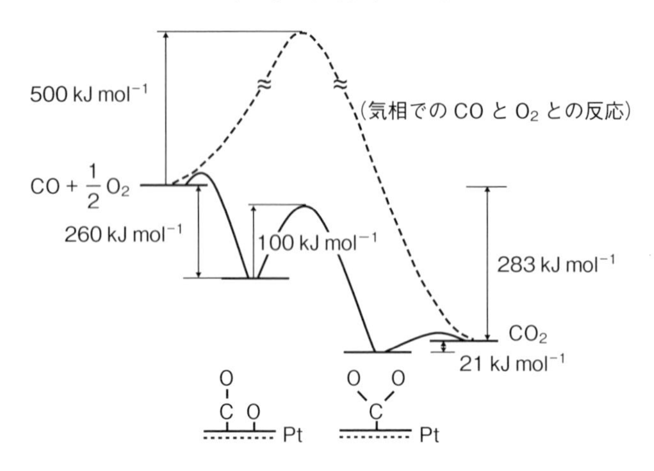

図 1. 20　Pt 表面上の O_2 による CO の酸化反応プロフィル

遷移状態理論による均一系気相反応と不均一系触媒反応の速度の比較と触媒の働き

均一系気相反応（式(60)）の速度（v_{hom}）は遷移状態理論により式(61)で示される．式(60)のカッコは活性錯合体（遷移状態）を表す．

$$\mathrm{A} + \mathrm{B} \underset{}{\overset{K^{\ddagger}}{\rightleftarrows}} (\mathrm{A}\cdots\cdots\mathrm{B})^{\ddagger} \longrightarrow \mathrm{P} \tag{60}$$

$$v_{\mathrm{hom}} = \frac{k_{\mathrm{B}}T}{h}\frac{Q_{\ddagger}}{Q_{\mathrm{A}}Q_{\mathrm{B}}}\exp\left(\frac{-E_{\mathrm{hom}}}{RT}\right)[\mathrm{A}][\mathrm{B}] \tag{61}$$

$k_{\mathrm{B}}, h, Q_{\mathrm{A}}, Q_{\mathrm{B}}, Q_{\ddagger}$，および E_{hom} はボルツマン定数，プランク定数，分子 A の分配関数，分子 B の分配関数，活性錯合体（遷移状態）の分配関数（正確には反応座標に沿った振動分配関数を除いた分配関数），および活性化エネルギーである．

一方，不均一系触媒反応（式(62)）の速度（v_{het}）は式(63)と式(64)により示される．

$$\mathrm{A} + \mathrm{B} + \sigma{-}\sigma \overset{K^{\ddagger}}{\rightleftarrows} \begin{pmatrix} \mathrm{A}\cdots\cdots\mathrm{B} \\ | \quad\quad | \\ \sigma - \sigma \end{pmatrix}^{\ddagger} \longrightarrow \mathrm{P} + \sigma{-}\sigma \tag{62}$$

$$v_{\mathrm{het}} = \frac{k_{\mathrm{B}}T}{h}\frac{Q_{\ddagger}'}{Q_{\mathrm{A}}Q_{\mathrm{B}}Q_{\sigma\sigma}}\exp\left(\frac{-E_{\mathrm{het}}}{RT}\right)[\mathrm{A}][\mathrm{B}][\sigma\ \sigma] \tag{63}$$

$$= \frac{k_{\mathrm{B}}T}{h}\frac{1}{Q_{\mathrm{A}}Q_{\mathrm{B}}}\exp\left(\frac{-E_{\mathrm{het}}}{RT}\right)[\mathrm{A}][\mathrm{B}][\sigma\ \sigma] \tag{64}$$

($Q_{\ddagger}' = Q_{\sigma\sigma} = 1$ とみなせるから)

$Q_{\sigma\sigma}, Q_{\ddagger}'$，および E_{het} は表面反応サイトの分配関数，表面の活性錯合体（遷移状態）の分配関数，および活性化エネルギーである．

v_{hom} と v_{het} の比を求めると式 (65) および式 (66) となる．

$$\frac{v_{\mathrm{het}}}{v_{\mathrm{hom}}} = \frac{[\sigma\ \sigma]}{Q_{\ddagger}}\exp\left(\frac{\Delta E_{\mathrm{het}}}{RT}\right) \qquad (\Delta E = E_{\mathrm{hom}} - E_{\mathrm{het}}) \tag{65}$$

$[\sigma\ \sigma] = 10^{15}\ \mathrm{cm}^{-2}$ および $Q_{\ddagger} = 10^{27}$ とすると

$$\frac{v_{\mathrm{het}}}{v_{\mathrm{hom}}} = 10^{-12}\ \mathrm{cm}^{-2}\exp\left(\frac{\Delta E}{RT}\right) \tag{66}$$

式 (66) において，不均一系触媒が多孔質材料で高表面積 $10^7\ \mathrm{cm}^2\ \mathrm{g}^{-1}$ を持つ場合，$\Delta E = 31.4\ \mathrm{kJ\ mol}^{-1}$ のときに，$v_{\mathrm{het}} = v_{\mathrm{hom}}$ となる．

したがって，均一系気相反応と不均一系触媒反応の活性化エネルギーの差が $31.4\ \mathrm{kJ\ mol}^{-1}$ 以上ならば不均一系触媒反応の方が速いことになる．例えば，NH_3 分解反応は気相反応に比べ，W 触媒上では $171\ \mathrm{kJ\ mol}^{-1}$ 以上活性化エネルギーが小さく，N_2O 分解反応は Pt 触媒上では $109\ \mathrm{kJ\ mol}^{-1}$ も小さい．触媒反応では，気相反応と異なる反応経路（反応機構）をとるため活性化エネルギーは大きく減少する．触媒の働きは活性化エネルギーの小さい新たな反応経路（反応機構）を提供することにある．

2）マーズ-ヴァンクレベレン機構（レドックス機構）

金属酸化物触媒上での選択酸化反応や脱水素反応などでは，触媒の格子酸素原子が触媒反応に含まれ酸化還元を繰り返す場合が多く，**マーズ-ヴァンクレベレン** (Mars-van Krevelen) **機構**あるいは**レドックス機構**と呼ばれる．例えば，CO の O_2 による酸化反応は式 (67)，(68) によって進行する．O_{lat} は触媒表面の格子酸素原子であり，σ_{v}^{*} は酸素原子欠陥 (oxygen vacancy) である．FeO

(111) 薄層/Pt (111) モデル表面の走査トンネル顕微鏡 (STM) 観察により，活性格子酸素や酸素欠陥が画像化されている．

$$CO + O_{lat} \longrightarrow CO_2 + \sigma_v^* \tag{67}$$

$$\frac{1}{2}O_2 + \sigma_v^* \longrightarrow O_{lat} \tag{68}$$

L-H 機構では，O_2 が存在しなければ CO のみでは CO_2 が生成しないが，マーズ-ヴァンクレベレン (MVK) 機構では，CO と触媒との反応により CO_2 が生成し (式 (67))，反応が進んで O_{lat} がなくなった時点でストップする．その状態で O_2 を反応系に導入し O 原子で酸素欠陥を埋め O_{lat} を再生させると (式 (68))，酸素欠陥がなくなった時点で O_2 減少はストップする．この O_2 減少量は CO_2 生成量 (CO 減少量) の半分である．CO-O_2 の反応の定常状態では，CO_2 生成速度 $v_1(= k_1[CO][O_{lat}])$ と O_2 減少速度 $v_2(= k_2[O_2]^{1/2}[\sigma_v^*])$ は等しい ($v_1 = v_2$) ([ ] は濃度を表す)．また，$[O_{lat}] + [\sigma_v^*] = 1$ で一定なので，$[O_{lat}] = k_2[O_2]^{1/2}/(k_1[CO] + k_2[O_2]^{1/2})$ となる．したがって，CO_2 生成速度 v は式 (69) で与えられる．

$$v = \frac{k_1k_2[CO][O_2]^{1/2}}{k_1[CO] + k_2[O_2]^{1/2}} \tag{69}$$

条件によっては速度論によって L-H 機構と区別することができるが，速度論のみで区別できるとは限らない．その場合，同位体 $^{18}O_2$ を用いて CO 酸化を調べると，L-H 機構ならば初期段階では $C^{16}O^{18}O$ が生成し，時間と共に $^{18}O_2$ が触媒表面格子酸素 ^{16}O と同位体交換するため次第に $C^{16}O^{16}O$ が混じってくる．一方，MVK 機構では初期段階では $C^{16}O^{16}O$ が生成し，式 (68) により $^{18}O_{lat}$ が形成されるにつれ $C^{16}O^{18}O$ が生成してくる．このように同位体分布を調べると反応機構を明らかにすることができる．しかし，この場合でも，活性格子酸素 $^{16}O_{lat}$ が少量で，$^{18}O_2$ との同位体交換速度が式 (67) に比べてはるかに速ければ，実験初期から $C^{16}O^{18}O$ が観察され反応機構がはっきりしないこともあるので注意が必要である．

Pd 金属触媒によるメタン酸化反応では，反応中 Pd 表面は PdO 層となっており，MVK 機構により反応が進行する．また，Ru (001) 単結晶表面での CO 酸化反応においても，反応条件下で形成される RuO_2(110) 層上で触媒反応が進む．金属触媒作用であると思っていたものが，実は酸化物触媒作用であったりする．

3）シングルサイト酸触媒作用

図 1.21 (a) に示すように，H^+-ZSM-5 ゼオライトのブレンステッド酸は，Al の隣りの架橋酸素原子に弱く付いているプロトンによる（2.4 節参照）．ブレンステッド酸点へのピリジン吸着熱はピリジン被覆率 1 まではほとんど一定であり，それぞれが互いに影響しない独立のシングルサイト酸点の性質を示す．H^+-ZSM-5 のヘキサン分解反応（クラッキング）の活性を H^+-ZSM-5 の Al 量に対してプロットすると**図 1.21 (b)** のように直線関係が見られ，個々のブレンステッド酸点が同じ活性を持つことを示す．

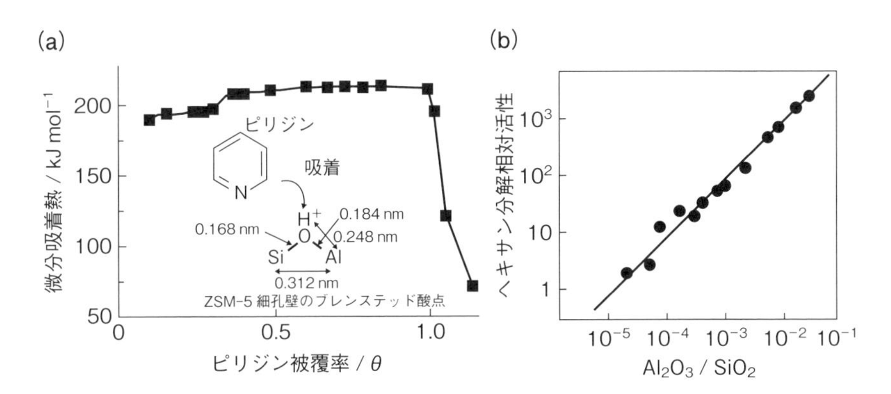

図 1.21 H^+-ZSM-5 (Si / Al ＝ 25 / 1) のブレンステッド酸点へのピリジン吸着熱の被覆率依存性

（Thomas, J. M., Raja, R. and Lewis, D. W.：*Angew. Chem. Int. Ed.*, **44**, 6456 (2005) および Haag, W. O., Lago, R. M. and Weisz, P. B.：*Nature*, **309**, 589 (1984) を改変）

4）同位体の利用

同位体としては ^{2}H (D), ^{13}C, ^{14}C, ^{15}N, ^{18}O などがよく使われる．

(1) トレーサー法(isotope tracer method)

$$\text{プロペン}(CH_2{=}CH{-}CH_3) + O_2 \longrightarrow \text{アクロレイン}(CH_2{=}CH{-}CH{=}O) + H_2O \qquad (70)$$

プロペンの選択酸化によるアクロレイン合成(式(70))の反応機構が ^{14}C を使って明らかにされている．$^{14}CH_2{=}CH{-}CH_3$ と $CH_2{=}CH{-}^{14}CH_3$ を等量用いた場合，$^{14}CH_2{=}CH{-}CH{=}O$ と $CH_2{=}CH{-}^{14}CH{=}O$ が等量生成する．$CH_2{=}^{14}CH{-}CH_3$ から出発した場合は $CH_2{=}^{14}CH{-}CH{=}O$ のみが生成する．この結果は，プロペンの両端の炭素が等価な π-アリル中間体 $CH_2{-}CH{-}CH_2$ を経由してアクロレインが生成することを示す．

反応が定常的に進行している状態で，反応分子や仮定される中間体などに同位体を含む分子を微量添加したとき，各成分分子や吸着種の同位体濃度が時間的にどのように変化するかを質量分析，赤外吸収分光などにより測定し，定常反応速度と比較することで反応機構を推定することができる．これを**動的トレーサー法**(kinetic tracer method)という．

(2) 同位体効果(isotope effect)

C–H 結合の切断を伴う素反応において，C–H を C–D に置き換えたとき，反応原系は $(1/2)\,\Sigma h\,(\nu_{i(H)} - \nu_{i(D)})$ だけゼロ点エネルギーが同位体間で異なるが，遷移状態ではその結合が切れているとするとゼロ点エネルギーは同じである．遷移状態理論では，C–H 伸縮振動は反応座標に沿った C–H 切断の反応速度(頻度)を与える振動数と考えるので，ゼロ点エネルギーの差に寄与する ν_i は二つの C–H 変角振動(縮重)である．同位体を含む結合の切断が律速段階である場合，遷移状態と原系のゼロ点エネルギーの差が活性化エネルギーになるので，軽い H の方が D より活性化エネルギーが小さく反応速度も速いことになる．切断されない C–H 結合を C–D に替えてもほとんど反応速度に影響を与えない．同位体間の速度定数の比は**速度論的同位体効果**(kinetic isotope effect)と呼ばれ，反応の律速段階や反応機構の情報を与える．一方，平衡定数も同位体によって若干変わり，**熱力学(平衡論)的同位体効果**(thermodynamic isotope effect)と呼ばれる．

5）分光法による反応中間体（吸着種）や活性構造の直接観察（1.6 節参照）

各種の分光法により中間体吸着種や触媒活性構造を観測し，その動的挙動を調べることにより反応機構を決めることができる．このとき，観測された分子種が本当に反応中間体なのか，本当に活性構造なのか，単に熱力学的に安定だから観測されたのか注意する必要があり，反応条件下で *in situ* 測定することが好ましい．

6）過渡応答法（transient response method）

反応系が平衡状態や定常状態にあるときに，温度，成分濃度 / 分圧，pH，電位など反応条件を少しだけ急激に変化させると，系は新たな平衡状態や定常状態に向かって変化していく．この変化過程を適当な計測法や分光法などで追跡することにより，素反応の速度定数，および吸着種や反応機構に関する知見を得ることができる（**過渡応答法**）．同位体分子を用いる前述の動的トレーサー法は過渡応答法の一つである．

7）立体化学

求核置換反応，脱離反応，不斉反応などの立体化学と反応機構は密接に関係していることが知られている．反応に関わる立体化学は反応機構の推定に利用することができる．

8）構造，組成と電子状態が明らかな活性表面

不均一系触媒の触媒作用を明らかにするうえでの障害の一つが，触媒表面の活性構造，組成や電子状態が明らかでないことである．構造と組成が規定された金属錯体などを担体表面に固定化し活性構造を設計した均一な性質を持つ**固定化触媒**（2.6 節参照）を用いることにより，反応条件下での表面活性構造や吸着種などを計測評価しやすくなり，速度論的にも分光学的にも素反応過程や中間体を明らかにすることができ触媒作用が理解しやすくなる．また，金属や金属酸化物のモデル単結晶表面を用いることにより，反応サイト，中間体吸着種，拡散，素反応過程などを原子・分子レベルで明らかにすることが可能である．

9）理論計算

密度汎関数理論（DFT）などの理論計算の精度と信頼性が向上し，種々の計算ソフトウエアも市販，公開されており，中間体や反応経路を計算シミュレーションし反応機構が議論されている．詳細は専門書を参照されたい．

1.5.2　火山型活性序列

触媒と反応中間体との結合が強すぎると中間体が安定すぎて次に進む過程が律速段階となり，一方，結合が弱すぎて不安定であると中間体を生成するのが律速段階となり，いずれも全体の反応速度は遅くなる．したがって，触媒活性を中間体の安定性に対してプロットすると**火山型活性序列**が得られる（**サバチエ**（Sabatier）**則**）．

例えば，金属触媒上のギ酸の分解反応（HCOOH → $1/2\,H_2 + CO_2$）は金属のギ酸塩（metal formate）を経て進行する（式(71)，(72)）．この場合，金属Mの触媒活性はギ酸塩の生成熱と火山型関係を持つ（**図 1.22**）．反応はまず，ギ

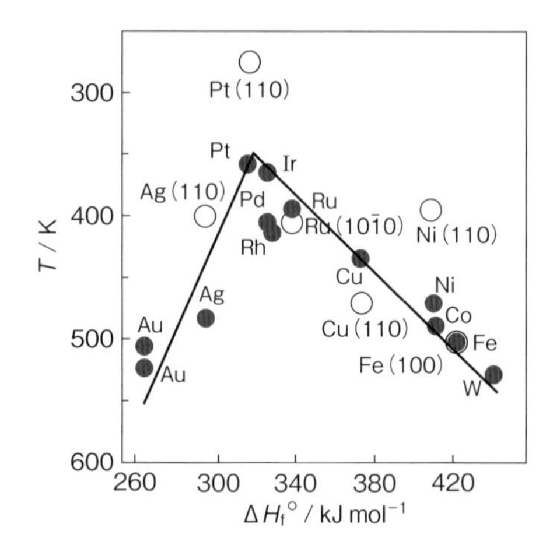

図 1.22　金属触媒のギ酸分解活性と金属ギ酸塩生成熱（ΔH_f°）との火山型相関

○：単結晶（ミラー指数面）；●：金属触媒．縦軸の T はある一定の転化率を与える温度．

（Fahrenfort, J., van Teijen, L. L. and Sachtler, W. M. H.：『The Mechanism of Heterogeneous Catalysis』(deBoer, J. H., ed.) Elsevier, Amsterdam (1960) を改変）

酸が金属触媒にギ酸塩として吸着する.

$$\mathrm{M} + n\mathrm{HCOOH} \longrightarrow \mathrm{M}^{n+}(\mathrm{HCOO}^-)_n + \frac{1}{2}n\mathrm{H}_2 \qquad (71)$$

$$\mathrm{M}^{n+}(\mathrm{HCOO}^-)_n \longrightarrow \mathrm{M} + \frac{1}{2}n\mathrm{H}_2 + n\mathrm{CO}_2 \qquad (72)$$

金属ギ酸塩が安定であればあるほど（ギ酸塩生成熱 ΔH_f° が大きくなる）ギ酸塩中間体が生成しやすくなる（式(71)）ので全体の反応速度も大きくなる．しかし，金属ギ酸塩が安定すぎると分解しにくくなり式(72)の反応速度が遅くなる．Au や Ag ではギ酸塩が安定でないのでギ酸塩の形成が困難である（式(71)が遅い）．したがって，図 1.22 に示すように，式(71)と式(72)のステップの進みやすさ（速度）がバランスする適度な大きさを持つ ΔH_f° で触媒活性は最大値を与え，最大値より左側の金属では金属ギ酸塩生成が全体の反応の律速段階となり，右側の金属では金属ギ酸塩の分解が律速段階となる．

グラファイトに担持した種々の金属触媒上でのアンモニア合成反応速度は，d 軌道占有率に対してプロットすると火山型パターンとなる（Mo ～ Re ＜ Os ＜ Ru ＞ Fe ～ Ir ＞ Co ＞ Pt ～ Ni）．Mo や Re では N_2 を解離できるが生成する吸着窒素原子が安定すぎて H_2 との反応性が低く，Pt や Ni では N_2 の解離が困難である．結果として，Ru, Os, Fe がアンモニア合成活性が高いことになる．また，種々の金属酸化物によるエチレンの酸化活性を酸化物の酸素原子当たりの生成熱（$-\Delta H_f^\circ$）に対してプロットすると火山型パターンを与える（図 1.9 (p. 14) 参照）．強すぎず弱すぎない適度な強さの金属-酸素結合が最も活性が高いことになる．燃料電池電極触媒における酸素還元反応においても，金属触媒の酸素還元活性は d バンドセンター（1.2.1 項参照）や金属-酸素結合エネルギーに対して火山型活性序列が観察されている（図 1.7 (p. 10) 参照）．火山型活性序列は多くの触媒反応系で観察されている．

1.5.3 触媒表面の構造と活性

シリカやアルミナなどの担体上の金属微粒子の触媒活性は，図 1.23 (a) に

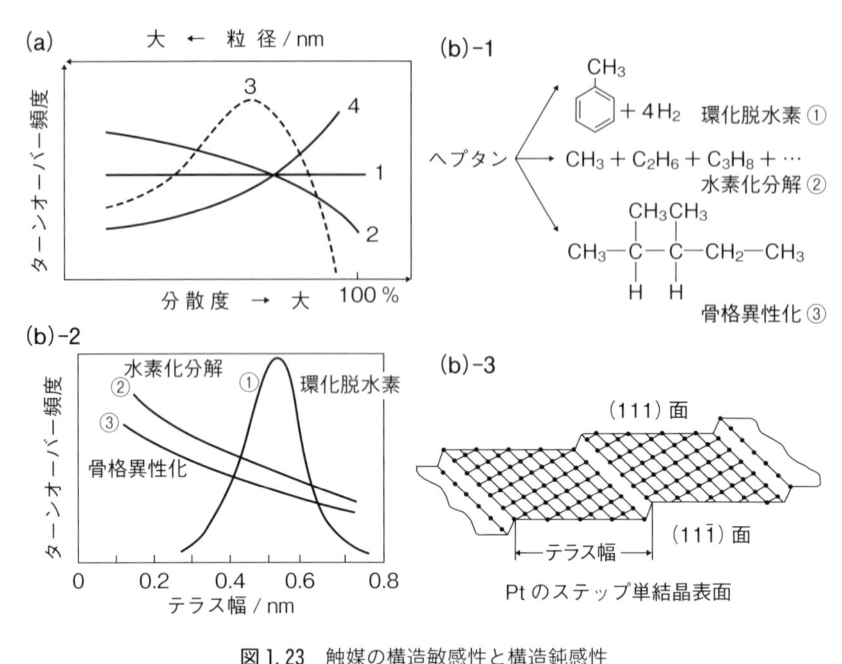

図 1.23　触媒の構造敏感性と構造鈍感性
(a) 担持金属微粒子の触媒活性（ターンオーバー頻度）の粒径および分散度依存性.
(b) ヘプタンの環化脱水素，水素化分解および骨格異性化反応の触媒活性（ターンオーバー頻度）のテラス幅依存性.

示したように，粒径や分散度（表面原子数 / 全体原子数）に依存することが多いが，ほとんど依存しない場合もある．図 1.23 には触媒活性として**ターンオーバー頻度**（turnover frequency：TOF）を用いている．TOF は，単位時間に活性点（あるいは金属微粒子の表面原子）当たり何個の生成物が生成するかの頻度であり，単位は時間の逆数（s^{-1} など）である．ブダー（Boudart, M.）らは，TOF が粒径や分散度に依存する場合を**構造敏感**（structure sensitive）**反応**，依存しない場合を**構造鈍感**（structure insensitive）**反応**と呼び，粒径依存性により反応を分類した．粒径や担体の種類により金属微粒子の形状や表面のステップ，キンクの濃度が変わり，その結果，活性および選択性に影響を与えると考えられている．

ソモルジャイ（Somorjai, G. A.）らは，構造敏感・鈍感の具体的因子を原子レベルで明らかにするため，白金ステップ表面を用いて，ヘプタンの環化脱水素，水素化分解，骨格異性化反応の表面構造依存性を調べた（**図 1.23 (b)**）．水素化分解と骨格異性化のように，C–C を切断したり組換えを必要とする反応はテラス幅（図 1.23 (b)–3）が狭い方が活性が高く，ステップが C–C の切断や組換えの活性点であることを意味している（(b)–2）．1925 年にテイラー（Taylor, H.S.）が提唱した**活性中心**（**活性点**）の考えを原子レベルで実験的に示したものである．一方，環化脱水素には最大の活性を示すテラス幅が存在する（(b)–2）．直鎖炭化水素が環化してベンゼン環を形成するために一定以上の大きさのテラス幅が必要であり，一方，テラス幅が大きくなるとステップ濃度が小さくなるので C–C 結合形成速度が減少し，結果として環化脱水素反応には最適なテラス幅が必要であると考えられる．

アンモニア合成反応は Fe 触媒を用いて行われるが，異なる表面構造を持つ鉄単結晶表面のアンモニア合成活性が調べられた．**図 1.24** から，アンモニア合成反応は鉄表面の構造に極めて敏感で，高活性の Fe (111) とほとんど活性のない Fe (110) 表面とでは 450 倍もの合成速度の差がある．オープン構造を持つ (111) 面や (211) 面が高い活性を示し，最密充填面である (110) 面は活性がほとんどない．活性には配位不飽和な表面第 1 層 Fe 原子が必要であるが，それ以上に，第 2 層の 7 配位 (C_7) Fe 原子が露出していることが重要であり，高活性な (111) 面はさらに第 3 層 7 配位 Fe も露出している．(111) 面ではこの 7 配位 Fe 上に N_2 分子が垂直に吸着し，第 1 層の Fe が N≡N 三重結合を横から切断する働きをすると考えられている．(210) 面も第 2 層が 7 配位 Fe であるが，第 1 層が 5 配位 Fe であり (111) 面の 4 配位より高配位なので活性が低く，また，第 2 層 7 配位サイトが狭く窒素が吸着することが困難である．工業アンモニア合成触媒では Fe の他に K_2O と Al_2O_3 が添加されているが（二重促進鉄触媒），Al_2O_3 は Fe 微粒子が (111) 面など活性表面を露出するように Fe 微粒子表面の形状を保持する役割を持ち（構造的効果），一方，K_2O は電子的効果により Fe の活性を増している．

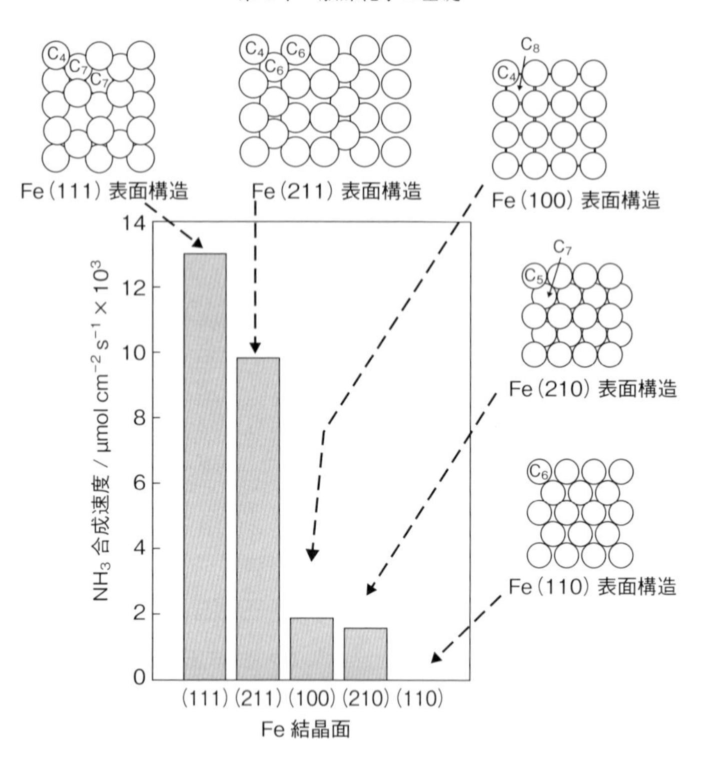

図 1.24　異なる表面構造を持つ Fe 結晶面上でのアンモニア合成速度．反応温度：673 K，圧力：20 atm (P_{N_2} : P_{H_2} = 1 : 3)．C_n は n 配位 Fe を意味する．
(Strongin, D. R., Carrazza, J., Bare, S. R. and Somorjai, G. A.：*J. Catal.*, **103**, 213 (1987) を改変)

1.5.4　バイメタル効果（リガンド効果，アンサンブル効果，ストレス効果）

複数の金属を合金化あるいは複合化することによって，単一成分の場合に比べて触媒活性が著しく増大することがある．例えば，石油改質触媒 (Pt-Re)，脱硫触媒 (Co-Mo-S)，酢酸ビニル合成触媒 (Pd-Au) などが実用化されている．**バイメタル化**による触媒活性増大の理由として，異種金属の電子移動による電子状態の変化（リガンド効果），アンサンブル（集合）の形成（アンサンブル効果），格子定数の違いによる格子ひずみ（ストレス効果）などがある．

リガンド効果（電子的効果）は，バイメタル化による活性金属の電子状態の変化であり，Ni-Cu や Pd-Cu など広く知られている．電子的効果の有無は，Ni や Pd などに吸着した CO や NO の赤外吸収スペクトルのピークシフトにより分かる．リガンド効果はほとんどのバイメタル系で見られる．また，異種金属系の電子状態密度（DOS）は，紫外光電子分光（UPS），共鳴非弾性 X 線散乱（RIXS），X 線発光分光（XES），理論計算などにより求められる．電子的効果の中で，異種金属の原子サイズの違いからくる格子ひずみによるものは**ストレス効果**（あるいはストレイン効果）と呼ばれる．燃料電池 Pt 電極触媒（Pt ナノ粒子）が異種金属（Pd, Co, Ni など）とのバイメタル化（合金，金属間化合物など）により Pt-Pt 距離が短くなり（格子ストレス），Pt-O が適度な強さになるため，酸素還元活性が増大する．ナノ粒子の格子ストレスは，XRD リートベルト解析，高分解能電子顕微鏡，EXAFS などで評価できる．

アンサンブル効果（**幾何学的効果**）は，Au など電子的効果をほとんど示さない金属の添加により活性金属の幾何学的環境が変化することで触媒活性が変化する場合である．**図 1.25** は，Au (111) および Au (100) 表面に Pd を蒸着し加熱することによってモデル Pd-Au 表面を作製し，酢酸とエチレンからの酢酸ビニル合成反応（式 (73)）における Pd-Au 合金触媒のアンサンブル効果を原子レベルで解明した例である．

$$CH_3COOH + CH_2{=}CH_2 + \frac{1}{2}O_2 \longrightarrow CH_3COOCH{=}CH_2 + H_2O \tag{73}$$

触媒活性（ターンオーバー頻度（TOF））は Pd/Au (111) より Pd/Au (100) の方がはるかに高い．Pd/Au (111) では Pd 量と共に活性が減少しているのに対し，Pd/Au (100) では Pd 量と共に活性が増大し極大を通って減少していく．Au には吸着せず Pd にのみ吸着する CO の赤外ピーク波数から，Pd が隣接して存在しているか，孤立しているかが分かる．Au (100) 上で Pd モノマーの割合が最も大きくなるのは 0.05 モノレイヤー（単分子層）以下であるが，活性の極大は 0.07 モノレイヤーであるので Pd ペアが活性であることが示唆される．実際，Au (100) 上でランダムに分布する Pd モノマーの中で Pd ペアをつくる

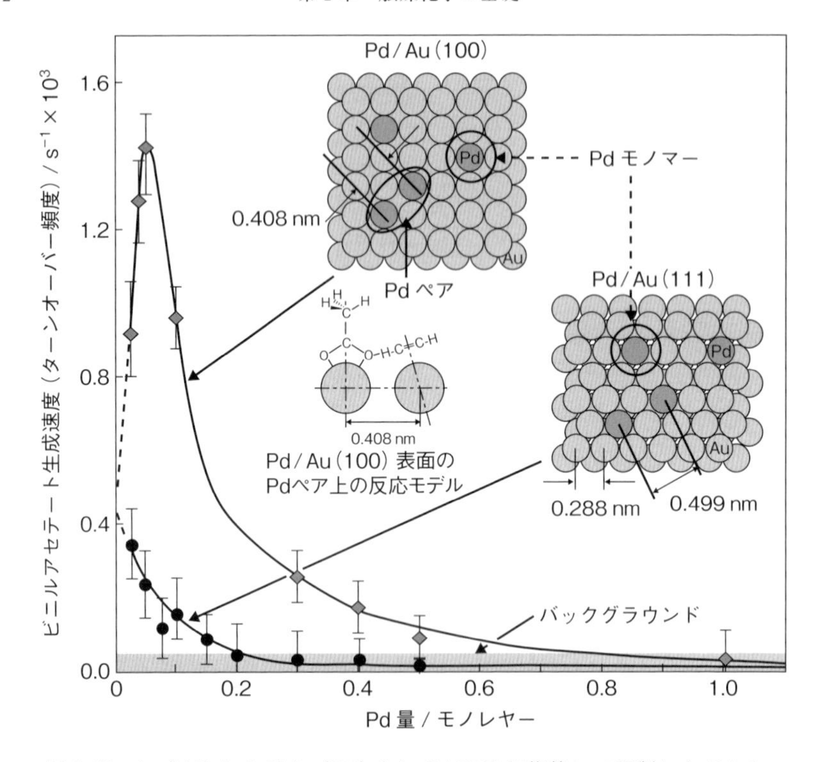

図 1.25　Au(111) および Au(100) 上に Pd 原子を蒸着して調製した Pd-Au モデル触媒における酢酸ビニル（ビニルアセテート）生成速度（ターンオーバー頻度）の Pd 被覆率依存性

モノレヤー：単分子層．挿入図は Pd/Au(100) 上での酢酸とエチレンからビニルアセテートが生成する反応モデル．

(Chen, M., Kumar, D., Yi, C.-W. and Goodman, D. W.: *Science*, **310**, 291 (2005) を改変)

確率を計算すると，活性曲線と同じような挙動をとる．反射赤外分光で同位体効果を調べた結果，律速段階は吸着した酢酸イオンへのエチレンの挿入反応である．挿入反応が起こる最適な Pd-Pd 距離 (0.33 nm) と比較して，Au(111) 上の Pd ペアの距離は 0.499 nm は遠すぎて反応に至らないが，図 1.25 に示したように Au(100) 上の Pd ペアの Pd-Pd 距離は 0.408 nm で，エチレンが吸着して少し傾けば酢酸イオンと反応することが可能である．Au(100) 上で Pd ペアが生じる割合を考慮すると，Pd ペア構造は Pd モノマーに比べて 2 桁活性が高いと結論される．

 1.6　固体触媒のキャラクタリゼーション

固体触媒の多様な働きをもたらす触媒の構造（特に活性点構造）とその反応性（触媒作用）を理解することは，触媒の働きを理解するうえで大変重要である．固体触媒には第2章で概説されている通り，様々な種類の触媒が存在する．金属触媒，金属酸化物，金属錯体などは，それ自身でも触媒活性種となる物質であるが，反応基質との高い接触性を維持するために，比表面積の大きな担体材料（シリカ，アルミナ，ゼオライト等）の表面に，これらの触媒活性種を担持した材料がよく用いられる．多くの固体触媒は担体と触媒活性種となる金属種等の複合材料であり，それぞれに対して適当な手法を用いて，**キャラクタリゼーション**することが必要である．いずれも，単一の手法ではその構造を理解することは難しく，複数のキャラクタリゼーション手法を組み合わせた構造解析が行われる．

固体触媒のキャラクタリゼーションによく使われる手法としては，赤外光を利用した赤外分光（IR），紫外・可視分光（UV・Vis），ラマン分光，X線を利用した蛍光X線分析（XRF），X線光電子分光（XPS），X線回折（XRD），X線吸収微細構造（XAFS）などがある．また，磁気共鳴を利用した核磁気共鳴（NMR）および電子スピン共鳴（ESR），電子顕微鏡（SEM, TEM）などもよく用いられる．理論計算による構造モデリングなども，その構造の理解には手助けになる場合が多い．この節では，固体触媒のキャラクタリゼーションに用いられる代表的な手法について，その原理，実験方法，解析法などを簡単に紹介し，具体的な触媒のキャラクタリゼーションの実例も取り上げる．いずれの方法も，専門的な著書が数多く出されており，より深く勉強したい方は，巻末にあげた参考文献にある著書を是非参照されたい．

1.6.1 赤外光，可視光，紫外光を利用したキャラクタリゼーション

1）赤外分光 (IR)

分子の振動に伴う遷移を観測する**赤外分光**は，比較的簡便な計測によって，触媒表面に吸着する反応物や中間体，生成物などの分子の情報を得ることができる手法である．入射光に対する試料中を通過する際の光の吸収（反射）を計測し，透過率（反射率）を求める．干渉計を用いる**フーリエ変換赤外分光法** (FT-IR) が一般的に用いられており，閉鎖循環系や流通系の反応装置と連結させて用いることにより，反応ガス雰囲気下でのその場 (*in situ*) 測定が可能である．様々な *in situ* 測定用のセルが開発されており，反応条件下（反応ガス存在下，反応温度，反応圧力）での分析が多くなされている．

触媒反応の基質分子の多くは，特徴的な**赤外活性振動モード**を有するものが多く，有機分子や一酸化炭素，一酸化窒素などがその典型である．例えば，**図 1.26** は，γ-アルミナ担体に担持したコバルト触媒を赤外光が透過できるように薄いディスク状に成形し，*in situ* IR 測定セルの中で一酸化窒素を吸着させた際の赤外吸収スペクトルである．吸着した一酸化窒素に対応する対称伸縮振動，逆対称伸縮振動が明瞭に観察されており，時間と共に二つのピーク強度が増加していく様子が観察される．赤外吸収スペクトルは，その波数から分子の吸着の強さや結合様式などの化学情報が得られ，ピーク強度（面積）からはその化学種の吸着量が算出できる．定性分析，定量分析の両方に用いられ，触媒表面の吸着種や反応中間体などの構造解析に汎用されている．

薄いディスクを作製できない試料や，赤外光が透過しにくい試料，あるいは透過法では吸収が強くて飽和してしまう試料では，**拡散反射フーリエ変換赤外分光法** (DRIFTS) や**減衰全反射法** (ATR) が用いられる．また，単結晶や金属基板上の薄膜等には**高感度反射赤外分光法** (IRAS) が用いられる．

2）ラマン分光

ラマン分光も分子の振動に伴う遷移に由来する分光法であるが，光の散乱現象に基づいている．レーザー等の光によって分子を励起したときに生じる**ラマン散乱**を測定することにより，分子が獲得もしくは失ったエネルギー（**ラマン**

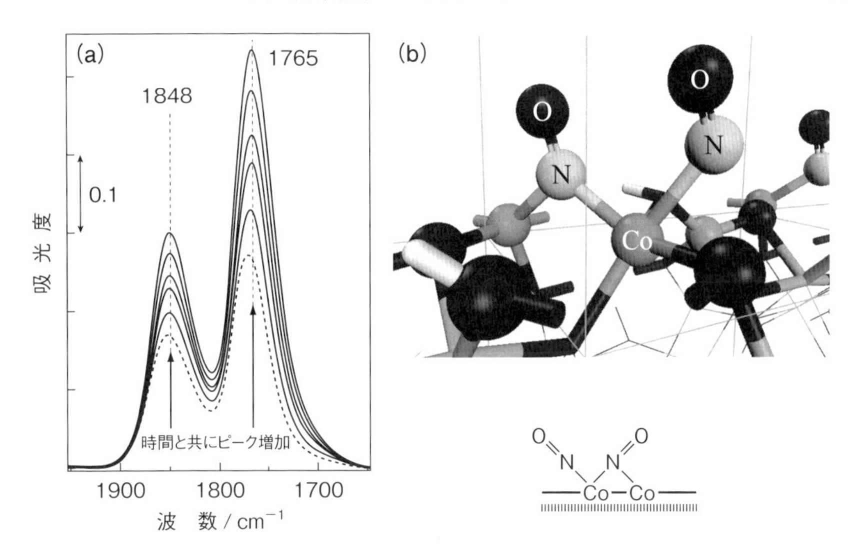

図 1.26　アルミナ担持コバルト触媒に吸着した一酸化窒素の赤外吸収スペクトル (a) と提案されている一酸化窒素の吸着構造 (b)
(Tada, M., Taniike, T., Morikawa, Y., Sasaki, T. and Iwasawa, Y.：*J. Phys. Chem.*, *B* **110**, 4929-4936 (2006), Taniike, T., Tada, M., Coquet, R., Morikawa, Y., Sasaki, T. and Iwasawa, Y.：*Chem. Phys. Lett.*, **443**, 66-70 (2007) を改変)

シフト）を計測することができる．このラマンシフトは，個々の分子に特有な振動であり，物質の同定に用いられる．

固体触媒試料では，金属-酸素結合の多くが**ラマン活性**であることから，酸化物や硫化物や担持触媒等の構造解析に広く用いられている．触媒の担体として汎用されるシリカやアルミナなどは，それ自身からのラマン散乱が弱いことが多く，担体表面に吸着した化学種のラマンスペクトルを得やすいことから，低波数領域のラマンスペクトルは触媒表面の吸着種の構造同定によく用いられる．一方，ラマン測定のデメリットとしては，共鳴ラマン等の場合を除いて測定感度が低い場合が多い，試料から蛍光が出る場合バックグラウンド強度が増加して対象について充分なシグナルが得られない，レーザー光照射による試料ダメージを受けやすい等が挙げられる．

3）紫外・可視分光 (UV・Vis)

紫外・可視領域は，物質の電子遷移に由来するエネルギー領域であり，d-d 遷移や金属-配位子間の電子遷移などが観測され，測定対象の構造情報（配位構造や対称性など）および金属イオンの価数等の情報が得られる．紫外・可視光（タングステンランプや重水素ランプなどを使用）を試料に照射して，分光器で波長を掃引しながら各エネルギーでの吸収や反射を測定することで，**紫外・可視スペクトル**が得られる．比較的簡便な測定であることもこの手法の特徴の一つであろう．

具体的な測定法は，紫外・可視光が透過する希薄試料（溶液等）を用いた**透過吸収法**と，積分球を用いた**拡散反射法**（固体）が一般的である．透過吸収法では，試料濃度に応じた光路長を有する石英セルに試料を封入し，試料前後での光量を測定する．ランベルト-ベール（Lambert-Beer）の法則を用いて，測定試料を定量することができる．一方，拡散反射法では，硫酸バリウムでできた積分球に石英セルに封入した試料をセットする．試料界面で散乱された光と入射光の強度から，クベルカ-ムンク（Kubelka-Munk）関数を用いて，拡散反射スペクトルを得る．拡散反射スペクトルは，定性的には透過吸収法で得られるスペクトルと同等と考えてよい．

光触媒に用いられる酸化チタンなどの半導体材料におけるバンドギャップエネルギーや，担持固定化種の配位構造，錯体触媒の電子状態などが，紫外・可視スペクトルで明らかにされている．**図 1.27** は，シッフ塩基を配位したバナジウム錯体溶液の紫外・可視吸収スペクトルと，この錯体をシリカ担体の上に担持した触媒の紫外・可視拡散反射スペクトルである．金属中心-配位子間の電子遷移が 380 nm 付近に観測され，シリカ表面への固定化後はこの遷移に加えて d-d 遷移に対応する 500 - 800 nm 付近の幅広ピークが観察されている．固定化によって錯体の二量化が進行するため，形成される複核錯体の d-d 遷移が新たに観測される．

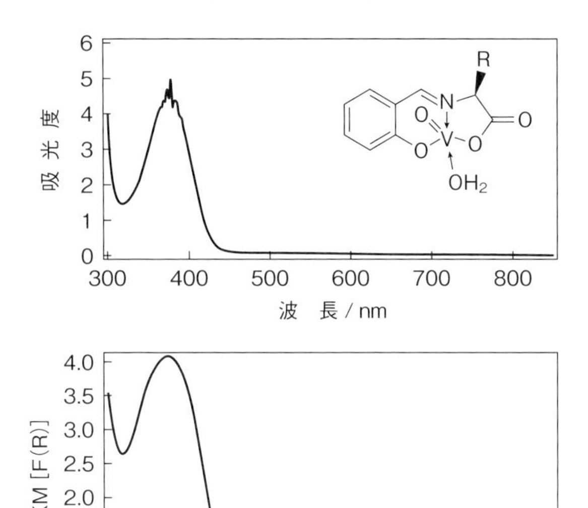

図 1. 27　シッフ塩基バナジウム錯体溶液の紫外・可視透過吸収スペクトル（上）と担持バナジウム錯体の紫外・可視拡散反射スペクトル（下）
（Tada, M., Kojima, N., Izumi, Y., Taniike, T. and Iwasawa, Y.：*J. Phys. Chem., **B*** **109**, 9905-9916（2005）を改変）

1.6.2　X 線を利用したキャラクタリゼーション

赤外，可視，紫外光と比較して，極めて短い波長を有する X 線は，物質の構造解析のプローブとしては極めて重要な光源であり，X 線を使ったキャラクタリゼーションは，今や物質構造解析における要（かなめ）といっても過言ではない．高いエネルギーを有し，高い透過力をもっていることもその特徴の一つである．ここでは，X 線を利用した代表的なキャラクタリゼーションの手法として，蛍光 X 線分析，X 線光電子分光，粉末 X 線回折，X 線吸収微細構造（XAFS）を説明する．

1）蛍光 X 線分析（XRF）

物質に X 線を照射すると，その物質を構成する各原子の内殻電子が X 線によって励起されるが，内殻励起によって生じた空孔に外殻の電子が遷移する際に，特有の波長を持ったX線を放出する．このX線を**蛍光X線**と呼び，該当の内殻と外殻の軌道のエネルギー差に応じたエネルギーのX線（**特性X線**）を放出する．この特性X線は元素に固有であることから，蛍光X線のエネルギーを測定することによって，どのような元素が測定試料中に含まれるかを判別することができ，またその強度から各元素の量を算出することができる．定量分析の場合は，濃度が既知の標準試料を用い，複数の含有元素の特性X線強度比の検量線を作成し，測定対象試料の濃度（元素含有量）を算出する．

蛍光X線分析は，感度が良く，微量分析が可能な手法である．重元素の方が特性X線のエネルギーが高くなるので，X線の減衰が小さくなり，感度が良い．放射光を利用した微量分析も行われている．実験室での分析で，精密な定量分析が必要な場合は，ICP-OES（誘導結合プラズマ発光分光分析）やAAS（原子吸光）等のより感度の高い手法を用いることが望ましいが，前処理なく非破壊で分析ができるという点において，蛍光X線分析は優れた測定手法の一つである．

2）X線光電子分光（XPS）

X線を試料に照射すると，内殻電子が励起され，殻外に放出されるが，この**光電子**を測定する手法が**X線光電子分光**（XPS）である．測定される光電子の運動エネルギーE_{kin}は，内殻電子の結合（束縛）エネルギーE_{b}と以下の関係式に従うため，内殻電子の結合エネルギーを算出することができる．

$$E_{\mathrm{kin}} = h\nu(\text{入射 X 線のエネルギー}) - E_{\mathrm{b}}$$

この結合エネルギーは，電子の属する元素の化学状態に依存することから（**化学シフト**），結合エネルギーを比較することで，元素の価数や酸化状態を推定することができる．

XPSは表面敏感な測定手法である．測定雰囲気下に気相分子が存在すると，放出される光電子は衝突してそのエネルギーを失って検出器まで到達できないため，通常測定は超高真空下で行う．そのため，反応雰囲気での触媒の状態を知りたい場合は，差動排気系を組み込んだ雰囲気制御型XPS（高圧XPSとも

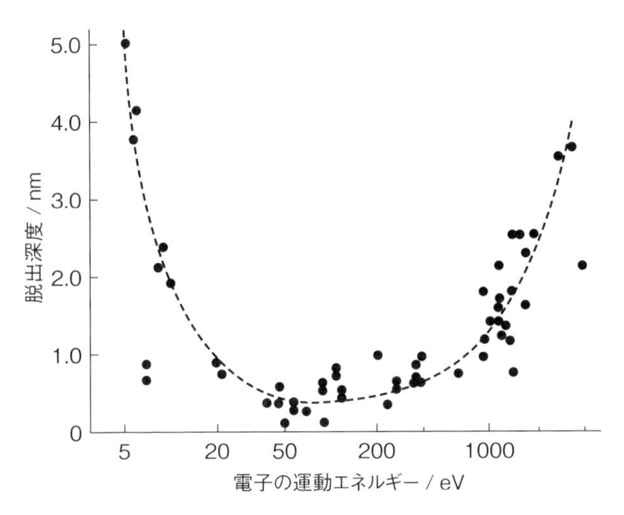

図 1. 28 光電子の運動エネルギーと脱出深度（平均自由行程）の関係（ユニバーサルカーブ）
（黒田晴雄・池本 勲 著，日本化学会 編『電子分光』（化学総説 No. 16）96，学会出版センター（1977）を改変）

呼ばれる；反応圧 1 kPa 以下）を用いたり（*in situ* 測定），測定したい試料をトランスファーベッセルを用いて XPS 装置に導入し大気非暴露で測定する（測定は超高真空下）などの方法がとられる．また，測定試料内部の原子から放出される光電子は，試料固体中から真空中に脱出する過程でエネルギーの減衰があるので，XPS で検出できるのは，試料固体表面近傍の数 nm の原子の情報になる．光電子が固体中から真空中に脱出できる深さ（**脱出深度**）は，エネルギーに依存している（**図 1.28**）．図 1.28 の曲線は物質の種類にほとんど依存しないので，**ユニバーサルカーブ**（universal curve）と呼ばれている．深さ方向の元素分布を測定したい場合は，Ar^+ で表面をエッチングしながら XPS 測定する．

エネルギーの高い硬X線を使った光電子分光

XPSは，原理的に超高真空下での検出が必要な手法であり，反応ガスが存在する触媒反応の条件でのその場（*in situ*）測定は難しい．特に，0.1～2 keV程度の比較的エネルギーの低いX線である軟X線をプローブとしたXPSでは，脱出深度が数nmに限られるが，5～15 keVのエネルギーの高い硬X線をプローブとした**硬X線光電子分光**（HAXPES）では，より深い位置や埋もれた界面などの領域の光電子分光が可能である．近年，このHAXPESを反応ガス等の存在下での*in situ*測定に利用できるよう，**雰囲気制御型硬X線光電子分光装置**（AP-HAXPES）（**図**）が開発されている．測定室と差動排気部，アナライザーが接続され，10 kPa以下のガスを導入した*in situ*測定が可能になっている（系によって最大1気圧まで測定可能）．AP-HAXPESを用いて，固体高分子形燃料電池等のウェットな反応条件における電極触媒の*in situ*構造解析などが行われている．

図　SPring-8 BL36XUビームラインに設置されたAP-HAXPES装置
（画像提供　自然科学研究機構分子科学研究所 高木康多 氏）

3）X線回折（XRD）

周期的な構造を有する物質（例えば結晶等）にX線を照射すると，物質中の原子によってX線の散乱が起こり，その原子の並びによって**回折現象**が生じる．入射および散乱X線の光路差が入射X線の波長の整数倍に等しいとき（ブラッグ（Bragg）の条件），回折現象が起こり特有の回折パターンが観察される．この回折パターンに現れるピークは，その位置から結晶面間隔（格子定数），半値幅から結晶サイズ，結晶性の度合いや格子ひずみ，ピーク強度比から結晶配向などの情報を含んでおり，これらの回折パターンを解析することで，多くの構造情報が得られる．単結晶が得られれば，**単結晶X線結晶構造解析**によって，結晶中の各原子の配置をほぼ正確に決定することができることから，物質の構造同定手段の最も有力な手法として用いられている．しかしながら，触媒材料の多くは，アモルファス状，エアロゾル状にした材料や，高比表面積の担体の上に分散担持された触媒であり，単結晶物質でない場合がほとんどで

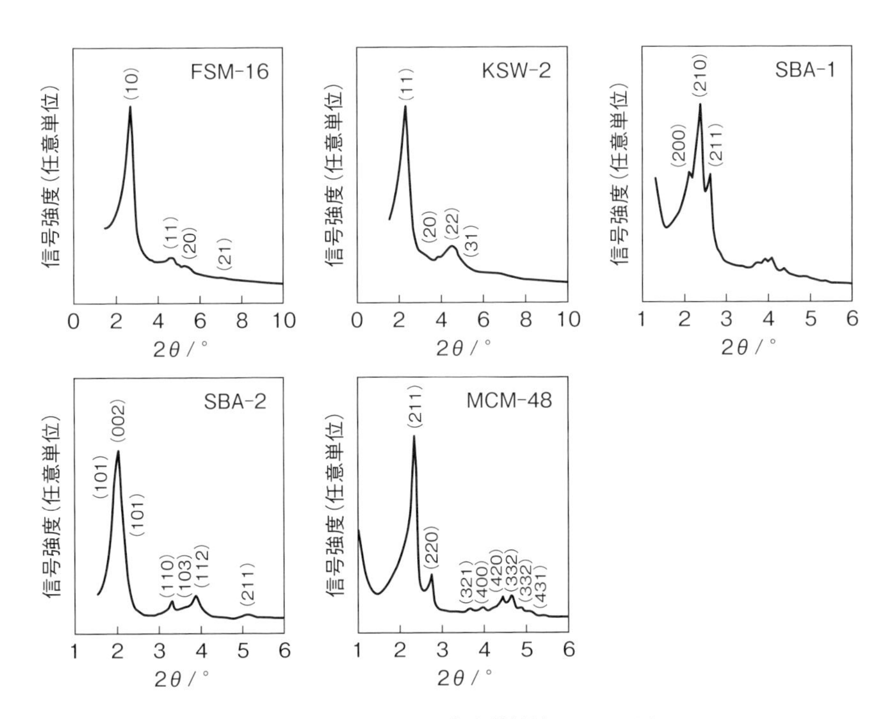

図 1.29　様々なシリカメソ多孔質材料の XRD パターン
（日本セラミックス協会 編『環境調和型新触媒シリーズ　触媒材料』（日刊工業新聞社，2007）図 4.1.3 を改変）

ある．このような触媒材料では，**粉末X線回折**が用いられる．

図1.29に，アルキルアンモニウム系界面活性剤を用いて合成されたメソ多孔性シリカのXRDパターンを示した．形成されるそれぞれのシリカ多孔質材料の結晶格子に固有の回折パターンが観測されていることが分かる．**図1.30**は，固体高分子形燃料電池の電極触媒として用いられる炭素担持Ptナノ粒子とPt-Co合金ナノ粒子のXRDパターンである．白金，コバルトは，それぞれfcc, hcpの結晶構造をとり，両者に固有のXRDパターンを与える．白金ナノ粒子では，白金と同様の位置に回折パターンが存在するが，単結晶と比較して幅広の回折ピークが観察され，ピークトップの位置もわずかに変化している．これは，ナノ粒子化することによって，結晶格子にばらつきが出て，結晶格子にひずみが発生していることを示唆している．CoをPtに合金化すると，その固溶比に応じて，ピーク位置がシフトする．ベガード（Vegard）則を用いれば，回折パターンのピーク位置から，合金ナノ粒子中におけるCoの固溶度を算出

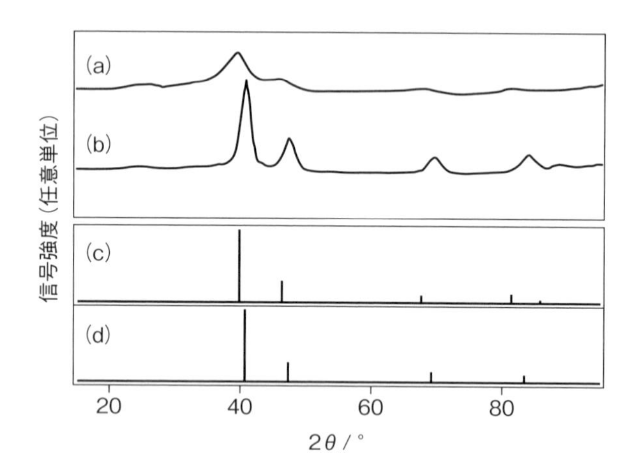

図1.30　固体高分子形燃料電池の電極触媒となるPtおよびPt-Co触媒のXRDパターン
(a) Pt/C, (b) Pt_3Co/C, (c) Pt, (d) Pt_3Co
（Ishiguro, N., Saida, T., Uruga, T., Sekizawa, O., Nagamatsu, S., Nitta, K., Yamamoto, T., Ohkoshi, S., Iwasawa, Y., Yokoyama, T. and Tada, M.：*ACS Catal.*, **2**, 1319-1330 (2012) を改変）

することができる．

4）**X線吸収微細構造（XAFS）**

X線回折は，結晶の構造解析としては極めて有用な手法であるが，高分散した表面担持種やサブナノ構造では，回折現象が起こらない（小さい）ため，XRDを用いたキャラクタリゼーションはできない．このような非晶質における局所構造の解析に有力な手法が，**X線吸収微細構造（XAFS）法**である．**図1.31**のように，試料中の元素に固有なエネルギーで起こるX線の吸収（吸収端）のスペクトルを測定したものがXAFSである．XAFSの測定には，K吸収

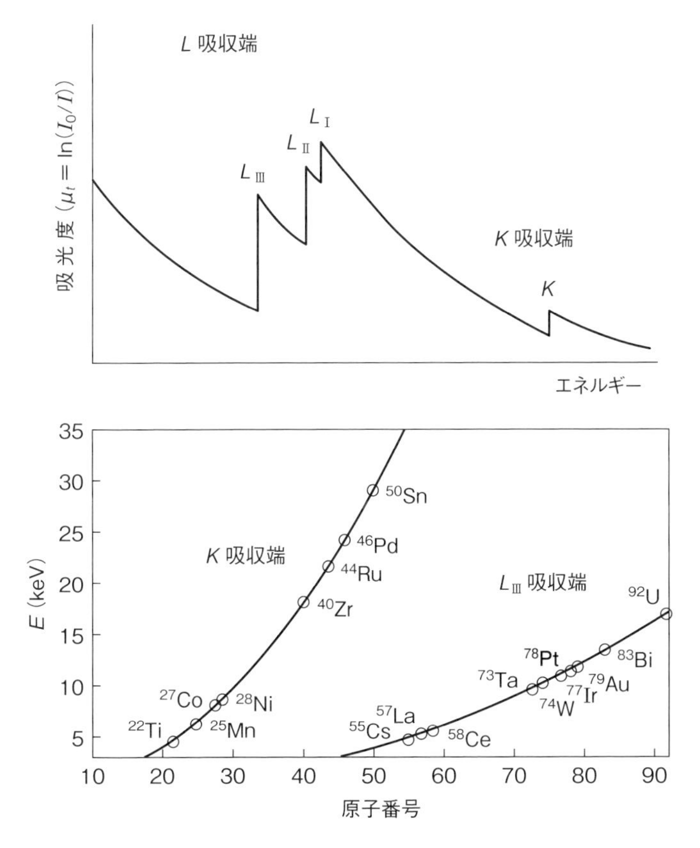

図1.31　元素のK・L吸収端のイメージとX線吸収とそのエネルギー

端や L 吸収端（L_{I} ～L_{III}）が用いられる．吸収端のエネルギーは元素固有の値であり（図 1.31），5～30 keV の範囲に多くの元素の吸収端が位置している．元素ごとに吸収端のエネルギーが異なるので，試料に複数の元素が含まれていても，元素ごとの局所構造の情報を得ることができる（元素選択的情報）．吸収

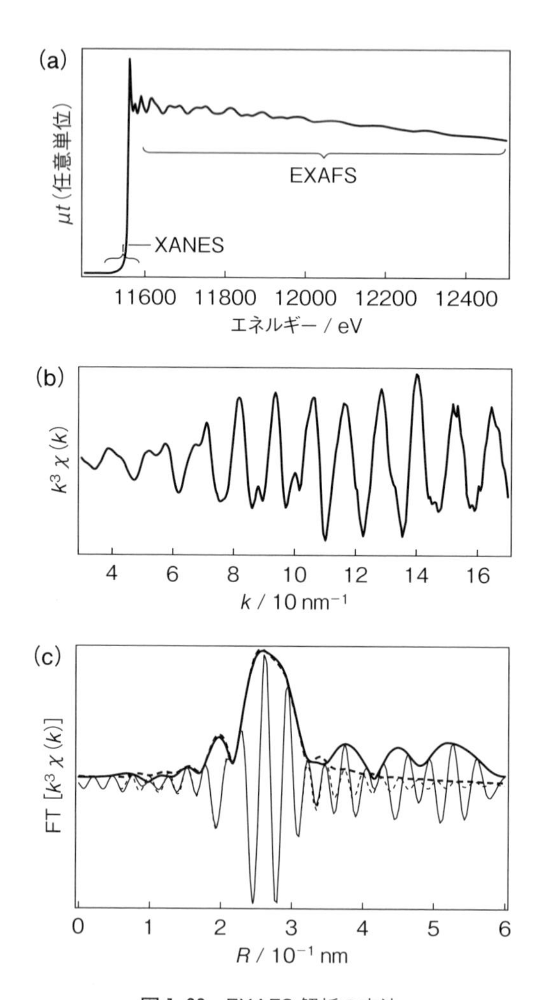

図 1.32　EXAFS 解析の方法
得られた測定データ (a) から EXAFS 振動 (b) を抽出し，フーリエ変換により動径分布関数 (c) を得る．図は Pt 箔の Pt L_{III} 吸収端 XAFS データ．(c) の実線は観測データ．点線はそのカーブフィッティング解析を示す．

端 0〜50 eV 程度のエネルギー範囲の領域を **XANES（X 線吸収端近傍構造）**と呼び，それに続く数百 eV にわたるエネルギー範囲の領域を **EXAFS（広域 X 線吸収微細構造）**と呼んでいる（**図 1.32**）.

XANES は，内殻電子の非占有準位への励起に相当し，始状態・終状態の準位のエネルギーは，対象原子の原子価数（酸化数），配位構造，対称性の情報を多く含むため，XANES の解析によって，これらの構造情報を解析することができる．構造既知の標準物質があれば，その XANES スペクトルと未知試料の XANES スペクトルを比較することによって，構造同定を行うことができる．例えば，**図 1.33** は，マンガン酸化物の Mn *K* 吸収端 XANES スペクトルであるが，0 価の Mn 箔では最も低エネルギー側に吸収端が位置しており，Mn の価数が上がるにつれて，Mn *K* 吸収端のエネルギーが高エネルギー側にシフトしていくことが分かる．合成したマンガン酸化物を構造解析する場合は，これらの酸化物標準試料の吸収端エネルギーと測定試料の吸収端エネルギーを比較することで，その価数を算出することができる．

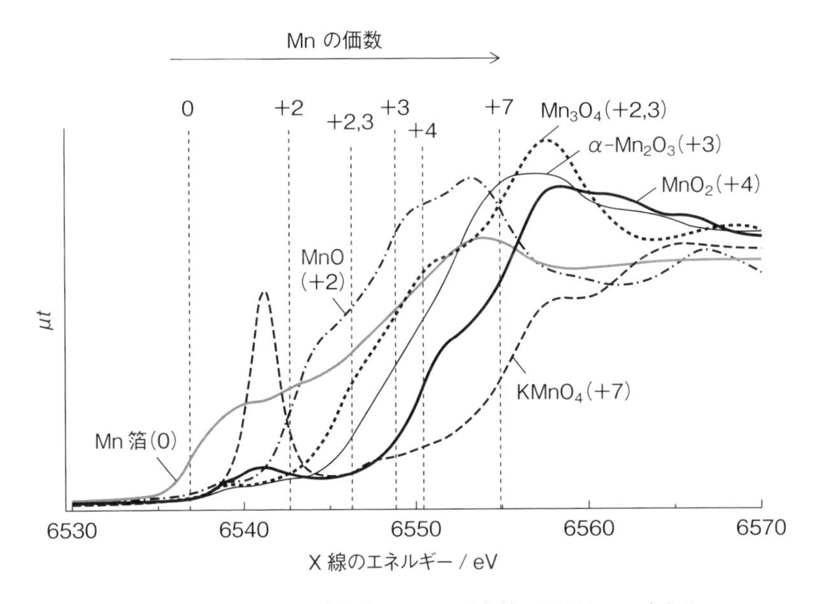

図 1.33　Mn 箔，Mn 酸化物の Mn *K* 吸収端 XANES スペクトル

また，XANESの形状も大きく変化しており，特に$KMnO_4$では，吸収端（6555 eV）の手前の6542 eV付近に大きなピークが見てとれる．これは，**プリエッジピーク**と呼ばれ，正四面体型の配位構造に特有のピークである．チタンやバナジウム，クロム，鉄などの酸化物も，配位構造によってXANESが大きく変化する典型であり，XANESを用いたキャラクタリゼーションが大変有効である．配位数・対称性とプリエッジのピーク位置，強度の間には明確な相関が観察され，同定に用いられている．

XANESの形状の比較は，類似した化合物を参照物質として用い，そのXANESスペクトルと測定試料のXANESスペクトルを比較する形で議論されることが多い．例えば，金属錯体を固定化した固定化触媒などでは，固定化前の前駆体錯体のXANESスペクトルとの比較が行われる．一方で，未知試料など参照する適当な標準物質がない場合は，理論計算によってXANESスペクトルのシミュレーションを行い，測定データと比較することが行われる．

EXAFSは，内殻準位から準連続帯・連続帯への電子遷移に基づいており，原子から放出された電子が近傍にある原子によって散乱される現象によるものである．光電子波は，近傍の原子によって散乱され，干渉を受け，EXAFS振動となって吸収端後の吸収スペクトルに振動構造を与える．測定対象原子の近傍の原子の種類，数，距離などに依存して散乱・干渉が起こるので，EXAFSを解析することによって，測定対象原子の近傍の局所構造（元素種，配位数，原子間距離，熱振動等）の情報が得られる．

得られた測定データは，Athena, Artemis等のフリーの解析ソフトを用いて，データ解析することができる．吸収スペクトルからバックグラウンドを差し引くことで，まずEXAFS振動を抽出する（**図1.32 (b)**）．これを適当な範囲でフーリエ変換すれば，動径分布関数（EXAFSフーリエ変換）が得られる（**図1.32 (c)**；後述）．fcc格子でPt原子が並んでいるPt箔では，Pt原子の近傍に位置するのは全て重元素のPt原子なので，EXAFS振動の振幅周期が短くなり，EXAFS振動では，電子の波数kの大きい領域に大きな振動が見られる．

EXAFS振動をフーリエ変換すると**図1.32(c)**のようになる．Pt箔では，第一配位圏に位置するPt–Pt (0.277 nm) に由来する大きなピークが得られ，第二配位圏以降のPt原子による散乱が長距離に見えている．個々の配位圏の結合の配位数や結合長などのパラメータをカーブフィッティング（曲線回帰）すると，その配位数と結合長を算出することができる．

XAFSは，結晶性でない物質についてもその局所構造解析ができる優れた手法であるが，本来三次元構造である構造情報を一次元データに圧縮した解析を行っており，試料中の測定元素の平均構造情報を扱っている．触媒材料の多くは，複数の構造が共存する系であることが多く，それらの平均構造情報を解析することになるので，注意が必要である．また，原子番号の近い元素は，後方散乱強度が類似するため，カーブフィッティングによる同定・識別が困難であり，例えば酸素と窒素の配位を明確に区別することは難しい（特に原子間距離が似通っている場合）．

しかしながら，触媒をはじめとした機能性材料の多くは，X線結晶構造解析による構造解析が不可能である場合が多く，その局所構造を解析する最後の手段がXAFSとなるケースが多い．また，用いるX線は透過力の高い硬X線の領域であり，複数の元素が混在する試料や反応溶液，ガス等が共存する反応条件でも，非破壊で元素選択して *in situ* 測定が可能な手法である．これらのXAFSの長所・短所を理解したうえで，他のキャラクタリゼーション法と相補的な解析を行いながら，触媒材料のキャラクタリゼーションを行うことが必要である．

先端的なXAFS計測 －時間分解XAFS・イメージングXAFS－

硬X線の高い透過力を利用して，*in situ* XAFS測定が世界中で行われている．近年，触媒反応が進行する時間スケールや，固体触媒材料のナノ空間スケールに合わせて，時間・空間分解したXAFS計測法が開発されている．時間分解XAFSには，主に二つの方法が開発されており（**図1**），分光器であるSi結晶

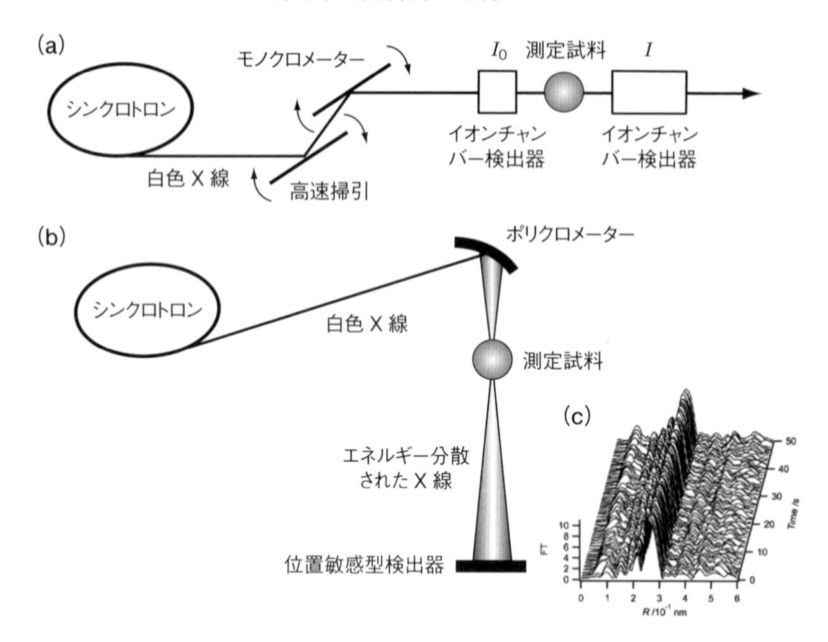

図1　時間分解XAFSの測定原理
(a) クイックXAFS法．(b) エネルギー分散型XAFS法．いずれもXAFSスペクトルの時間変化を追跡できる．(c) Pt/C電極触媒の構造変化中の一連のPt L_{III}吸収端時間分解EXAFSフーリエ変換．

を高速で掃引してX線のエネルギーを変化させながら，高速にXAFSスペクトルを得るクイックXAFS法（図1(a)），楕円型に湾曲させたSi分光結晶をポリクロメーターとして用い，白色X線をエネルギー分散させ，焦点位置に試料をおくことによってXAFSスペクトルを一気に測定するエネルギー分散型XAFS法（図1(b)）がある．いずれも，様々な触媒反応の時間分解解析に用いられている．図1(c)は，固体高分子形燃料電池の電極触媒である白金触媒の構造変化をクイックXAFSで測定した例である．白金ナノ粒子表面が酸化されてPt–O結合が形成されていくのに伴い，Pt L_{III}吸収端XANESおよびEXAFSが変化していく様子がリアルタイムで観察されており，これらのフィッティング解析から各反応素過程の速度定数が求められている．

また，最近は空間分解イメージングとXAFS分光法を組み合わせることによって，固体材料中の各点におけるXAFSスペクトルを取得し，材料中の元素の量と酸化状態をイメージングする技術も開発されている．XAFS 測定に一般的に使われる X 線ビームは mm サイズであるが，KB ミラーという精密に湾曲させた集光ミラーを用いて，100 nm サイズの極細 X 線を作製することができる．この極細 X 線ビームを使い，試料を二次元的に走査しながら各点での XAFS スペクトルを測定する走査型顕微 XAFS 法により，固体試料の二次元 XAFS イメージングを得ることができる．また，三次元的な試料描像を捉える手法であるコンピューティッドトモグラフィー (CT) 法やコンピューティッドラミノグラフィー (CL) 法に，XAFS 分光法を組み合わせた CT-XAFS (CL-XAFS) 法も開発されつつある．CT は，X 線を照射しながら試料を三次元的に回転し，各回転角度における透過像を撮像し，得られた透過像群をコンピューターで再構成することで試料の三次元像を得る手法であり，電子顕微鏡測定にも応用されている．XAFS 分光と組み合わせることで，試料描像だけでなく，試料中の元素の分布や価数を三次元的に可視化することができるようになる，最先端のキャラクタリゼーション法である．固体高分子形燃料電池内部の触媒層の様子が三次元的にイメージングされ，白金触媒が劣化する様子が可視化されている (**図 2**)．

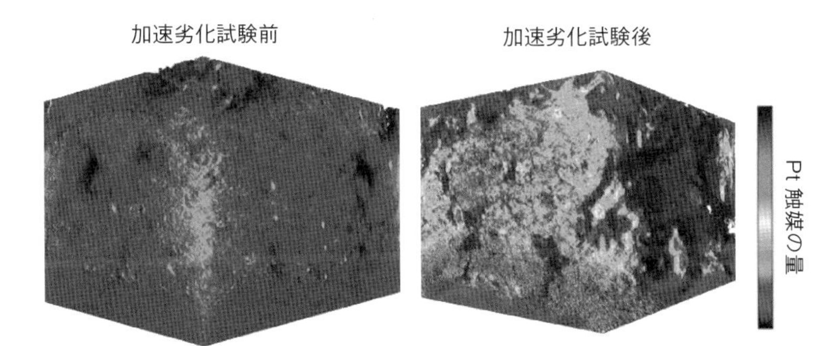

図 2　CL-XAFS 法によって可視化された燃料電池膜電極接合体内部のカソード触媒層における Pt 触媒の分布
加速劣化試験後に Pt 触媒の凝集劣化が進行している様子が見てとれる．

1.6.3 磁気共鳴を利用したキャラクタリゼーション

1）核磁気共鳴（NMR）

核磁気共鳴（NMR）は，有機物をはじめとする様々な分子や材料の構造解析として，化学の広い分野で最も多く用いられている手法である．核スピン角運動量がゼロでない核は，核磁気モーメントを有するので，外部磁場をかけると，核スピンが**ゼーマン分裂**を起こし，ラーモアの歳差運動と呼ばれる回転運動をする．このゼーマン分裂のエネルギーに相当するラジオ波を照射すると，分裂した片方の核スピンがエネルギーを吸収し，もう一つのエネルギー準位に**励起**（核磁気共鳴）し，励起された核スピンは，次第にエネルギーを放出して元の準位に戻る（**緩和**）．励起と緩和を繰り返すことによって，核磁気共鳴観測を繰り返し，適当な積算を経て，NMR スペクトルが得られる．

測定対象となる核は，核スピン角運動量 I がゼロでない核であり，これは原子核の陽子数か中性子数のいずれかが奇数であることに相当する．最もよく測定される核は，^{1}H, ^{13}C, ^{29}Si, ^{31}P などであり，これらは全て $I = 1/2$ である．この他にも，ゼオライトなどの担体に含まれる ^{27}Al（$I = 5/2$）なども NMR によるキャラクタリゼーションが多く報告されている．それぞれの核種の天然の存在比によって NMR の感度が異なるので，天然存在比の小さい ^{13}C（1.1 %）や ^{29}Si（4.7 %）では，充分な積算時間が必要になる．

触媒研究においては，その表面に吸着した有機反応物の測定や，担体表面に固定化された有機官能基や金属錯体の同定，ゼオライトなどの担体中の各種元素の解析などに用いられることが多い．例えば，アクロレインをシリカやゼオライトに吸着させた場合の ^{13}C NMR スペクトルを測定することにより，熱や酸素に対する安定性が低く，自己重合しやすい性質を持っているアクロレインが，いずれの担体でも単量体で存在していることが示されている．**図 1.34** は，SiO_2 担体表面に積層した SiO_2 薄膜の ^{29}Si NMR スペクトルである．薄層中には 3 種類の Si 種がおり，四つの Si の側鎖全てが OSi になっているもの，一つが OH 基に置換されているもの，二つが OH 基に置換されているもの，それぞれのピークが NMR で明瞭に分離して観察される．担体中の Si 基の種類や量

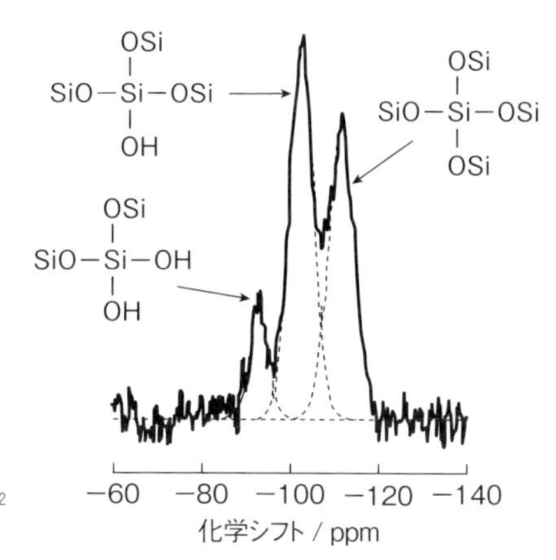

図 1.34　SiO_2 担体表面に積層した SiO_2 薄層の ^{29}Si NMR スペクトル

を求めることが可能である．

2）電子スピン共鳴（ESR）

電子スピン共鳴（ESR）は，電子スピンの共鳴現象に基づくものであり，ラジカルなどの常磁性種を対象とした分光法である．不対電子が存在すると，電子は原子核の周りを回りながら自転運動をしている．外部磁場中では，電子はゼーマン分裂して，二つのスピン状態をとる．この二つのスピン状態の間の共鳴現象を利用したものが ESR である．ESR は，試料状態を問わない測定法であり，固体，液体，気体のいずれでも非破壊での測定が可能である．

触媒等の粉体試料の測定は，石英製のセルに試料を封入し，必要に応じて液体ヘリウムによって試料を冷却して測定を行う．共鳴条件で電子スピンの励起が起こるので，その共鳴磁場と共鳴周波数から g 値と呼ばれる定数を算出する．g 値は，その電子が入っている電子軌道の状態を反映する．Mn^{2+} が特徴的な ESR シグナルを与えることから，MgO で希釈した Mn^{2+} 種を標準物質（マーカー）として用いる．触媒材料のキャラクタリゼーションにおいては，常磁性金属種の検出や，反応中間体となる有機ラジカルの検出などに用いられている．

1.6.4 顕微鏡を利用したキャラクタリゼーション

電子などをプローブとした顕微鏡技術は，物質における原子や分子の並びを直接可視化できる極めて有用な手法である．特に，触媒のように原子の並びや欠陥サイト，分子の吸着などがその反応性と密接に関連している系では，顕微鏡像から得られる情報は多い．また，視覚的に直接捉えることのできる点も大きい．ここでは，触媒研究によく用いられる顕微鏡技術として，走査型電子顕微鏡，透過型電子顕微鏡，走査プローブ顕微鏡を紹介する．

1）走査型電子顕微鏡（SEM）

真空中で試料に電子ビームを照射すると，物質の表面から反射電子と二次電子が放出される．これらを計測して画像化するのが**走査型電子顕微鏡**（SEM）である．電子銃から照射された電子ビームを加速管で加速し，レンズで絞った電子線を試料に照射する．加速された電子が試料の表面に当たると，試料表面から反射電子および二次電子が放出されるので，これをシンチレータや光電子増倍管等の検出器で検出する．試料を二次元的にスキャンすることによって，二次元的な画像を取得する．SEM では，主に試料表面の凹凸などの立体形状に関する情報が得られる．多くの SEM はエネルギー分散型 X 線分析（EDS）装置が取り付けられている．EDS（EDX とも呼ばれる）は，電子を照射したときに発生する特性 X 線をシリコンドリフト検出器などで測定するもので，元素と濃度を調べる元素分析法である．**図 1.35** に，固体高分子形燃料電池の触媒電極膜の断面 SEM 像（モルフォロジー）と，Pt/C カソード触媒層の Pt 分布とナフィオン電解質膜の F 分布を示す．

2）透過型電子顕微鏡（TEM）

透過型電子顕微鏡（TEM）は原子レベルでの高分解能観察が行える顕微鏡である．TEM では，透過性を良くした（薄くした）試料に対し（分散法，ミクロトーム法，Ar^+ イオン照射ミリング法，Ga^+ イオン照射集束イオンビーム（FIB）法などにより薄片試料が得られる），SEM と比較してより高い加速電圧（数百 kV）で加速した高速の電子をレンズで集束し，試料に照射し，試料を透過した電子線を対物レンズで結像し，透過像を形成させる．色収差を補正する

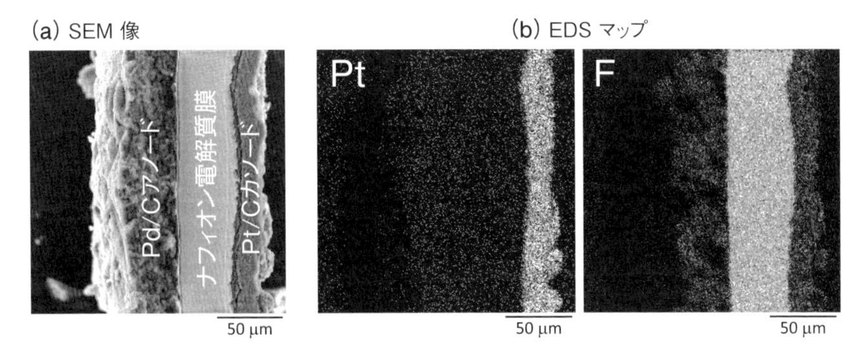

図 1.35　固体高分子形燃料電池の触媒電極膜（Pt/C カソードと Pd/C アノード）の SEM-EDS 測定（10 kV, ×500）；断面 SEM 像 (a) と EDS マップ (b)

レンズの開発等により，TEM 装置は飛躍的に発展しており，原子レベルでの高分解能測定が実現されている．また，**走査透過型電子顕微鏡**（STEM）も汎用されており，試料のより広い範囲を走査しながら，見たい部分の高分解能 TEM 測定を行うことができる．

触媒材料のキャラクタリゼーションにおける TEM の役割は大きい．担持触媒では，担体表面のどの位置にどのような担持触媒種が形成されているか，その空間情報を直接可視化できるのが TEM である．また，ゼオライトやメソ細孔（2.4 節参照）を有した多孔質材料の孔構造や，担体・担持金属種のナノ結晶の結晶面の構造も TEM によって観察することができる．**図 1.36 (a)** は，シリカメソ多孔質材料の一種である MCM-41 の細孔構造を捉えた TEM 像である．二次元的に規則的に細孔が並んだ構造になっており，細孔面の方向 (1) から捉えた TEM 像では，細孔が二次元的に並んでいる像が観察され，(2) の細孔面の横方向から捉えた TEM 像では，二次元的に並んだ各細孔が一次元的に伸びた構造になっている様子が鮮明に観察されている．**図 1.36 (b)** は，γ-アルミナ担体に担持された Ru ナノ粒子触媒の TEM 像であり，各 Ru ナノ粒子のサイズや担持位置を観察することができる．高分解能の TEM によって，結晶格子間隔が観察できれば，その面間隔から格子定数を求めることができ，対

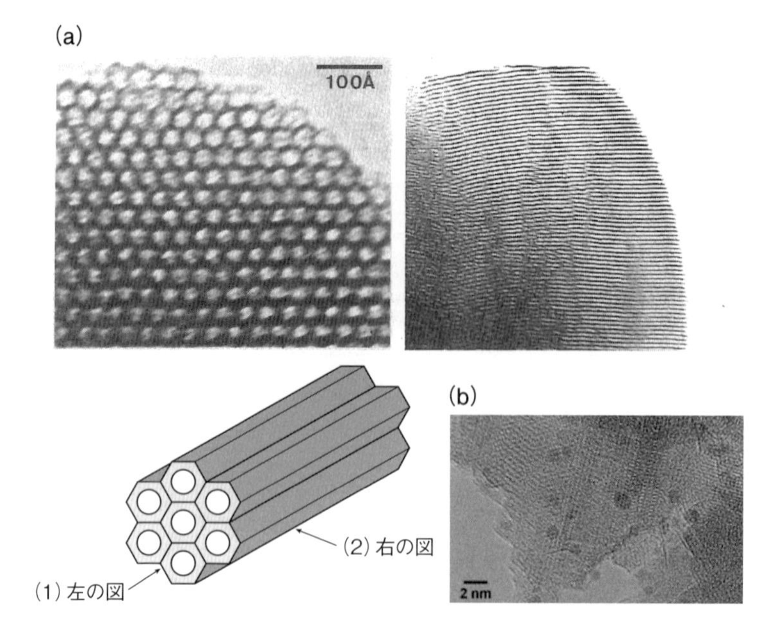

図 1.36　透過型電子顕微鏡（TEM）によって撮像された (a) シリカメソ多孔質材料 MCM-41 の細孔構造（左：(1) の方向から見た像，右：(2) の方向から見た像），(b) アルミナ担体に担持された Ru ナノ粒子触媒
((a) は小林　修・小山田秀和 監修『固定化触媒のルネッサンス』(分担執筆 岩本正和・石谷暖郎)（シーエムシー出版，2007）より転載)

象試料の同定につながる．

3）走査プローブ顕微鏡（SPM）

走査プローブ顕微鏡（SPM）は，先端を尖らせた探針を用いて，試料表面を走査しながら各種情報を取得することにより，試料表面の原子レベル構造情報を取得する手法である．1981 年に IBM のビーニッヒ（Binnig）とローラー（Rohrer）らによって開発された**走査トンネル顕微鏡**（STM）をはじめとし，**原子間力顕微鏡**（AFM）などが汎用機器として用いられている．いずれも単結晶表面や基板上の薄膜を用いたモデル触媒系の観察に展開されており，原子・分子レベルでの表面の構造や反応の様子が明らかにされている．

1ナノメートル程度の距離まで探針を試料に近づけると，探針と試料の間に

トンネル効果が発現し，**トンネル電流**が流れる．原子レベルで尖った探針を用いて，表面上を走査し局所的なトンネル電流を検出してそれを二次元像にするのが走査トンネル顕微鏡（STM）である．各種金属単結晶表面や酸化物表面の原子配列，欠陥構造などが可視化されている．測定対象は，トンネル電流が流れる（導電性がある）ものに限られる．

これに対し，原子間力顕微鏡（AFM）は，カンチレバーと呼ばれる弾性的な鋭い探針を用い，この探針と試料表面の間に作用する原子間力をプローブとして用いる．短針で表面上を走査して，原子間力を一定になるようにし，カンチレバーの応答を検出することで，表面の原子の並び（ラフネス）を画像化することができる．AFM は絶縁体材料にも用いることができるので，STM では画像化することのできなかった酸化物や高分子材料などのキャラクタリゼーションにも用いることができる．

1.6.5　その他のキャラクタリゼーション

1）質量分析（MS）

質量分析は，分子やイオンなどの個々の質量を測定する手法であり，気相分子から金属ナノ構造に至るまで様々な測定対象の質量が分析されている．対象物質の質量数を直接明らかにすることができ，その質量数や同位体等の存在比を考慮することで，対象分子の化学組成を直接同定できることから，触媒，反応物，生成物の分析には大変有効なキャラクタリゼーション法の一つである．**ガスクロマトグラフ**（GC）や**液体クロマトグラフ**（LC）などの触媒反応の分析手法と組み合わせて分離と質量分析を行うことにより，触媒反応によって生成した各種分子の同定にも用いられる（GC-MS や LC-MS）．

電気的に中性な分子は，その質量を直接分析することはできないため，測定に際しては，対象となる分子をまずイオン化することが必要である．現在までに様々なイオン化の方法が開発されており，有機分子などの分子は，**電子イオン化**（EI）**法**が多く用いられる．電子衝撃を与えてイオン化する際に，分子構造を保ったままイオン化された親イオン以外に，分子構造が破壊されてより小さな分子のイオン（**フラグメンテーション**）が形成される．それらを電磁場のある真空中を飛行させて質量の分布を観測し，横軸が質量と電荷数の比（m/z）となった質量スペクトルを得る．適当な質量分析計を用いると，これらの親イオンとフラグメンテーションの質量スペクトルが測定できる．フラグメンテーションのパターンは親分子の構造に依存するため，親イオンの質量数とフラグメンテーションパターンから，親分子の同定を行うことができる．

他のイオン化法としては，**化学イオン化（CI, NCI）法**，**マトリックス支援レーザー脱離イオン化（MALDI）法**，**エレクトロスプレーイオン化（ESI）法**などが開発されており，MALDI 法では，マトリックスと呼ばれる様々な有機化合物（シナピン酸や桂皮酸化合物など）を試料と混合し，紫外光レーザーを照射するとマトリックスと試料が気化・イオン化し，主に試料の1価イオンが形成されるため，これを質量分析に用いる．ESI 法は，高電圧をかけた金属キャピラリーの先端から試料を噴霧することにより，プロトンが付加（もしくは脱離）した試料の多価イオンを生成させる方法である．

触媒研究においては，反応に関わる有機・無機分子の質量スペクトルの利用が多いが，触媒活性種となりうる金属錯体や金属ナノクラスターなどは，ESI 法や MALDI 法を用いてイオン化することができ，その質量を直接測定することができるようになった．**図 1.37** は，MALDI 法を用いてイオン化させた金-パラジウムナノクラスターの質量スペクトルである．ナノクラスターの構成元

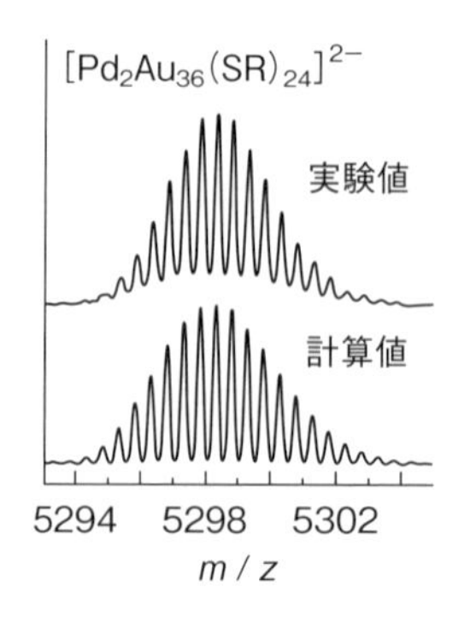

図 1.37 MALDI 法でイオン化した金-パラジウムナノクラスターの質量スペクトル
（Negishi, Y., Igarashi, K., Munakata, K., Ohgake, W. and Nobusada, K.：*Chem. Commun.*, **48**, 660 (2012) を改変）

素であるAuは，質量数197の核種のみが存在する単一同位体であるが，Pdは，102,104,105,106,108,110の質量数の同位体が天然に存在する．これらの存在比を基にシミュレーションを行うと，ナノクラスターの質量数パターンが推定できる．実験結果と比較することにより，ナノクラスターの組成を決定することができる．

2）窒素吸着による比表面積測定

固体触媒の物理的な表面積（比表面積）を測定するには，液体窒素温度での窒素の吸着が用いられる．適当な前処理（加熱）によって，吸着物を除去した試料を，液体窒素温度に冷却し，ヘリウムを利用して試料容積を測定した後，窒素を一定圧力導入してその吸着量を測定する．窒素圧を徐々に増加しながら，各圧力での窒素の吸着量を算出し，横軸を相対圧力P/P_0，縦軸を窒素吸着量として，液体窒素温度での吸着等温線が得られる．マイクロ孔が存在すると，毛細管現象による吸着が起こるので，相対圧がゼロに近い領域で急激な窒素の吸着が起こる．メソ孔が存在する場合は，相対圧が高い場合に，吸着等温線にヒステリシスが現れる．存在する細孔によって，吸着等温線の現れ方が異なることから，いくつかの吸着等温線のタイプが分類されている．BET式を用いると，測定試料の比表面積が算出できる（1.3節参照）．

3）昇温脱離（TPD）・昇温還元（TPR）

触媒反応が進行する固体触媒表面には，その性質に応じて様々な化学種が吸着する．酸性表面には塩基性分子が強く吸着し，塩基性表面には酸性分子が強く吸着する．また触媒となる金属種には，一酸化炭素や一酸化窒素などの小分子が吸着する．その吸着の強さを定量すれば，固体触媒表面の性質を理解することができる．**昇温脱離**（TPD）は，一定昇温速度で試料を加熱しながら，試料表面に吸着した化学種の脱離を質量分析やガスクロマトグラフ等の方法で分析することにより，その吸着の強さと量を測定する手法である．固体酸触媒の分析には，アンモニアなどの窒素塩基化合物が用いられ，固体塩基触媒の分析には，二酸化炭素が用いられることが多い．

昇温還元（TPR）は，触媒となる金属種や金属酸化物の酸化還元特性を分析する手法である．水素や一酸化炭素などの還元剤の共存下，測定試料を一定速度で昇温しながら，還元剤の消費速度を見積もる．触媒の還元が進行する温度に達すると，還元剤の消費が起こるので，これをガスクロマトグラフや圧力変化の測定を通じて計測する．酸素を酸化剤として用いる**昇温酸化**（TPO）が並行して行われることもある．

演 習 問 題

［1］ 図1.3に示されている体心立方構造について，それぞれの表面の原子の配位数を答えよ．

(1) (100) 面の表面第1層の原子

(2) (110) 面の表面第1層の原子

(3) (111) 面の表面第1層，第2層，第3層の原子

［2］ 吸着質 B_2 が解離吸着する（$B_2 + 2\sigma \rightleftarrows 2B \cdot \sigma$）場合の吸着等温式は，$V = a(KP)^{1/2}/\{1 + (KP)^{1/2}\}$ となることを導け．

［3］ 式(5)および式(6)と関連する $\theta = KP/(1 + KP)$ および $\theta = (KP)^{1/2}/\{1 + (KP)^{1/2}\}$ で平衡定数 K (/kPa^{-1}) が 0.1, 1.0, 10 であるときの θ の P に対する曲線を描け．

［4］ フィッシャー-トロプシュ（Fischer–Tropsch）合成反応は，CO と H_2 から直鎖状の炭化水素類が得られる触媒反応である．この反応は，逐次反応と並発反応が進行してある炭素数分布（アンダーソン-シュルツ-フローリー（Anderson-Schlutz-Flory）分布）を持った混合物を与える．炭素数の成長だけに注目して反応段階を書くと下図のようになる．

C1 (g)　C2 (g)　Cn (g)　生成物
k_t　k_t　k_t
CO (a) → C1 (a) → C2 (a) → → → Cn (a) →　吸着種
k_p　k_p　k_p　k_p

ここでは，(a)：触媒表面上の吸着種，(g)：気体生成物を表す．また，k_t：連鎖停止速度定数，k_p：連鎖成長速度定数である．k_p と k_t は炭素数が変わっても一定であると仮定した場合，連鎖成長確率 $\alpha = k_p/(k_p + k_t)$ が 0.6, 0.7,

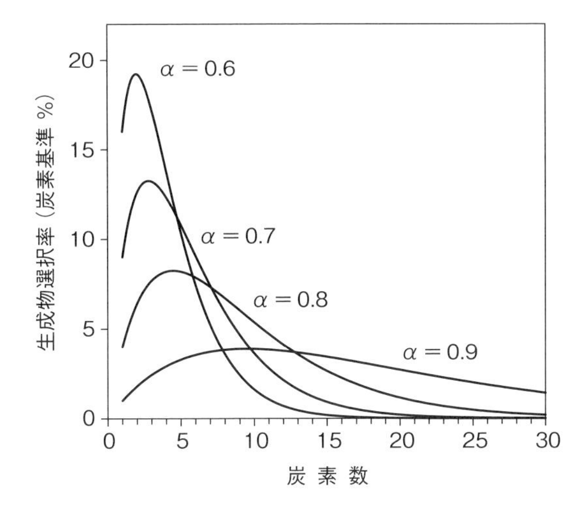

0.8,0.9のときの生成物分布が上図のようになることを確認せよ.

[5] 定常状態近似を用いてミカエリス-メンテン（Michaelis-Menten）の式を導け.

$$\mathrm{E} + \mathrm{S} \underset{k_{-1}}{\overset{k_1}{\rightleftarrows}} \mathrm{ES} \xrightarrow{k_2} \mathrm{E} + \mathrm{P}$$

E：酵素，S：基質，ES：酵素－基質複合体，P：生成物，k_1, k_{-1}, k_2：速度定数

[6] Rh単結晶上の$CO + 1/2\,O_2 \rightarrow CO_2$反応は温度の上昇と共に速度が増加するが（正の活性化エネルギー），高温領域では温度と共に速度は減少する（負の活性化エネルギー）．表面吸着種の観点からこの現象を説明せよ．

[7] ZnOに水素は解離吸着する．HDを用いると，室温付近では-Zn(H)-O(D)-が，248 Kより低温では-Zn(D)-O(H)-が生成する．室温付近では吸着，脱離は速く平衡状態にあり，低温では解離吸着が律速段階となっている．ゼロ点エネルギーを用いて説明せよ．

$$\begin{matrix} \mathrm{H} & & \mathrm{D} \\ | & & | \\ -\mathrm{Zn}- & & \mathrm{O}- \end{matrix} \quad \underset{\text{約 20 倍}\ (<248\ \mathrm{K})}{\overset{\text{約 3 倍（室温）}}{\overset{>}{<}}} \quad \begin{matrix} \mathrm{D} & & \mathrm{H} \\ | & & | \\ -\mathrm{Zn}- & & \mathrm{O}- \end{matrix}$$

$\nu(\mathrm{OH})$：3490 cm^{-1}, $\nu(\mathrm{OD})$：2584 cm^{-1}, $\nu(\mathrm{ZnH})$：1712 cm^{-1}, $\nu(\mathrm{ZnD})$：1233 cm^{-1}

第2章　固体触媒の化学

典型的な固体触媒の一つである担持金属触媒は，触媒反応の活性点を与える金属粒子と，その金属粒子を分散して保持するための担体から構成される．触媒活性点としての機能を持つ成分は，金属以外にも，金属酸化物・硫化物，金属錯体などがあり，担体としては，表面積の大きい酸化物や活性炭などが用いられる．固体触媒を構成する様々な化合物について，結晶構造や，触媒機能に関連する表面の構造や特性について考える．

固体触媒は，石油からガソリンなどの液体燃料や石油化学製品の原料であるナフサや芳香族化合物を製造したり，身の回りの多くの化学品を製造するなど，様々な資源，材料を有用な物質へと変換するプロセスで非常に重要な役割を果たしている．また，自動車や発電所・焼却炉などから出る排気ガス中の有害な成分を無害化する環境浄化にも固体触媒が用いられている．燃料電池も固体触媒の働きで発電している．固体触媒は，その役割に応じて様々な材料・成分から成り立っている．

固体工業触媒の歴史は，19世紀半ば，Pt触媒による硫酸製造が始まりであるが，固体触媒の人類文明発展への本格的な貢献は，20世紀初頭のFe触媒によるアンモニア合成や，Zn-Cr酸化物によるメタノール合成などから始まったといえる．アンモニアや硫酸・硝酸などを製造する無機化学工業，石炭のガス化で得られる合成ガス（CO-H_2混合ガス）からのメタノールやガソリンなどを合成する石炭化学工業，重油からのガソリン・灯油・軽油などの燃料やエチレン・プロペン（プロピレン）などのアルケン（オレフィン）化学原料を作る石油精製工業，さらにアルケンを原料として高分子や含酸素化合物などを合成する石油化学工業の発展を担ってきた.

本章では，金属，金属酸化物，金属硫化物，ゼオライト，炭素材料などの固体触媒を理解するための基礎について説明する.

2.1 金属触媒

金属元素は，**金属触媒**だけでなく，金属酸化物触媒などの他の固体触媒や**均一系錯体触媒**においても重要な活性成分であるが，ここでは，金属元素の単体，すなわち，価数が0価の状態（金属状態）の構造や，電子状態が現す金属触媒作用について説明する．固体触媒としてよく用いられる金属単体とその結晶構造については，1.2節を参照されたい.

金属微粒子，例として，**面心立方構造**を持つ金属の微粒子について考える．微粒子の構造は，調製方法によって変化することが知られているが，ここでは，比較的よく用いられるモデル構造である**切頂八面体**（truncated octahedron）**型**の粒子で考える（**図 2.1**）．この多面体の表面は，正方形6枚と，正方形と同じ一片の長さを持つ正六角形8枚からなる．正方形部分は（100）面の原子配列を持ち，正六角形部分は（111）面の原子配列を持つことが分かる．そのため，それぞれ表面原子の配位数は，8および9である．また，辺および頂点に当たる部分に位置する原子の配位数は，それぞれ7および6となる.

表面に露出していない金属原子は直接的には触媒反応に関われないため，一般に，粒子を小さくすればするほど露出する表面の割合が増え，全金属原子当たりの触媒活性は高くなる．また，表面原子の中でも，配位不飽和度の大きい（配位数の少ない：辺や頂点）原子ほど触媒活性が高いことがしばしばあり，粒子を小さくすると表面原子数増加以上に活性が向上することも珍しくない．一方で，目的反応と副反応で表面原子の種類による影響が異なると，粒子サイズにより活性だけでなく選択性も変化する．そのため，金属触媒においては粒子サイズの影響は非常に大きい．このように，粒子サイズ（表面構造）により速度が変化する触媒反応は**構造敏感反応**と呼ばれる．一方，粒子サイズ（表面構

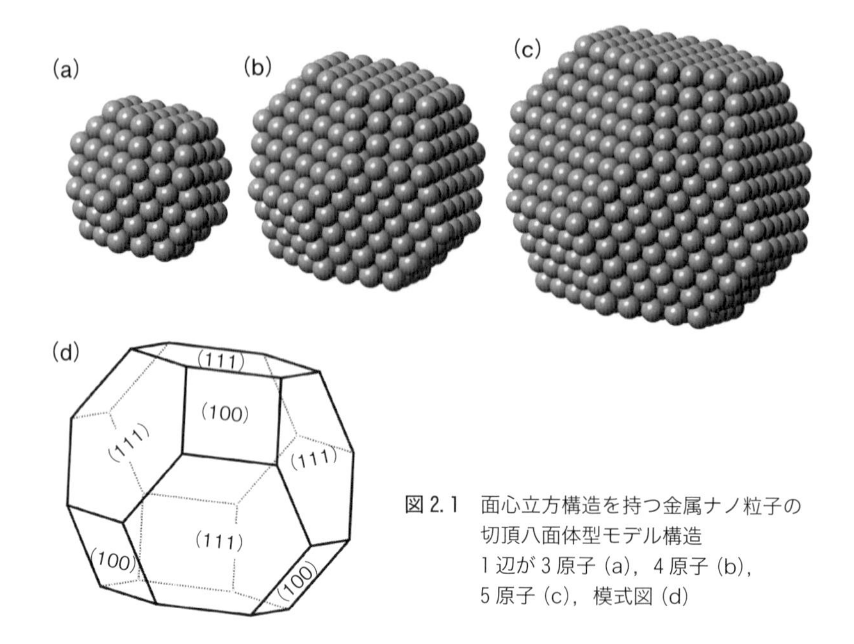

図 2.1 面心立方構造を持つ金属ナノ粒子の切頂八面体型モデル構造
1辺が3原子 (a), 4原子 (b), 5原子 (c), 模式図 (d)

造）により活性が変化しない触媒反応は**構造鈍感反応**と呼ばれ，触媒作用機構と関連する（1.5.3節参照）.

固体触媒（不均一系触媒）では，化学反応は一般に反応分子が吸着できる触媒の表面で進行する．したがって，触媒の表面積を大きくすることが触媒活性の増大につながるため，多くの金属触媒においては，表面積の大きい無機担体の上に金属を微粒子状に担持して用いる．担体には主に金属酸化物，ゼオライト，メソ多孔質材料，カーボンなどが用いられ，それら担体の単位質量当たりの表面積（比表面積）は数十 $m^2\,g^{-1}$ から千 $m^2\,g^{-1}$ を超えるものまである.

金属微粒子は非常に多くの触媒反応に用いられているが，典型的なものは，エチレンなどに含まれる炭素-炭素二重結合の**水素化反応**や，CO 水素化反応の一つである**フィッシャー-トロプシュ**（Fischer-Tropsch）**反応**である．反応式を以下に示す.

エチレンの水素化反応：$H_2C=CH_2 + H_2 \longrightarrow CH_3-CH_3$

フィッシャー-トロプシュ反応：$n\,CO + 2n\,H_2 \longrightarrow (CH_2)_n + n\,H_2O$

エチレンの水素化反応においては，金属表面に炭素-炭素結合を平行にして結合したπ吸着種に対して，水素分子が均等解離して生成した二つの水素原子が同一方向から逐次的に攻撃する反応機構で進行すると考えられている．そのため，アセチレン誘導体（$R-C\equiv C-R'$）の炭素-炭素三重結合の二重結合への水素化反応で得られる生成物は，シス体となることが知られている．次にフィッシャー-トロプシュ反応では，CO分子中のCとOの間の結合が表面上で切断され，H_2Oが脱離し，表面に残ったCH_2吸着種が生成し，CH_2吸着種が炭素-炭素結合反応により重合する．重合がある程度進んだ後に表面から脱離するため，主生成物は1-アルケンとなる．

2.2　金属酸化物

本節では**金属酸化物**の触媒作用および触媒としての利用について説明する．金属酸化物は多様な構造と性質をとりうるため，様々な反応プロセスの触媒として用いられている．大別して，金属酸化物自体が触媒として働く場合と，金属触媒の担体として用いられる場合がある．各種元素の用途については，本書裏見返しに掲載の周期表と触媒に関する一覧を参照されたい．なお，シリカ（SiO_2）（2.4.1項），ゼオライト（2.4.2項），アルミナ（Al_2O_3）（2.4.3項）については，それぞれの項で詳しく扱うためここでは触れない．以下，主な金属酸化物の構造，機能および用途についてまとめる．

2.2.1　V_2O_5

バナジウム酸化物は，硫酸製造の触媒として工業的に用いられ，**モンサント法**として知られる．

$$SO_2 + \frac{1}{2}O_2 \longrightarrow SO_3$$

発熱反応であるため，出口側を低温に冷やして行う．触媒としてはV_2O_5を5～10％程度，プロモーターとしてK_2SO_4を同量程度，シリカ系担体（珪藻土も用いられる）に担持したものが用いられる．活性を示すのは5価のバナジウムカチオンである．

バナジウム酸化物をリン酸と複合化させて得られる$(VO)_2P_2O_7$（vanadium (IV) pyrophosphate）は，*n*-ブタンから無水マレイン酸を合成する触媒として用いられている．

$$C_4H_{10} + \frac{7}{2}O_2 \longrightarrow C_4H_2O_3 + 4H_2O$$

得られた無水マレイン酸（右図）は，ポリエステルや各種化学品の合成など多様な用途を有する．また，V_2O_5-TiO_2系触媒は*o*-キシレンからの無水フタル酸合成に用いられる．

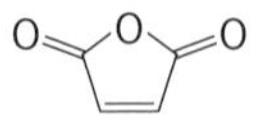

無水マレイン酸

固定源（排煙）からのNO_xの脱硝は，アンモニアを還元剤に用いて酸化バナジウムをTiO_2に分散させWO_3を添加した酸化物触媒の表面で進行する．NOはNO_2となってNH_3と反応し，Vの価数の変化を伴い触媒反応が進行する．

2.2.2 FeO_x

カリウムを含む**鉄酸化物**は，エチルベンゼンの脱水素によるスチレンモノマー製造触媒に用いられてきた．活性種は$KFeO_2$と考えられている．最近では，これにPdを微量添加してより高い活性を示す触媒が用いられている．

$$Ph-CH_2-CH_3 \longrightarrow Ph-CH=CH_2 + H_2$$

脱水素反応は吸熱反応であり高温で行うので，コーキング（触媒上への炭素析出）を抑えるためにも熱源としても多量のスチームを反応系に共存させる．鉄酸化物中の酸素が酸化還元しながら触媒反応を進めているメカニズムが示唆されている．

また，鉄酸化物はモリブデン酸化物と複合酸化物$Fe_2(MoO_4)_3$を形成し，メタノール酸化によるホルマリン合成用触媒として用いられている．

$$CH_3OH + \frac{1}{2}O_2 \longrightarrow HCHO + H_2O$$

2.2.3　MoO_3

モリブデン酸化物は，ビスマスとの複合酸化物として，プロペンのアリル酸化によるアクロレイン（$CH_2{=}CHCHO$）・アクリル酸（$CH_2{=}CHCOOH$）などのプラスチック原料の合成触媒として用いられている．Mo–Bi 複合酸化物に Fe を添加すると触媒活性が増大する．Bi はアリル中間体の水素の引き抜きと酸素分子の活性化を担い，添加された Fe は酸素分子活性化と格子内への取り込みの機能を受け持ち，取り込まれた酸素原子はバルク内拡散により主活性成分である Mo 活性点に運ばれ生成物を与えるという触媒作用のメカニズムが考えられている．

$$CH_2{=}CHCH_3 + O_2 \longrightarrow CH_2{=}CHCHO + H_2O$$

$$CH_2{=}CHCHO + \frac{1}{2}O_2 \longrightarrow CH_2{=}CHCOOH$$

また，Mo–Bi 複合酸化物を触媒として用いるソハイオ（Sohio）法により，プロペンの**アンモ酸化**（アンモニアと酸素を共存させて酸化する方法）が行われ，**アクリロニトリル**を工業的に製造している．

$$CH_2{=}CHCH_3 + \frac{3}{2}O_2 + NH_3 \longrightarrow CH_2{=}CHCN + 3H_2O$$

さらに，プロパンを原料としたアンモ酸化によるアクリロニトリル合成に，Mo–V 系複合酸化物触媒が開発された．この場合，触媒にはプロパンの脱水素能とアンモ酸化能の二種類の活性点を持つことが求められる．アクリロニトリルは，石油化学工業における重要な中間体であり，アクリル繊維や合成樹脂の原料とされる．

2.2.4　ペロブスカイト型酸化物

ペロブスカイト型構造とは ABX_3（A，B：陽イオン，X：陰イオン）の化学組成を持つ化合物の構造をいい，X が酸素のものをペロブスカイト型酸化物とい

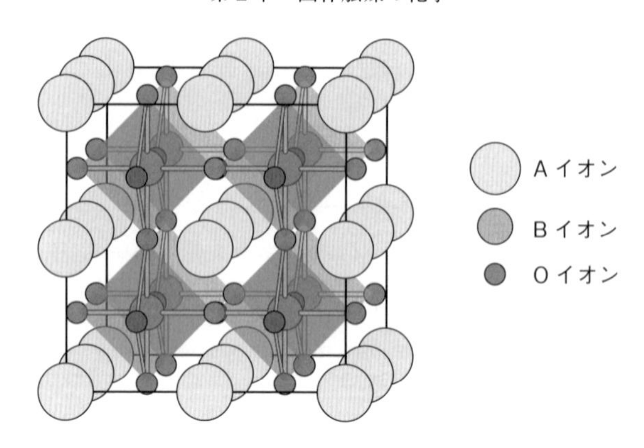

図2.2　ペロブスカイト型酸化物の構造（見やすくするために
Oイオンサイズを小さく描いてある）

う（**図2.2**）．Aのイオン半径がOのイオン半径と同程度であり，イオン同士の価数が整合する（電気的中性条件と呼ぶ）ときにペロブスカイト型構造をとりやすい．Aとしてはアルカリ土類金属，アルカリ金属あるいは希土類金属が典型的で，Bは比較的広い種類の金属などが入る．室温で立方晶をとるものは少なく，正方晶，斜方晶など歪んだ構造をとる．その歪みの大きさや対称性と**許容因子**（t）とは密接な関係がある．

$$t = \frac{r_A + r_X}{\sqrt{2}\,(r_B + r_X)}$$

ここで r_A, r_B, r_X はそれぞれのイオン半径である．理想的な値は $t = 1$ であるが，実際には $0.75 \leq t \leq 1$ の範囲でペロブスカイト型構造をとりうるので，A，Bの組合せによって様々な性質を持つペロブスカイト型酸化物が合成できる．

ペロブスカイト型構造のAまたはBサイトカチオンの一部をそれらより低原子価のカチオンで置換すると，結晶の電気的中性を保つために，正規格子点にある酸化物イオンの一部が抜けて酸素欠損を形成する．高温ではこの欠損を介して酸化物イオンが動くことができ，高い酸素イオン伝導性を示す．これを活かして，環境触媒や，各種触媒担体，高温での酸素イオン伝導材料として用いられている．

2.2.5 ヘテロポリ酸

ヘテロポリ酸と呼ばれる固体酸は，タングステン，モリブデン，バナジウムなどの酸素酸イオンと，ケイ素，リン，ヒ素などのヘテロ原子の酸素酸イオンが縮合して生成した $(X_lM_mO_n)^{x-}$ 型のポリ酸であり，ポリオキソメタレート(POM) と呼ばれる．POM は金属原子等に酸素原子が通常 4 または 6 配位した四面体あるいは八面体構造を基本単位として，これらが稜または頂点を介して結合した構造を持っており，金属の種類，結合様式の違いにより多種多様な構造と触媒作用を示す．POM は次の特徴を有する．

① 可逆的に多電子酸化還元反応を行うことができる．

② 水および極性溶媒に極めてよく溶解する．

③ 分子サイズ，構造，イオン電荷量，金属を分子レベルで制御可能である．

④ 金属の一部を多くの異種金属で置換可能である．

ドーソン (Dawson) **型**と**ケギン** (Keggin) **型**が知られ，ケギン型構造は化学式 $[XM_{12}O_{40}]^{n-}$ で表される．ヘテロ原子を中心に M_3O_9 (M は骨格となる原子で，これをアデンダ原子という) を基本単位として，これが四組縮合した構造を持つ．この M_3O_9 ユニットが 60° 回転した構造をとることも可能なため，その回転状態に応じて $\alpha \sim \varepsilon$ までの異性体が存在する．また，ケギン型から MO_6 八面体ユニットが数個外れることでできる欠損型ヘテロポリアニオンという構造も存在する．MO_6 が外れた欠損部分に種々の金属イオンを取り込める．

ケギン型構造の POM は構成する酸素酸より酸性度が高い強酸であり，水溶液中ではプロトンが完全解離している．酸強度は構成元素により変化し，ヘテロ原子の電荷が増加することで酸強度も増加する傾向がある．タングステンを用いたケギン型ヘテロポリ酸 (W-ケギン) の酸強度は特に強く，W-ケギンは均一系工業触媒として C_3, C_4 アルケンの水和やテトラヒドロフラン開環重合反応に使われている．また，W-ケギンを表面積の大きな担体に担持させ，ディールス-アルダー (Diels-Alder) 反応や，アルカンの骨格異性化などの，無～低極性分子を基質とした酸触媒反応に用いられる．W-ケギンの強い酸性質を活かした反応に用いられているのに対し，Mo-ケギンは高い酸化還元能を持つため，主に酸化反応の触媒として用いられる．酸化力の強さは，$H_4PMo_{11}VO_{40}$ > $H_3PMo_{12}O_{40}$ > $H_3PW_{12}O_{40}$ の序列である．

2.2.6 粘土鉱物

吸着能・触媒能を持った**粘土鉱物**が古くから触媒として用いられてきた．最初の発見は，小林久平による1920年の蒲原白土（かんばらはくど）の利用による重質な油の接触分解である．白土（酸性白土）は，粘土系鉱物であり，主要な構造としてはモンモリロナイトが知られ，正八面体の層状アルミニウム酸化物のAlイオンがMgイオンで置換された構造を有する．この際に電荷の不足を補うために，層と層の間にNaやCa，K，Hなどのカチオンが入り安定化している．この酸性白土を硫酸や塩酸で処理することにより，固体酸強度や比表面積，細孔容量が増大し触媒能が向上する．近年は，ハイドロタルサイトなどが触媒担体として用いられている．とくに，ハイドロタルサイトは固相晶析法により微細な金属を担持できることが知られ，担体として期待されている．

2.2.7 固体塩基

工業的には酸化物として**固体酸触媒**が数多く用いられているが，**固体塩基触媒**も少ないながら用いられている．その代表としては，アルカリ土類酸化物のMgOなどがある．MgOは弱い塩基触媒として，またMgO-Naは超強塩基触媒として知られる．

2.2.8 酸化物の調製法

これら酸化物触媒は，一般には共沈法（アルカリや尿素などを用いて均一な沈殿を作りその後焼成），クエン酸錯体法（クエン酸とエチレングリコール中で前駆体をゲル化してから乾燥して焼成，均一なものを作りやすいが高価），グリコサーマル法，水熱処理法，ゾルゲル法，固相法，スプレー噴霧焼成法など，多様な作り方が知られる．安価で簡便な方法は，固体酸化物同士をボールミルや遊星ミルで微粉にし，よく混合したうえ高温で焼結させる固相法であるが，原子同士を均一に固溶させるのが難しいため均一性を担保しにくい．共沈法は鉄系などをはじめ工業的には多用される．

2.3　金属硫化物

金属硫化物が触媒として用いられる例は比較的限られているが，石油の**脱硫反応**のための実用触媒として，MoS_2 は重要な触媒成分の一つに位置づけられる．MoS_2 は，6 個の S^{2-} からなる三角柱の重心に Mo^{4+} が位置するような構造を持ち，S^{2-} を 6 配位した単位構造を持つ．**図 2.3** に MoS_2 の結晶構造を示す．Mo^{4+} および S^{2-} が存在するサイトは，1.2.1 項で触れられている**六方最密充填構造**と類似した構造をとる．一番上と一番下にあるサイトには S^{2-} が配置され，中央のサイトには Mo^{4+} が配置される．

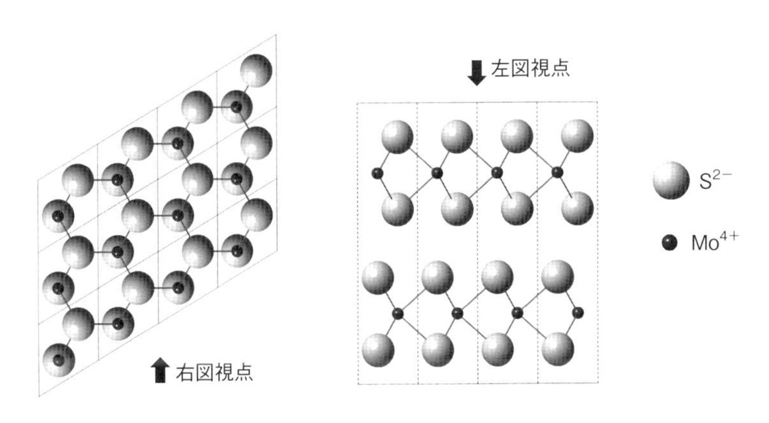

図 2.3　MoS_2 構造

MoS_2 は特徴的な層状構造を持つが，図に示した MoS_2 構造が横方向に広がり，その 1 層分を形作る．層状の構造については，Au (111) 表面上の三角形構造をした MoS_2 層が，原子分解能 STM 像で観測されている．モデル構造を**図 2.4** に示す．

実際の水素化脱硫触媒では，Co や Ni を含む MoS_2 構造が数層からなること

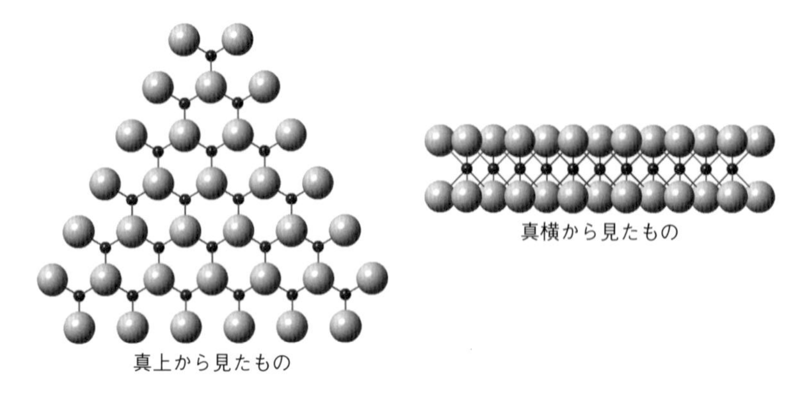

図 2.4　原子分解能 STM 像により提案されている Au(111) 表面上の単層 MoS_2 の構造モデル（小さな球が Mo^{4+}，大きな球が S^{2-}）
（Lauritsen, J. V., Nyberg, M., Nørskov, J. K., Clausen, B. S., Topsøe, H., Lægsgaard, E. and Besenbacher, F.：*J. Catal.*, **224**, 94 (2004) を改変）

が多いが，活性点構造を理解するうえでは，1 層分を対象として考えればよい．重要な点は，脱硫触媒として用いられる硫化物触媒は，MoS_2 以外に Co^{2+} や Ni^{2+} を含むということである．Co^{2+} の場合を例として示す．Co^{2+} の 6 配位状態のイオン半径は 0.65 nm で，Mo^{4+} のイオン半径とほぼ等しいことから，Co^{2+} イオンが Mo^{4+} イオンを置換したものが得られ，これが Co-Mo-S と呼ばれる．Co-Mo-S では，Mo^{4+} に対して Co^{2+} の価数は 2 小さいため，電気的中性を保つために S^{2-} の欠陥が形成されることになる．Co-Mo-S 構造を横から見たところを**図 2.5** に示す．Co^{2+} で置換されるサイトは，三角形構造でいえば一番外側の Mo^{4+} サイトであり，さらに外側に存在する S^{2-} イオンの位置が Mo^{4+} や Co^{2+} と同じ高さになるという特徴を持つ．ここは空間的な余裕があ

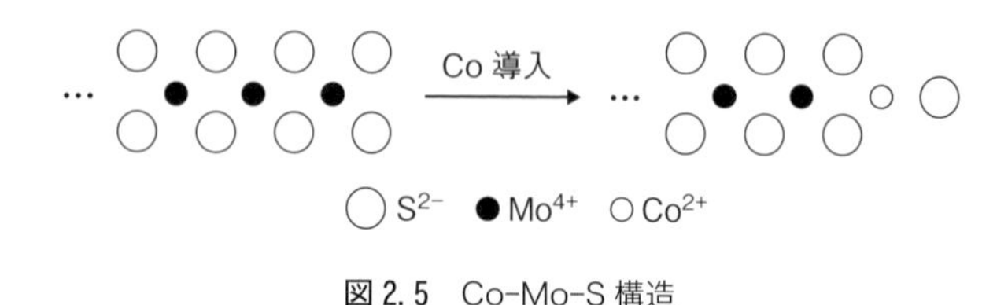

図 2.5　Co-Mo-S 構造

り，チオフェン分子などの構造中に含まれるSの非共有電子対とCo^{2+}が相互作用できるので，このサイトが**触媒活性点**となる（このサイトは**brim site**と呼ばれている；下のコラム参照）．

水素化脱硫触媒の活性点構造

水素化脱硫触媒の歴史は長く，様々なキャラクタリゼーションの結果として，その活性種がCo–Mo硫化物であることが示唆されてきた．ここでは，Au(111)表面上にCo–Mo硫化物種を調製し，走査トンネル顕微鏡（STM）を使って原子スケールでの構造やその反応性について研究された結果について説明する．実用的な触媒は，担体として，γ-Al_2O_3が用いられているが，STM観測には適していないため，基板としてAu(111)を用い，H_2Sを共存させながらCoとMoを蒸着することでAu表面上にCo–Mo–Sが得られ，MoのみをH_2S共存で蒸着するとMoS_2が得られる．これらはいずれも1層分の厚みからなるものである．担体や基板とこれらの表面種との相互作用が比較的小さいため，γ-

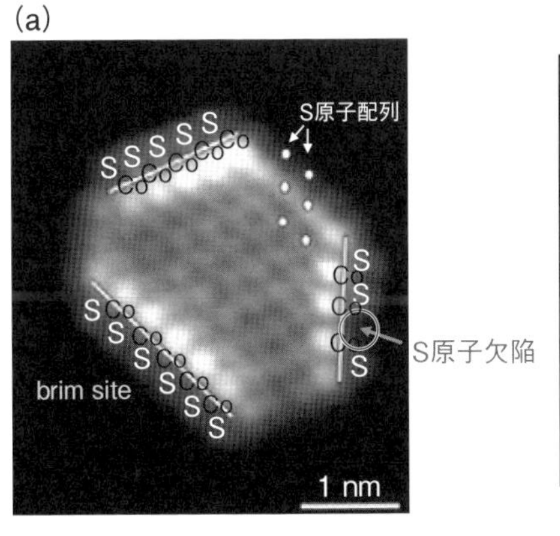

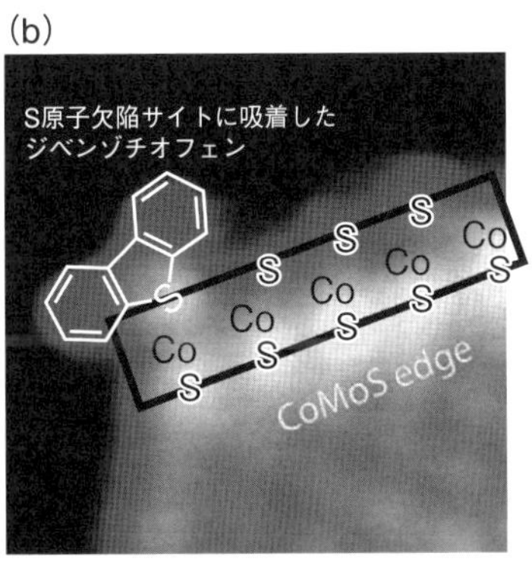

図　(a) 活性化水素処理してS原子欠陥サイトが形成されたCo–Mo–SのSTM像と (b) その後にジベンゾチオフェンを吸着させたCo–Mo–SのSTM像．Coの隣の明るいS原子像はCoの影響でS原子の電子状態が変わっていることを示す．

（Tuxen, A. K., Füchtbauer, H. G., Temel, B., Hinnemann, B., Topsøe, H., Knudsen, K. G., Besenbacher, F. and Lauritsen, J. V.：*J. Catal.*, **295**, 146–154 (2012) を改変）

Al_2O_3 上で生成している構造と類似のものが Au 表面上で生成していると考えられ，モデル触媒として位置づけることができる．

Au (111) 表面上の 1 分子層の MoS_2 は正三角形をしているのに対して，Co-Mo-S は三角形の頂点が切断された六角形となり，白い線が引かれた辺の部分には Co 原子が並び，brim site と呼ばれている (図 (a))．この Co-Mo-S に高温のタングステンフィラメントで活性化した水素を反応させると，Co 原子が並んだ辺の部分から，S 原子が取り除かれ，白線の ○ で示した欠陥サイトを作る (図 (a))．さらに，活性化水素にさらした後にジベンゾチオフェンを導入すると，欠陥サイトに吸着したジベンゾチオフェンの像が得られる (図 (b))．このように，モデル触媒として調製した Co-Mo-S の原子スケールでの構造，欠陥サイトの形成，欠陥サイトへの分子の吸着などが非常に鮮明にとらえられており，触媒や活性点構造の理解が深まってきている．

2.4 多孔質材料

表面積が大きな**多孔質材料**は固体触媒の成分としてよく用いられている．例えば，金属や酸化物などの表面種を分散して保持するためには，容易に凝集してしまわないように，表面種間の距離を大きくとれることが必要となる．この意味で，表面積が大きな多孔質材料は，触媒成分を分散させる担体として適している．一般的に無機酸化物の基本的な構造はコロイド粒子であり，1 次粒子 (結晶構造) 内部にある空隙，1 次粒子間の空隙，1 次粒子が集合した 2 次粒子 (ゲル状物質) の粒子間の空隙が細孔となる．多孔質材料の細孔は，空隙のサイズによって，ミクロ細孔 (0.5～2.0 nm)，メソ細孔 (2.0～50 nm)，マクロ細孔 (50 nm 以上) と呼ばれている．

2.4.1 SiO_2

シリカ (SiO_2) はオルトケイ酸イオン SiO_4^{4-} (Si-O：0.16 nm) の基本構造を示す．Si は C と同族であるため，sp^3 混成軌道をとり，Si^{4+} を中心とする正四面体形構造として，頂点に位置する四つの酸化物イオンと Si-O 結合 (共有結合）を形成する．この Si–O 結合の結合エネルギーは 370 kJ mol^{-1} であり，C–O 結合（358 kJ mol^{-1}）と比較して大きく，一方で，C＝O 結合（800 kJ mol^{-1}）と比べて Si＝O 結合（640 kJ mol^{-1}）が小さいことから，Si–O 単結合は非常に安定な結合である．結果として，SiO_4^{4-} 構造は極めて安定な構造で，さらにこの正四面体形構造における頂点に存在する酸素原子を共有することにより，Si–O 結合からなる無限の網目構造を形成できる．オルトケイ酸イオンが縮合したポリケイ酸イオンの構造は，環状や直線状等極めて多様な構造を与える．そのため，SiO_2 をベースとした酸化物は，結晶性から非晶質まで様々な構造を持った化合物を与える．特に，細孔のサイズを制御した非晶質な SiO_2 が，金属微粒子などを担持する担体として用いられることが多い．触媒作用に関連する表面官能基には，シラノール（≡Si–OH）およびシロキサン（≡Si–O–Si≡）の 2 種があり，非晶質 SiO_2 の pK_a は 9～10 程度でその酸性は弱い．

また，Si^{4+} と Al^{3+} とでイオン半径や共有結合性が類似しているため，Al^{3+} は Si^{4+} を置換できる．非晶質な SiO_2 中の Si^{4+} の一部を Al^{3+} で置換したものは SiO_2–Al_2O_3（シリカアルミナ）と呼ばれ，固体酸触媒として用いられている．次項で述べるゼオライトの場合と同様の機構で固体酸性を発現する．

2.4.2　ゼオライト

SiO_2 のケイ酸イオンおよび一部の Si^{4+} が Al^{3+} で置換されたものが規則的な結晶構造をとった物質を**結晶性アルミノシリケート**と呼び，特に結晶内に細孔を持っているものを**ゼオライト**と呼ぶ．ゼオライトは天然の粘土鉱物の一種であるが，最近では様々な性質を持つゼオライトが人工的に合成されている．ゼオライトを含む結晶性アルミノシリケートの組成の一般式は以下のようになる．

$$(M^{I}, M^{II}_{1/2})_m(Al_mSi_nO_{2(m+n)})\cdot x\,H_2O \quad (n \geqq m)$$

ここで，M^{I} は Na^{+} 等の 1 価のカチオン，M^{II} は Ca^{2+} 等の 2 価のカチオンである．Si/Al 比（＝ n/m）は，ゼオライトの性質を決定する重要な指標である．ゼオライト中の Al は Si をおおむねランダムに置換するが，Al–O–Al 構造はと

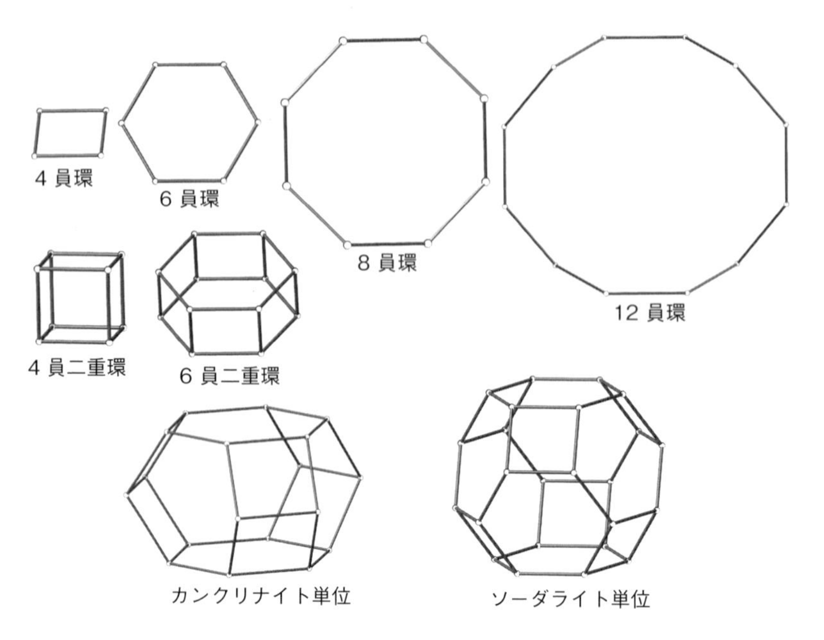

図 2.6　ゼオライトの骨格構造の基本単位

らないことが知られている．このため Si/Al 比が 1 を下回ることはない．

図 2.6 にゼオライトの骨組を形作る際の基本構造単位を示す．Si^{4+} が 4, 6, 8, 12 個連結して形成される 4 員環，6 員環，8 員環，12 員環，さらにこれらの環がそれぞれ二つ連結した二重環がある．また，より大きな対称的な多面体として，**ソーダライト単位**（切頂八面体）や**カンクリナイト単位**（11 面体）などがある．

これらの基本構造単位の連結の形式によって，多様な構造と多様な空孔を持ったゼオライトが得られる．例として，ソーダライト単位の連結により，A 型ゼオライトとフォージャサイト型ゼオライトが得られることを図 2.7 に示す．ソーダライト単位の 4 員環の部分で連結すると A 型ゼオライトになるのに対して，6 員環の部分で連結するとフォージャサイト型ゼオライトになる．基本構造単位が同じでも，連結する方法が異なると，ゼオライト構造と空孔のサイズ（細孔径）は変化する．図 2.8 に ZSM–5 (MFI) ゼオライトの構造を示

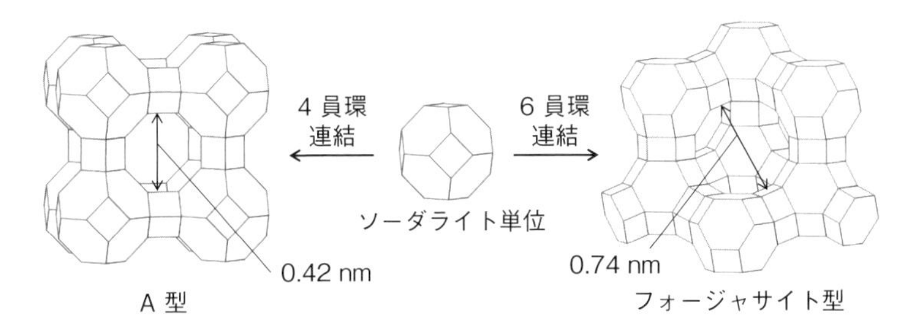

図 2.7 ソーダライト単位の連結によるゼオライト構造の形成

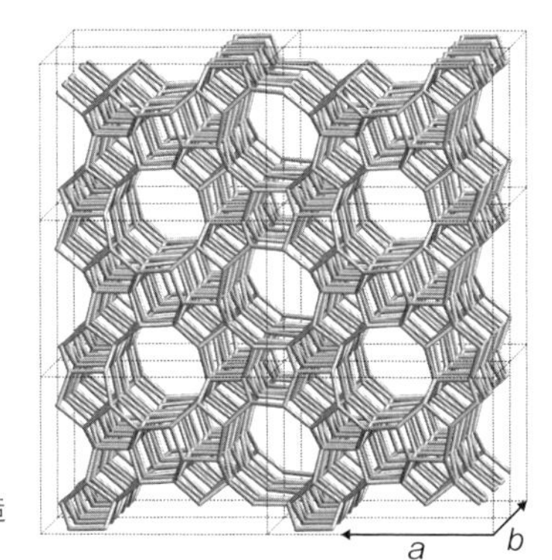

図 2.8 ZSM-5 (MFI) の構造

す．ZSM-5 は，*a* 軸方向に 0.55 nm × 0.51 nm の 10 員環の細孔をジグザグに連結し，直交した *b* 軸方向に 0.55 nm × 0.51 nm の 10 員環が直線状につながった細孔を持つ．細孔が直交した部分にベンゼン環よりもやや大きな空間が形成されるため，芳香族炭化水素の反応に特徴的な性能を示す．

4.1 節でも触れるように，ゼオライトは固体酸触媒として様々な触媒反応プロセスに用いられている．ここでは，ゼオライトにおける固体酸性発現の機構について説明する．ゼオライトの骨格構造の Si^{4+} が Al^{3+} で置換されると，Si と Al でイオン価数が異なり，電気的な中性条件を満たすために，M^{I} や M^{II} といったカチオンが電荷を補償することになる．これらのカチオンとしては，Na^+，NH_4^+，H^+ などがあり得るが，H^+ がカチオンとなった場合，ゼオライトは固体酸性を示す．

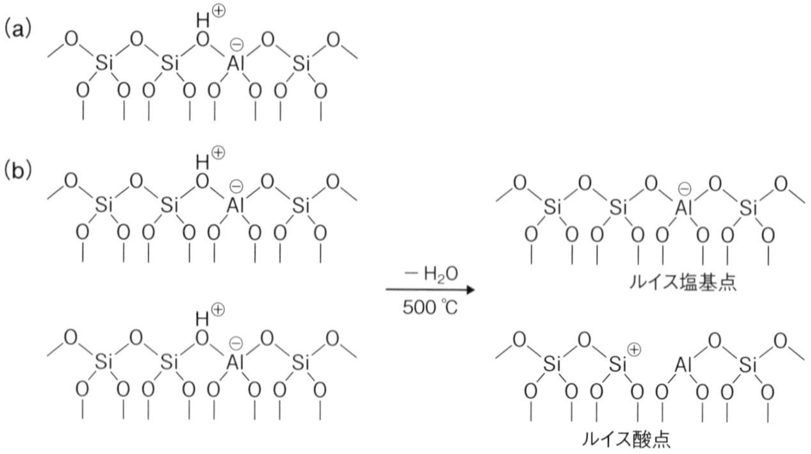

図 2.9　二次元表記したゼオライトの固体酸点構造
(a) ブレンステッド酸点，(b) 熱処理によるルイス酸点，ルイス塩基点の形成

図 2.9 は，この様子についてゼオライトの固体酸点の構造を二次元的に表した図である．プロトンは Al^{3+} サイトの近傍に存在し，触媒反応などが進行する条件では，このプロトンが基質に供与され，ブレンステッド酸点として機能する．また，Al^{3+} 同士がある程度近傍にある場合には，500 ℃ 程度の高い温度で熱処理をするとゼオライトから H_2O が脱離する．このとき，H_2O 中の OH^- に相当する部分が取り除かれた箇所の Si^{4+} イオンに空軌道ができる．これはルイス酸点として機能することになる．同時に，H_2O 中の H^+ に相当する部分が取り除かれた箇所については Al^{3+} 上には負の電荷が残り，ルイス塩基点となっている．ゼオライト全体で見ると，ルイス酸点とルイス塩基点が一対で存在するため，電気的な中性は保たれている．ゼオライトのこのようなブレンステッド酸点やルイス酸点が，様々な触媒反応の活性点となる．

典型的な触媒反応として，ブレンステッド酸点を活性点とする**クメン分解反応**が知られている．クメンがゼオライト細孔内のブレンステッド酸点でプロトンの攻撃を受け，下記のような中間体を経由して，ベンゼンとプロペンを与える反応であり，ベンゼンのプロペンによるフリーデル-クラフツ (Friedel-

Crafts）アルキル化の逆反応である．このクメン分解は，固体酸におけるブレンステッド酸性を評価するモデル反応としてもよく用いられている．

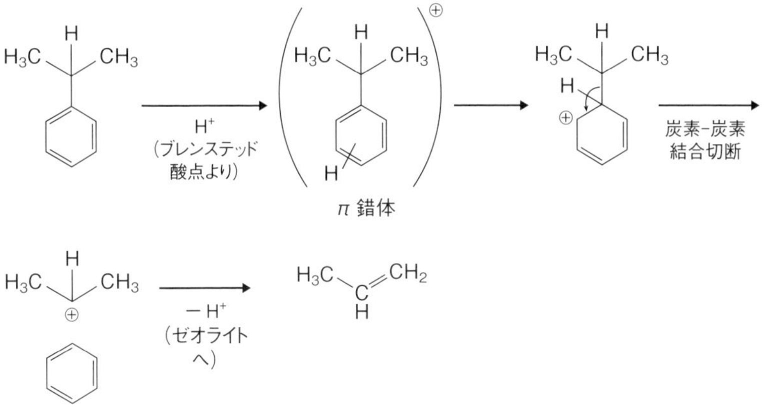

H^+
（ブレンステッド酸点より）
π 錯体
炭素-炭素結合切断
$-H^+$
（ゼオライトへ）

固体酸性以外のゼオライトが持つ機能としては，**イオン交換能**や**分子ふるい機能**などが挙げられる．イオン交換サイトは，Si^{4+} サイトを置換した Al^{3+} サイトの近傍であり，電気的中性を保つうえで必要となる陽イオンとして，様々なものを取り込むことができる．この機能により，洗剤のビルダー（洗浄助剤）としてゼオライトが用いられている．また，ゼオライトの分子ふるい機能は，細孔径よりサイズの小さな分子だけをゼオライト内に取り込んだり，ゼオライト細孔内という限られた空間で触媒反応が進行した場合に，生成物の大きさに制約がかかったりするというものである．例えば，A 型ゼオライトが有機溶媒中の水分を除去する吸着剤として，また，H-ZSM-5 ゼオライトがトルエンの不均化反応を細孔内で進行させ，ベンゼンと *p*-キシレンを選択的に得るための触媒として用いられている．

2.4.3　Al_2O_3

アルミナ（Al_2O_3）は，多くの構造が知られており，構造によって物理的・化学的性質も異なる．γ-Al_2O_3 は，ベーマイト（AlOOH）等のアルミナ水和物を加熱することで得られる．γ-Al_2O_3 の結晶構造は，格子欠陥を持つスピネル類似構造で，高温（例えば 1200 ℃）で焼成するとコランダム構造の α–Al_2O_3 へと変化する．スピネル型とは，スピネル（$MgAl_2O_4$）のように，2 価の金属陽イオン X，3 価の金属陽イオン Y とした場合，XY_2O_4 で表される酸化物に見られる結晶構造である．アルミナに関して最も安定な構造は α–Al_2O_3 であり，γ–Al_2O_3 は準安定な相である．そのため，γ–Al_2O_3 を触媒成分として用いる場合には，α–Al_2O_3 に相転移しないような反応温度域で，また，水分を吸って AlOOH になってしまわないような雰囲気下で用いる．γ–Al_2O_3 が触媒成分としてよく用いられる理由としては，固体酸性を持つことや，比表面積が大きい（100 $m^2\ g^{-1}$ 以上）ことが挙げられる．γ–Al_2O_3 の比表面積が大きいということは，小さな結晶が比較的安定で粒子成長しにくいことを意味している．この場合，粒子間に空隙細孔が形成される．pH スイング法という調製法を用いることで，粒子径を揃え，比較的均一な細孔径を持たせることが可能である．

γ–Al_2O_3 の固体酸性は，**図 2.10** に示すように，表面にある二つの隣接するヒドロキシ基から加熱に伴い H_2O が抜け，ルイス酸点が生成することで発現する．同時に塩基点も形成する．H_2O が表面に吸着するような場合にはブレンステッド酸点も形成し得る．

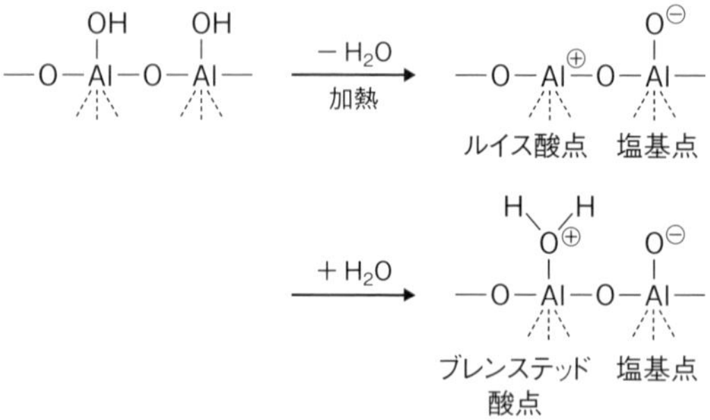

図 2. 10　γ–Al_2O_3 の表面に酸点や塩基点が生成する機構

2.4.4　活 性 炭

活性炭は，広い細孔分布を持ち，大きな比表面積（800 ～ 2000 $m^2\ g^{-1}$）を有するため，さまざまな用途に使われている多孔性の炭素質物質である．2.5節で説明する．

2.5　炭素材料

炭素系の材料としては，古くから知られる活性炭，カーボンブラック，フラーレン，カーボンナノチューブ，グラフェンおよびその関連物質が知られる（**図2.11**）．

活性炭は，植物質や石油系，石炭系などいろいろな材料から得られた炭素の固まりを，二酸化炭素や水蒸気などで1073～1273 K程度で賦活することで，1000 $m^2\ g^{-1}$を超える大きな表面積を有する構造を得ることができる．活性炭は，ミクロ細孔からマクロ細孔まで比較的広い細孔分布を持つ．炭素質は**グラフェン**のような多環芳香族分子がπ-π相互作用により積層した部分と，非晶質

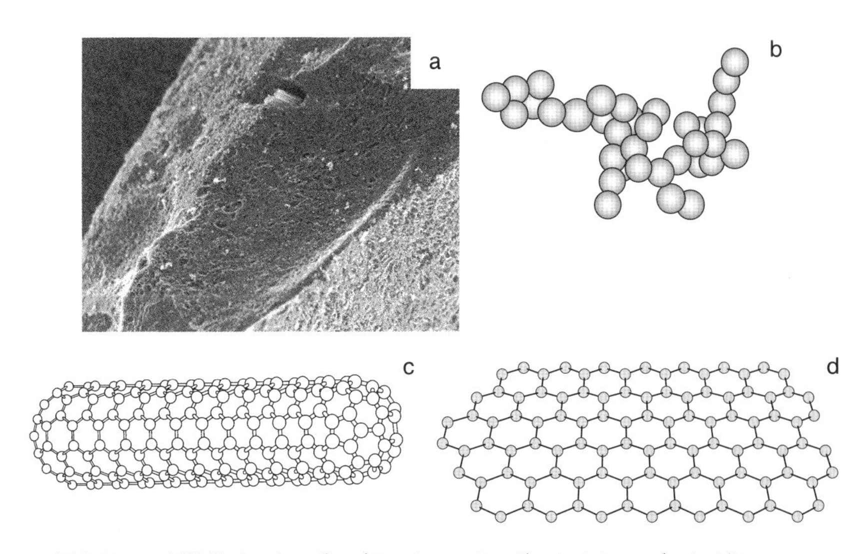

図2.11　a：活性炭，b：カーボンブラック，c：カーボンナノチューブ，d：グラフェンの構造

（aの写真は，Yamada, T., Satoh, T., Hashimoto, H., Suzuki, T. and Ebie, K.：*J. Jpn. Inst. Energy,* **82**, 686–693（2003）より転載）

の炭化水素から成る．そして，多環芳香族部分の端の部分は，水素だけでなく，カルボキシ基，ヒドロキシ基，カルボニル基，ラクトン基などの含酸素官能基を有していることが多い．大きい比表面積を活かして，気体，水蒸気，有機蒸気，ハロゲン，水中の疎水性化合物などの吸着剤として用いられている．その表面積の大きさを活かして，金属微粒子を担持して，水素化や脱水素などの触媒としても用いられている．

カーボンブラック（CB）は，天然ガスや石油，クレオソート油などの炭化水素の熱分解と不完全燃焼の組合せにより得られる，ほぼ 95 % 以上の無定形炭素質から形成されるサブミクロンの微粒子である．数十 nm の小さなカーボンブラック粒子は，燃料電池電極触媒の Pt などの担体に用いられる．グラフェンやその類縁化合物の化学は，現在数多くの研究が進められており，今後の進展が期待される．

2.6 固定化触媒

金属錯体や金属酸化物種，有機官能基などの触媒活性種を担体表面に分散担持した**固定化触媒**は，分子レベルで**触媒活性種**の構造と組成を制御することができる系である．担体表面にあるヒドロキシ基や有機官能基を触媒活性種の担持サイトとして利用し，金属錯体前駆体や金属酸化物前駆体，あるいは有機分子を反応させて，担体表面に**固定化**する．これを適当な変換反応により触媒活性種へと導くことによって，固定化触媒が調製できる．

固定化触媒の**担体**としては，シリカ，アルミナ，チタニア，マグネシアなどの酸化物担体に加えて，ゼオライトやメソポーラスシリカなどの多孔質材料，各種カーボン材料，ポリスチレンなどの有機ポリマーが用いられる．酸化物の表面には終端となる表面ヒドロキシ基が存在するので，このヒドロキシ基と反応することのできる配位子を有した前駆体を用いれば，前駆体種をヒドロキシ基と化学結合させて反応させることで，担体表面に前駆体種を固定化することができる．有機ポリマーを担体とする場合は，ポリマー骨格に適当な官能基を修飾し，その官能基と前駆体種を反応させることで固定化することができる．例えば，ポリスチレンの末端の残存スチリル基などが固定化に利用できる．

均一系反応で用いられている金属錯体触媒は，固定化反応によって固体表面に担持すれば，固体触媒にすることができる．例えば，Mo アルキルアルキリデン錯体は，オレフィンメタセシス反応（二つのオレフィン間で二重結合の組換えが起こる反応；3.1 節（p.123）参照）の触媒として作用することが知られているが，これらの金属錯体をシリカ表面に固定化すれば固定化 Mo 錯体触媒が得られる．[Mo(=NAr)(=CH*t*Bu)(CH_2*t*Bu)$_2$]（Ar = 2,6-diisopropylphenyl）錯体（**図 2.12 A**）は，高温で熱処理したシリカ表面と室温で反応し，シリカ表面に固定化できる．錯体（**A**）の *n*-ペンタン溶液を前処理したシリカに加える（**含浸**させる）と，固定化反応が起こり，錯体（**A**）の二つある CH_2*t*Bu 配位子の一つが表面ヒドロキシ基と反応して，シリカ表面で [(≡SiO)Mo(=NAr)(=CH*t*Bu)(CH_2*t*Bu)] 固定化種（**図 2.12 B**）が形成される．これに伴い，3747 cm^{-1} に観測されるシリカ表面のヒドロキシ基（Si-OH）に由来するピークの消失が赤外スペクトルで観察されている．

298 K におけるトルエン中での 1-オクテンのメタセシス反応の触媒活性（**TOF：ターンオーバー頻度**）は，固定化前の前駆体種（**A**）では，1.2 min^{-1} の

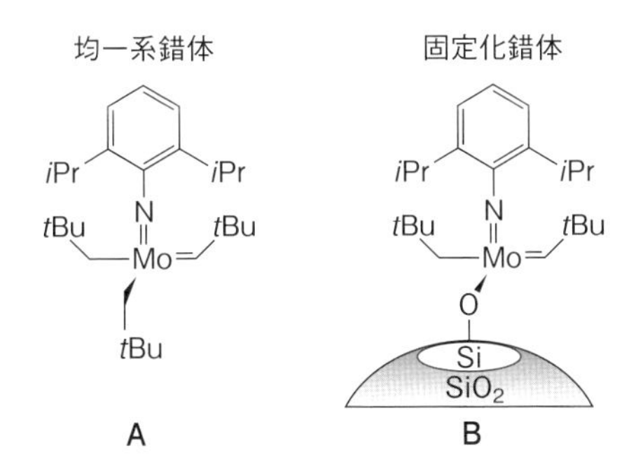

図 2.12　[Mo(=NAr)(=CH*t*Bu)(CH_2*t*Bu)$_2$]（Ar = 2, 6-diisopropylphenyl）錯体（A；前駆体種）とシリカ表面固定化錯体（B）

反応活性であったのに対し，固定化種 (B) では，3.6 min^{-1} に増加する．固定化して固体触媒とすることによって，反応溶液からの触媒の分離・回収がしやすくなるだけでなく，固定化によって，触媒活性の増加ももたらされており，大変興味深い．固定化反応によって，前駆体錯体 (A) 上の一つの CH_2tBu 配位子が SiO-配位子に置換されるため，Mo の電子状態と局所配位構造が変化していることが反応活性の違いを生み出していると考えられる．

酸化物表面のヒドロキシ基を利用すれば，様々な有機官能基を表面に修飾することもできる．シランカップリング剤の多くは，加熱するとシリカ表面のヒドロキシ基と反応させることができるので，側鎖に適当な有機官能基を有した

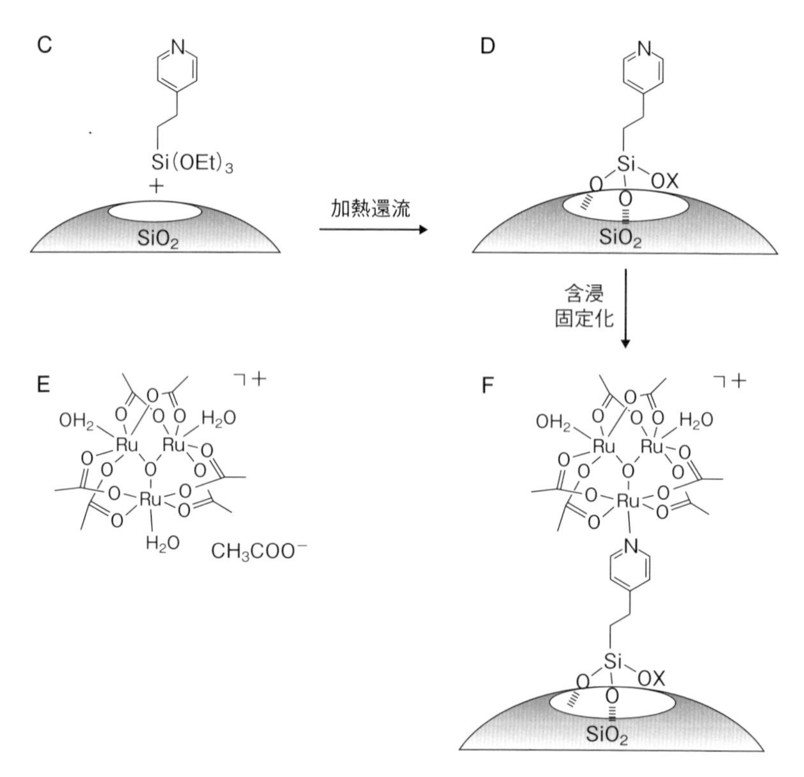

図 2.13　4-ピリジルエチルトリエトキシシラン (C) のシリカ表面への固定化 (D) と，固定化ピリジル基を利用した Ru3 核錯体 (E) の固定化 (F)

シランカップリング剤をシリカに含浸させ，加熱還流すれば，有機官能基をシリカ表面に導入できる．例えば，**図 2.13** のように 4-ピリジルエチルトリエトキシシラン (**C**) をトルエン溶媒中加熱還流すると，トリエトキシシリル基がシリカ表面のヒドロキシ基 Si-OH と反応して，表面に固定化された 4-ピリジルエチル固定化シリカ (**D**) を調製できる．固定化量は，表面ヒドロキシ基の数 (シリカの前処理温度で数を調整できる) とカップリング剤の含浸量によって調整することが可能である．

ピリジル基と反応する金属錯体は多く知られており，ピリジル基の配位反応を利用すれば，表面に担持されたピリジル基を介した様々な金属錯体の固定化が可能である．例えば，$Ru_3O(CH_3COO)_6\cdot(H_2O)_3\cdot(CH_3COO)$ 錯体 (**E**) は，三つの Ru 中心に配位した水分子がピリジンと置換反応することができるので，この置換反応を利用して，錯体 (**E**) を **D** の表面に固定化することができる．実際，単位表面積当たり 0.2 個 nm^{-2} に相当する Ru3 核錯体 (**E**) を固定化でき (**F**)，^{13}C NMR や FT-IR スペクトル，Ru K 吸収端の XAFS 等によるキャラクタリゼーションから，シリカ表面に固定化された **F** の局所配位構造や固定化構造が明らかにされている．

近年，複数の触媒機能を備えた触媒系が合成されている．例えば，酸点，塩基点の両方を有した触媒では，求核剤，求電子剤の両方を活性化できることから，優れた触媒作用が期待できる．シリカ-アルミナやゼオライトなどの酸化物担体は，Si と Al 間のヒドロキシ基が高いブレンステッド酸性を示す酸点として作用する．これらの担体表面の酸点を利用して，塩基性の NR_2 基を固定化することで，酸塩基協同触媒作用が発現する．

NEt_2 塩基点を側鎖に有するシランカップリング剤である 3-(ジエチルアミノ) プロピルトリメトキシシランを，シリカ-アルミナ担体に含浸すると，塩基点である NEt_2 基は，シリカ-アルミナ担体表面のブレンステッド酸点と相互作用をするので，これを利用して側鎖のシランカップリング剤を反応させると，**図 2.14** (**G**) のように，酸点・塩基点が弱い酸・塩基相互作用を形成した状態で NEt_2 基を表面に固定化できる．^{13}C および ^{29}Si 固体 NMR の測定から，シラ

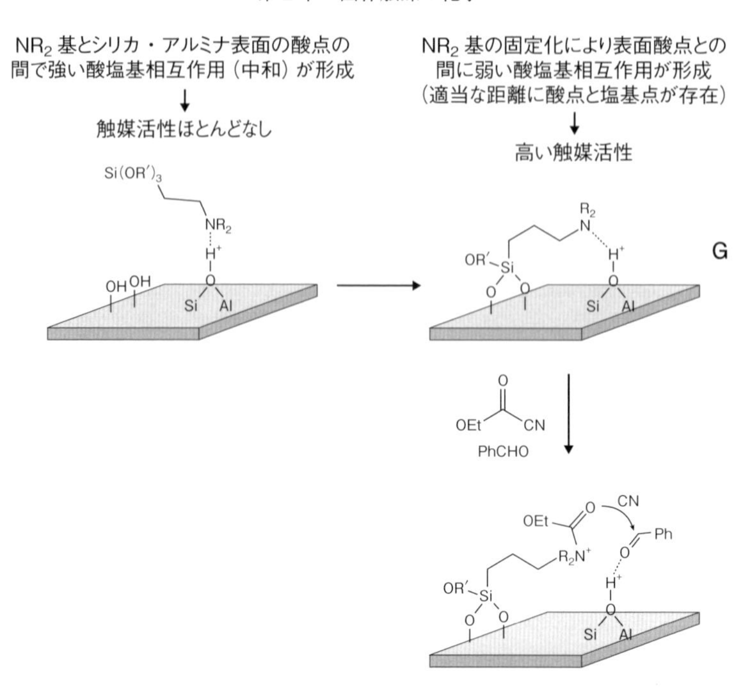

図2.14　シリカ・アルミナの表面ヒドロキシ基（表面酸点）を利用したアミン（塩基点）の固定化と酸・塩基点を利用した反応分子の活性化

ンカップリング剤の固定化が確認されている．^{13}C NMR では，遊離の 3-(ジエチルアミノ) プロパン基の末端 C の化学シフトは 11.0 ppm に観測されるが，シリカ-アルミナ表面への固定化後は 9.5 ppm に観測された．一方，シランカップリング剤を有していないトリエチルアミン (NEt_3) をシリカ-アルミナ表面に吸着させた場合は，7.5 ppm に化学シフトが観察される．これらの結果は，**G** において NEt_2 基がゆるく表面の酸点と相互作用していることを示唆している．

固定化触媒 (**G**) を用いて，ワンポットでのシアノエトキシカルボニル化反応やマイケル反応が報告されている．固定化触媒 (**G**) は，**表2.1** に示すように，ベンズアルデヒドとシアノギ酸エチルのシアノエトキシカルボニル化反応や，ニトリルと α,β-不飽和ケトンのマイケル反応に優れた触媒活性を示す．

表 2.1 固定化触媒 (G) のシアノエトキシカルボニル化反応やマイケル反応の触媒活性

触媒	シアノエトキシカルボニル化反応の収率 %	マイケル反応の収率 %
シリカ-アルミナ	< 1	< 1
トリエチルアミン (NEt_3)	1	< 1
シリカ-アルミナ固定化 NEt_2 (G)	95	90
シリカ固定化 NEt_2	17	43
アルミナ固定化 NEt_2	16	—

シアノエトキシカルボニル化反応：

PhCHO + NC–CO–OEt ⟶ Ph–CH(CN)–O–CO–OEt

マイケル反応：

2 $CH_3COCH=CH_2$ + NC–CH_2–CO–OEt ⟶ $(CH_3COCH_2CH_2)_2C(CN)CO_2Et$

担体であり酸点を有するシリカ-アルミナ，塩基性物質である NEt_3 はいずれも触媒活性をほとんど示さない．表面への固定化は，両方の活性点を表面で適当な距離に孤立化させることで，それらの相互作用（中和）による失活を防ぎ，酸点・塩基点の両方を機能させることができる．

演 習 問 題

[1]　ナノ粒子の触媒活性と選択性に影響する因子をあげよ．

[2]　$H_m(Al_mSi_nO_{2(m+n)})$ $(n/m = 45)$ のゼオライトにおける酸量 ($mmol\ g^{-1}$) を計算せよ．ここではゼオライト中の H_2O は無視してよい．

[3]　理想的なグラフェンの表面積を求めよ．表と裏で2倍するのを忘れないこと．

[4]　活性炭の基本構造の一つはグラファイトと類似した構造を持っている．グラフェンが π-π 相互作用により積層した構造を持つグラファイトの構造を示せ．

第3章　均一系触媒の化学

第1章では触媒化学の基礎を，第2章では固体触媒の化学を学んだ．本章では均一系触媒化学を取り扱う．

「均一系の触媒」とは文字通り「触媒が溶媒に溶けている」状態であるため，固体触媒で活性を支配する因子として重要な，粒径効果や表面構造，担体効果等を全く考慮する必要がない．一方，触媒活性を司る中心部位は周囲に存在する溶媒や原料や生成物の影響をより強く受けるため，均一系触媒では「配位子」を用い，活性を制御する方法がよく用いられる．

本章では均一系触媒全体を俯瞰（ふかん）し，概説する．

3.1　金属触媒

3.1.1　金属触媒の分類

金属触媒とは文字通り「金属を用いた触媒」であり，金属が活性の中心を担っている．ここで用いられる金属は多種にわたり，現代の有機化学において入手不可能な元素を除き，ありとあらゆる金属が用いられている．全ての金属それぞれに特徴的な性質があるが，大きく分類するとなると，典型金属を中心とした「**ルイス酸触媒**」と，遷移金属を中心とした「**遷移金属触媒**」とに分けることができよう．一方で，単純な炭素-炭素結合生成反応やケトンの還元反応であっても，炭素上に不斉点ができる可能性があり，生成物の観点から議論すると，不斉点や立体化学の制御は非常に困難である．本章のはじめに述べた通り，金属触媒は配位子により反応性の制御が可能となるため，立体化学を制御した様々な反応が開発されてきた．本章では反応の原理として，「ルイス酸触媒を用いた反応」および「遷移金属錯体を用いた反応」を概説し，その後に最近のトピックである「不斉金属錯体触媒を用いた反応」に焦点を当てる.

3.1.2 ルイス酸触媒

ルイス (Lewis, G. N.；1875～1946) の定義では，**ルイス酸**は「被占軌道にある反応しやすい電子対 (**ルイス塩基**) を受け取る空軌道を持つ物質」である．軌道論で考えれば，それぞれが単独で存在するよりも，相互作用の安定化の寄与を受けることが理解できる．一方，ルイス塩基に対する反応を行う際には，安定化した分だけ活性化エネルギーが小さくなるとみることができる (**図 3.1**)．例えば，アルデヒドに対し，ルイス酸 (Lewis acid = LA と略す) を作用させる状況を見ると，アルデヒド酸素原子上の非共有電子対がルイス酸の空軌道に配位するため，より安定な状態になる．カルボニルの C=O 二重結合は，通常，電気陰性度の差により酸素原子が $\delta-$ 性を，炭素原子が $\delta+$ 性を示すが，ルイス酸の配位により酸素原子上の電子がルイス酸側に流れ込むため，炭素原子上の $\delta+$ 性は増幅されることになる．このことはつまり，より求核分子の攻撃を受けやすい状態となっているといえ，反応性が増すことの説明になる (図 3.1 の右側の囲みに示したようなプロトン酸による活性化と対比させて考えると理解しやすい).

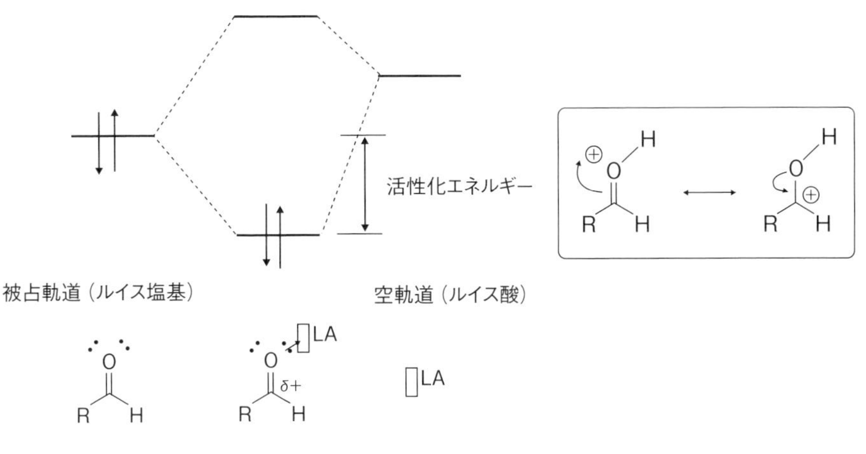

図 3.1 ルイス酸による活性化

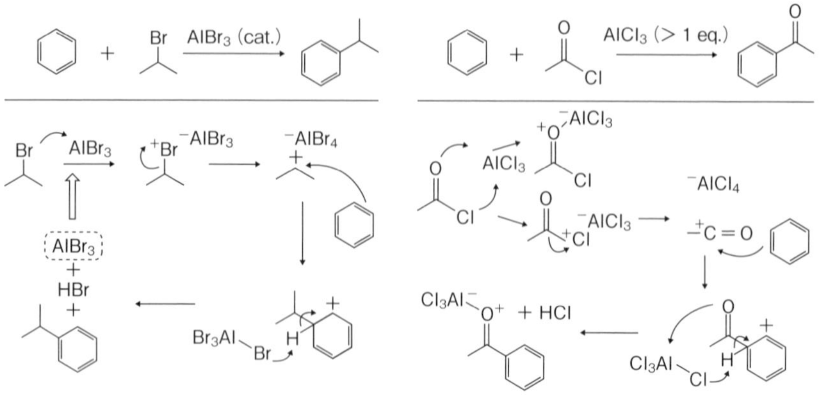

図 3.2　フリーデル-クラフツ アルキル化反応（左）とアシル化反応（右）
cat. = 触媒量（catalytic），eq. = 当量（equivalent）

このような活性化を促す典型的なルイス酸として，**フリーデル-クラフツ（Friedel-Crafts）反応**で用いられる塩化アルミニウムなどの金属ハロゲン化物が挙げられる．ここで興味深い点として，**フリーデル-クラフツ アルキル化反応**は触媒量の金属ハロゲン化物で反応が進行するのに対し，**フリーデル-クラフツ アシル化反応**では化学量論量の金属ハロゲン化物が必要となる（**図 3.2**）．これは，フリーデル-クラフツ アルキル化反応で得られる目的物が単純な炭化水素化合物であり，反応終了後に金属ハロゲン化物が再生成するのに対し，フリーデル-クラフツ アシル化反応で得られる生成物はカルボニル基を有するため，ルイス酸として用いた金属ハロゲン化物が生成物に捕捉され，安定な錯体となってしまうためである．

フリーデル-クラフツ アシル化反応以外でも，ルイス酸触媒を用いる反応において，この点は大きな課題であった．すなわち，より反応性の高いルイス酸触媒であるほど，生成物と強固に配位するため，触媒的な反応は困難となる．この問題の改善の歴史をアルドール反応の開発を例に述べる．

アルドール反応は，カルボニル化合物より**エノラート**を発生させ，もう一分子のカルボニル化合物に求核付加させ，β-ヒドロキシカルボニル化合物に導

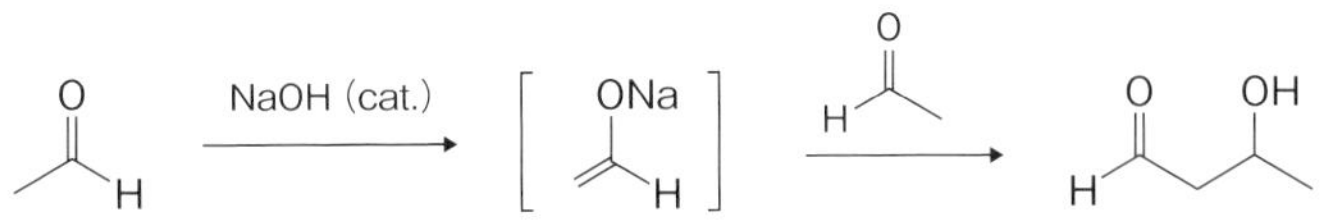

図 3.3　古典的なアルドール反応

く，重要な炭素-炭素結合形成反応の一つである (**図 3.3**).

従来，アルドール反応は，プロトン性溶媒中，塩基または酸を触媒として，平衡条件化で行われていたが，このような反応条件下では，望みのアルドール反応を選択的に行わせることは難しい．特に，二つの異なるカルボニル化合物間のアルドール反応は**交差アルドール反応**と呼ばれているが，この場合，それぞれのカルボニル化合物からエノラートが発生してしまうことが考えられ，求電子剤にも両方のカルボニル化合物が反応することを考慮すると，4 種類の生成物の混合物が生成することになる．さらに，生成物もカルボニル化合物であるので，過剰反応が進行することもあり得る．また，強酸や強塩基条件化では，生成物から脱水反応が進行することも考えられる．1970 年代初頭まで，交差アルドール反応の制御方法としては，片方のカルボニル化合物と，当量のリチウムジイソプロピルアミド (LDA) のような強塩基とを極低温下で作用させ，リチウムエノラートを速度論支配下で調製し，これに求電子剤となるカルボニル化合物を作用させる方法，あるいは，リチウムエノラートから金属交換反応によりマグネシウムや亜鉛のエノラートを調製し，同様に求電子剤を作用させる方法が主に用いられていた．これらの金属エノラートは非常に不安定であり，使用する直前に調製が必要なことや，強塩基を基質と当量用いることが必須のため，塩基に不安定な化合物は用いることができないといった問題点を持っていた．

1973 年向山らは，チタン化合物が酸素官能基を強く活性化することに着目し，安定に単離することのできるケイ素エノラートを求核剤として用いることにより，交差アルドール反応が極めて円滑に進行することを見いだした (**図 3.4**).

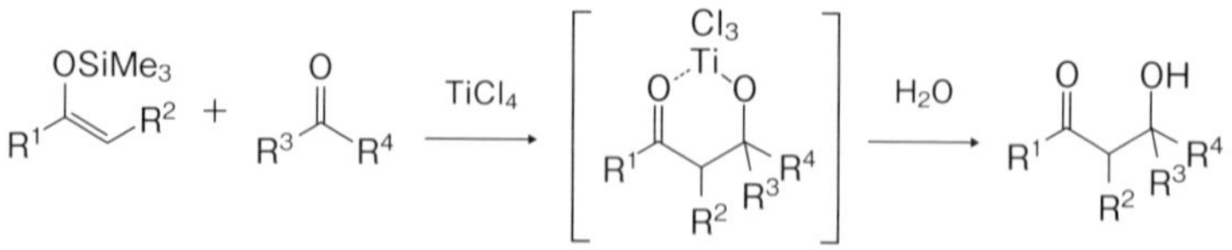

図 3.4　ケイ素エノラートを求核剤とする向山アルドール反応

この反応の優れた特徴として，1）各種のアルドール付加物が高い収率で得られる，2）ケイ素エノラートが単離できるため，非対称ケトンのケイ素エノラート等ではエノール部位で位置選択的に反応することができる，3）官能基による大きな反応性の差が見られるため，副反応や過剰反応を抑制することができる，4）生成系が平衡的に不利であるケトン間の交差アルドール反応も良い収率で進行する，等が挙げられる．

しかし，塩化チタンは酸素官能基を強く活性化するため，その触媒化は困難であった．1984年，この問題に対し有効な触媒として過塩素酸トリフェニルメタン（$TrClO_4$）が見いだされ，ようやく，現代化学の要求する高い反応性および選択性を実現する，触媒量で機能する触媒が次々と開発される契機となった．この触媒は，1-*O*-アセチル糖に対するアリルシランとの *C*-グリコシル化の触媒として見いだされたが，アセタールに対するアルドール反応（図 3.5）や，アルデヒドに対するアルドール反応に対しても有効な触媒となることが見いだされた．

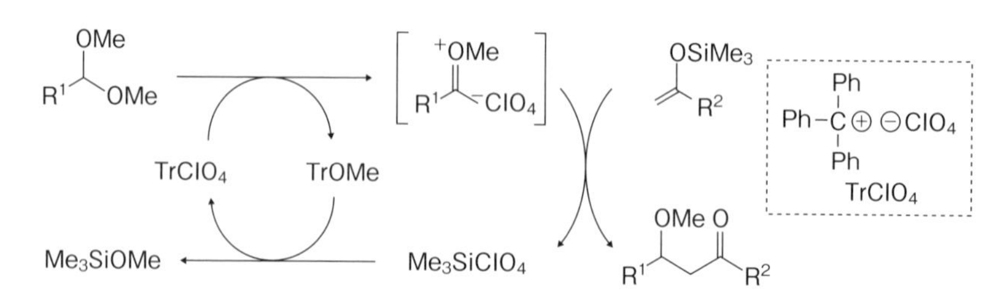

図 3.5　過塩素酸トリフェニルメタン（$TrClO_4$）を用いる触媒的なアルドール反応

より高度な選択性を可能にする，触媒的不斉アルドール反応を実現する触媒に関しては3.1.4項で詳述するが，一方で，環境保全の面から有機合成を俯瞰すると，これまで開発してきた反応は全て有機溶媒中で行われているという問題がある．

近年，社会的に要請される地球環境保全の観点から，「サステイナビリティー＝持続可能性」という考え方が広く認知されるようになってきた（5.6節参照）．天然資源の多くを輸入に依存している我が国にとって，石油をはじめとしたエネルギー資源や，高機能素子に必要なインジウムや白金のような貴金属資源の枯渇に対処することは焦眉（しょうび）の急であり，代替資源の探索および開発に様々な試みがなされている．化学反応を行ううえで溶媒が必要な場合が多く，有機合成では基質の溶解性から有機溶媒を使うのが一般的である．また精製過程でも多くの有機溶媒が使われるが，反応・生成に使われる有機溶媒は全て製品に含まれないので廃棄物となる．この問題を改善すべく，有機溶媒に替わる反応媒体を用いた反応，中でも水を反応溶媒とする反応に注目が集まっている．水は無害で安価，かつ環境負荷がない究極の溶媒といえる．しかし，これまで述べてきた塩化アルミニウムや四塩化チタン等は，空気中の湿気とでさえも反応し，水酸化物あるいは酸化物に分解してしまう．有機溶媒中で実現可能な反応を水中でも可能とするためには，基質の溶解や有効な触媒の開発等多くの困難が存在しており，未だ充分な反応例がないのが現状である．

水に安定なルイス酸触媒を用いたアルドール反応の開発は，1991年に小林らにより報告された．先にも述べた通り，これまでの概念ではルイス酸触媒は水に不安定で容易に不活性化すると考えられてきたが，スカンジウムやランタノイドといった金属成分とトリフルオロメタンスルホン酸から作られる塩は，その常識を打ち破り，含水溶媒中での触媒的アルドール反応が円滑に進行することが明らかとなった．これにより，最もシンプルなアルデヒドであるホルムアルデヒド水溶液（ホルマリン）も基質として容易に用いることができるようになった（**図3.6**）．

また，触媒が水でも分解しないということは，この触媒が回収・再使用可能

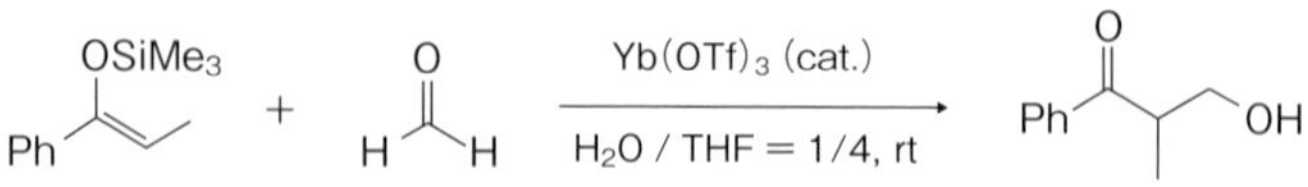

OSiMe3 / Ph + HCHO —Yb(OTf)3 (cat.), H2O / THF = 1/4, rt→ PhC(O)CH(CH3)CH2OH

図 3.6 希土類トリフラートを触媒量用いる含水溶媒中でのアルドール反応（THF：テトラヒドロフラン）

であることを意味している．実際，反応終了後，目的物を除いた後に水層を濃縮すると定量的に触媒が回収され，再使用も可能である．

石けん分子触媒を用いた有機合成

触媒の安定性の問題もさることながら，水中での有機合成反応におけるもう一つの問題点として，「溶解性の問題」が挙げられる．実際，図 3.6 にみる触媒反応では，基質である有機化合物が水にほとんど溶けず，その結果，触媒反応の進行が非常に遅くなってしまうため，溶媒として水と有機溶媒（図の例ではテトラヒドロフラン）との混合溶媒を使う必要があった．一般に，油（有機化合物）と水とは混ざらない．ところが，油と水とを混ぜ合わせることを可能とする物質として**界面活性剤**が広く知られている．界面活性剤は，水と馴染みやすい親水性部分と，有機物と馴染みやすい疎水性部分とから成っている．水中に油状の有機化合物を入れると混ざり合わずに二層に分離するが，そこにある種の界面活性剤を少量加えると，界面活性剤の疎水性部分が油と，親水性部分が水とそれぞれ作用し，水中にミクロレベルのコロイド粒子を形成する．その結果，水と油は見かけ上は，牛乳のように不透明ながらも混ざり合ったコロイド溶液になる．実際，含水溶媒中で有効なルイス酸であるスカンジウム（Sc）陽イオンと，代表的な界面活性剤であるドデシル硫酸陰イオンとを一体化させた触媒分子 $Sc(DS)_3$（**図 1**）は，上記の目的に叶い，アルデヒドとケイ素エノラートとのアルドール反応に対し有効な触媒として機能した（**図 2**）．

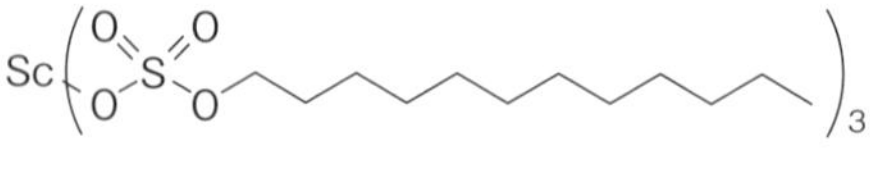

$Sc(OSO_2O(CH_2)_{11}CH_3)_3$

図 1 ルイス酸-界面活性剤一体化触媒の一つ $Sc(DS)_3$

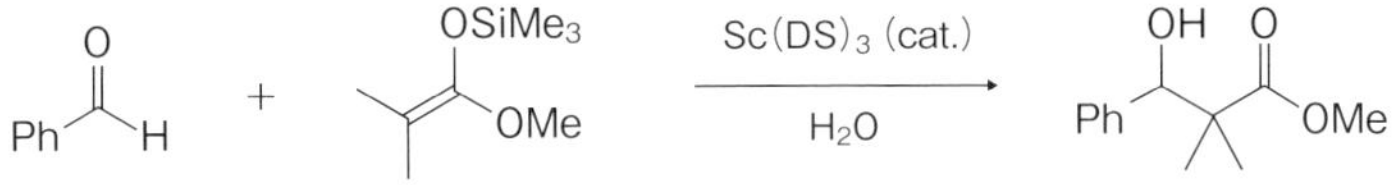

$$\text{PhCHO} + \text{Me}_2\text{C}{=}\text{C(OSiMe}_3\text{)OMe} \xrightarrow[\text{H}_2\text{O}]{\text{Sc(DS)}_3\ \text{(cat.)}} \text{PhCH(OH)C(Me)}_2\text{CO}_2\text{Me}$$

図 2 $Sc(DS)_3$ を触媒として用いる水中でのアルドール反応

驚くべきことに，ここで用いているエステル由来のケイ素エノラートは，それ単独では水中で速やかに分解することが知られており，合成に際し，全ての操作を不活性ガス雰囲気下で行わなければならないが，水中であってもアルドール反応が進行するということは，極めて有効な疎水場が形成されていることを示唆している．

これまで典型的な例としてアルドール反応に焦点を当てて述べてきたが，ルイス酸触媒はカルボニルだけを選択的に活性化する訳ではない．例えば，アルデヒドとアミンから脱水を経て調製されるイミンに対しては，アルドール型の求核付加攻撃（マンニッヒ（Mannich）型反応と呼ばれる）を受けて，対応する β-アミノカルボニル化合物へと導くことが可能である．イミンは自身の持つ塩基性のため，また，生成物はアミンとなるため，ルイス酸の持つ空軌道に対し，カルボニルよりもより強固に配位する．したがってその触媒化は困難であったが，希土類トリフラートをはじめとする新世代のルイス酸触媒はこの問題をも克服し，触媒化に成功している．これらルイス酸触媒の発展は 21 世紀になって急激な広がりを見せている．

ルイス酸触媒がカルボニルに配位することにより，カルボニルに対する求核剤の求核攻撃を活性化する点も重要であるが，カルボニルが共役構造をとっているのであれば，二重結合に対して遠隔的に活性化を促していると見ることができる．例えば，共役ジエンとアクリル酸エステルとの**ディールス-アルダー（Diels-Alder）反応**では，触媒を加えない系では反応が極めて低速でしか起こらないのに対し，触媒量のルイス酸の添加により，収率は大きく向上する（**図 3.7**）．これは，ルイス酸触媒が，アクリル酸エステルのカルボニルに配位することにより，ジエノフィルの最低空軌道（LUMO）のエネルギー準位を下げた

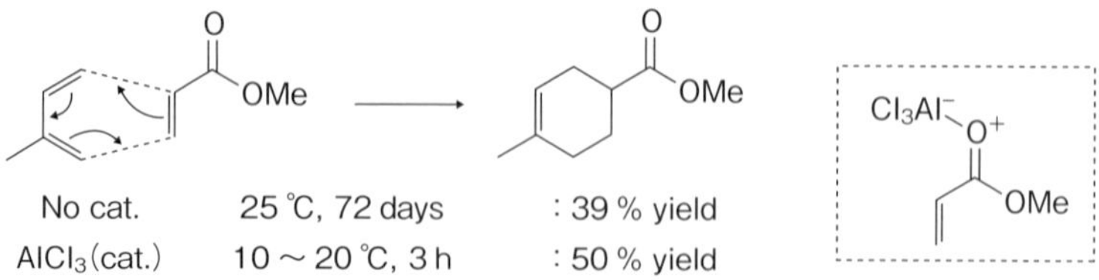

No cat.　25 ℃, 72 days　: 39 % yield
$AlCl_3$ (cat.)　10 ～ 20 ℃, 3 h　: 50 % yield

図 3.7　ディールス-アルダー反応によるルイス酸触媒の効果（yield：収率）

ことによる効果である．

3.1.3　遷移金属錯体触媒

遷移金属錯体は有機金属化合物の一種であり，周期表の3族から11族に分布する**遷移金属元素**を活性中心元素とする錯体である．典型金属と遷移金属との大きな違いは，d軌道やf軌道に存在する電子が電子殻を満たしておらず，近傍のs軌道やp軌道を含めた**混成軌道**をとり得る点にある．また，K殻やL殻はそれぞれ2個および8個の電子を収容し安定化するのに対し，M殻以降は18個の電子を収容することができる（**18電子則**）ため，数多くの種類の配位子から電子を受け取り，錯体として安定化する．錯体として安定に存在するために，必ずしも18電子を満たしている必要はない（安定に取り扱える16電子錯体等も存在する）が，電子数が18未満の場合や18を超える場合は錯体自体の安定性が低下する．多くの遷移金属錯体を触媒とする反応は，反応を通じてこの「準安定状態」を経て進行させる．したがって，配位子をうまく選択することが遷移金属錯体を触媒とする反応の鍵である．

中心金属と配位子の関係が重要であることから，遷移金属錯体の構造に関しもう少し理解を深める必要がある．例えば，同じ金属を用いた場合でも，混成に関与するd軌道の数により錯体の構造が変わる．また，同じ5個の電子が関与する dsp^3 混成であっても，d_{z^2} が混成に関与すると三角両錐型構造となり，$d_{x^2-y^2}$ が混成に関与すると正方錐型構造となる（図 3.8）．

結合の様式に関しても，金属と配位子間の結合には，σ 結合，π 結合が存在す

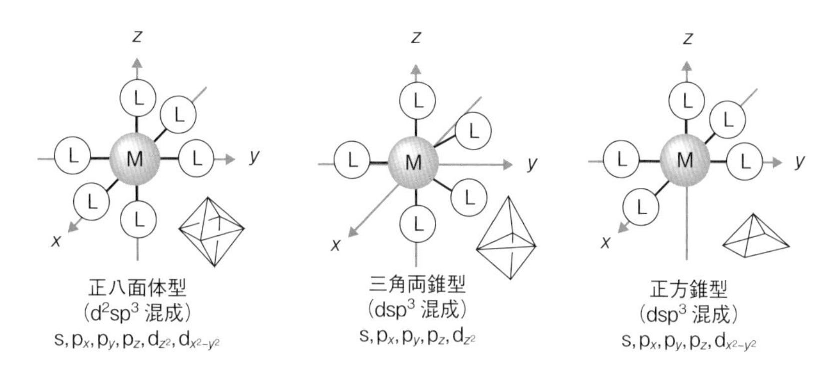

図 3.8 遷移金属錯体の立体構造

る．また，金属-金属多重結合を持つ複核錯体においては，金属の持つ d 軌道間の四つのローブ (電子雲) が互いに重なり合うようにして結合する δ 結合も見られる (**図 3.9**)．

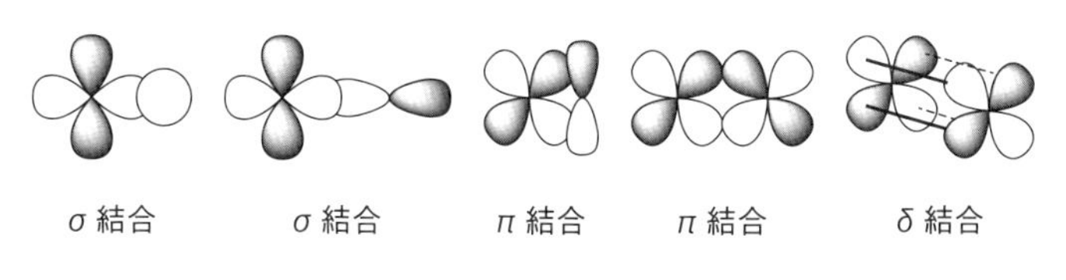

図 3.9 金属と配位子との結合の形

また，配位の表記として，結合に関する原子の数を η，一つの配位子が複数の金属にまたがって橋掛け構造している場合には μ という記号を用いて表記する (**図 3.10**)．

sp^3 炭素と σ 結合を持つ**アルキル金属錯体**は，アルキルの構造によりその安

図 3.10 金属と配位子の配位様式

定性が大きく異なる．金属から見てβ位に水素を持つアルキル金属錯体は，β位のC-H結合が容易に金属中心と反応して脱離する（β脱離）ため不安定であるが，β水素を持たないアルキル金属錯体は，配位子の選択により比較的安定に取り扱うことができる．アルケニル基やアリール基等のsp^2炭素とσ結合を持つ錯体は，C-C二重結合π^*軌道と金属の軌道間の相互作用（$d\pi$-$p\pi$逆供与）があるため，アルキル錯体と比べて比較的安定に存在できる．アルキニル基のsp炭素と金属とのσ結合は，アルキニル錯体もしくはアセチリド錯体と呼ばれる．一方，アルケンやアルキンがσ結合ではなくπ結合する場合もあり，この場合，C-C多重結合のπ結合電子が金属の空軌道と相互作用し，先に述べた$d\pi$-$p\pi$逆供与が主に関与したη^2型の結合を形成する．

次に，遷移金属触媒の構造を踏まえたうえで，金属-有機化合物の結合や切断などの変換反応が起こる過程で，錯体全体としてどのような変化が起こるのかを見てみよう．

酸化的挿入

グリニャール（Grignard）**反応**に代表される有機金属を調製する際，金属（M）に対し反応物質（X-Y）を作用させると酸化的付加が起こり，（X-M-Y）という錯体が形成される．この際，中心金属に注目すると，金属上の2電子が結合を形成するために反応物質へ移っており，金属の形式酸化数が2上昇している．遷移金属錯体を用いる触媒反応においても，酸化的付加の過程は，反応基質を金属上に取り込み活性化する際の重要なステップである．酸化的挿入の機構は複数挙げられるが，主だったものとして，(a) 協奏的機構，(b) S_N2的付加，(c) ラジカル的付加，(d) 一電子移動（SET）機構，(e) イオン的機構等が挙げられる（**図3.11**）．

還元的脱離

酸化的挿入反応の逆反応であり，一般的には触媒反応終了過程において遷移金属錯体が復帰する段階である．酸化的挿入段階と平衡で存在している場合も多いが，還元的脱離反応が進行するためには，通常解離する配位子がシス配位

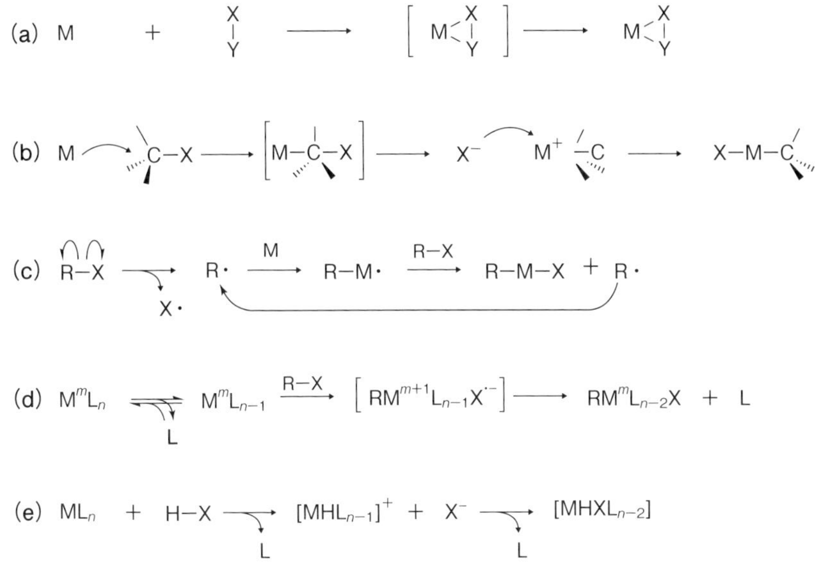

図 3.11 酸化的挿入機構

座に位置する関係でなくてはならない．遷移状態としては三中心遷移状態を経て協奏的に進行するが，その際，配位している分子（脱離する基質）や系に存在する配位子により，促進される経路が異なる（**図 3.12**）．

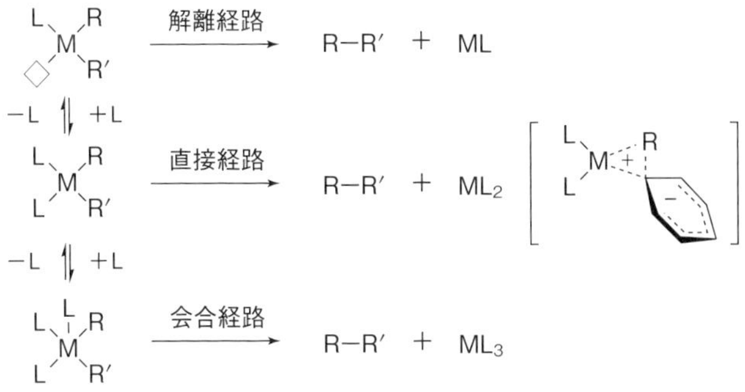

図 3.12 還元的脱離の機構

挿入反応・脱離反応

酸化的挿入反応により生成した有機金属錯体が，金属に配位しているアルケンやアルキンに対し分子内もしくは分子間で反応し，金属に新しい結合を導入する過程を挿入反応，その逆反応を脱離反応と呼ぶ（**図3.13**）．(a) 1,2-挿入反応では，四中心遷移状態を経てアルケンやアルキンの一方の炭素に金属が結合し，他方の炭素に有機金属錯体に結合していた官能基が移動する．π 結合への付加はシン反応（*syn* 付加）で進行する．挿入反応後，もともと金属に結合していた官能基が位置していたところは空配位座となるが，新たに生成した σ 結合が**アゴスティック相互作用**（図3.13の (a) の一番右の錯体における矢印で示した配位様式）し，配位不飽和による不安定化を軽減している．(b) 1,1-挿入反応は，有機金属錯体上のカルボニル基等に直接移動する反応である．(c) β 脱離反応は，金属に結合している炭素（α 炭素）の隣の炭素（β 炭素）に結合している水素（β 水素）が切断され，金属-水素結合が生成すると同時に，α 炭素と β 炭素間で二重結合が生成する反応である．金属が配位不飽和状態になると，β 炭素およびその炭素に結合している水素間との σ 結合から，金属がアゴスティック相互作用を受けるため，β 脱離が進行しやすくなる．(d) α 脱離

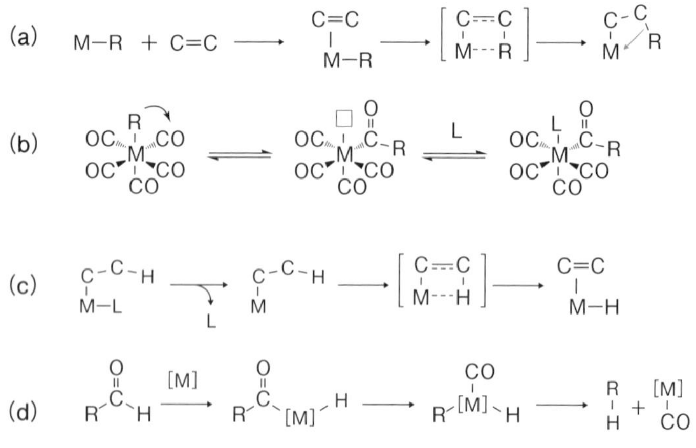

図3.13　挿入反応および脱離反応

反応は，脱カルボニル化等でしばしば見られる．

次に，遷移金属錯体を触媒とする代表的な反応に対し，反応機構を眺めながら具体的に解説する．

水素化反応

炭素-炭素多重結合，炭素-ヘテロ原子多重結合に対する水素付加による水素化反応は，工業的にも重要な反応である．炭素に担持したパラジウム（Pd/C）などの不均一系の触媒でも活発に研究が行われているが，均一系触媒においても，遷移金属触媒を中心に，今なお精力的に研究されている反応である．特にアルケンの水素化は，生成物が単純なアルカンになるものの，触媒により反応機構が異なるため，遷移金属錯体を用いる触媒反応を理解するうえで非常に重要である．

水素化反応の触媒機構は，モノヒドリド錯体を経由するか，ジヒドリド錯体を経由するかに大別される．ジヒドリド錯体の場合は，中性錯体かカチオン性

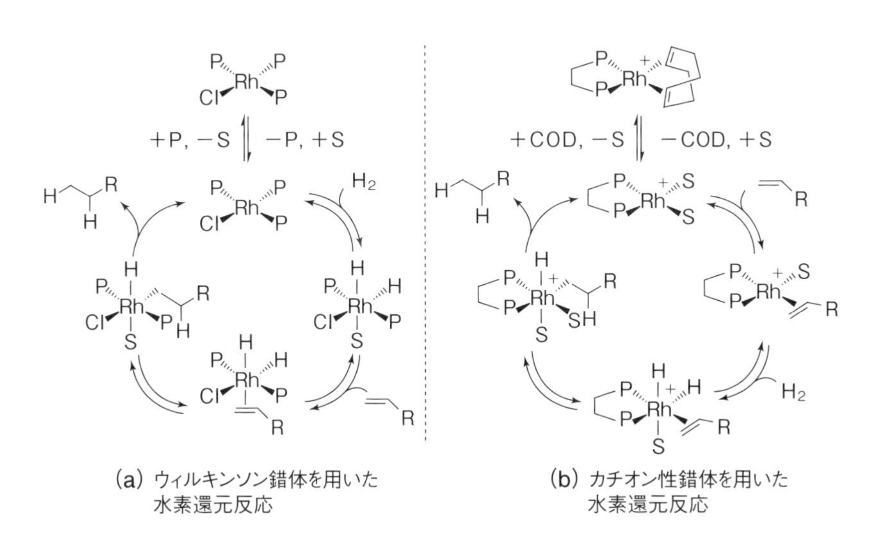

図 3.14　ジヒドリド錯体を経由するアルケンの水素化反応
COD = 1, 5-シクロオクタジエン（実際には水素還元を受けてシクロオクタンとなる.）

錯体かによっても反応機構が若干異なる．**図3.14**にはジヒドリド錯体を経由する場合の反応機構を比較して示す．ウィルキンソン（Wilkinson）錯体（[$RhCl(PPh_3)_3$]）は16電子錯体であるが，溶媒（S）の配位を受け，配位子であるホスフィンが一つ解離した状態を経てから，水素が酸化的付加をした6配位錯体[$RhCl(H_2)(PPh_3)_2(S)$]を形成する．その後，溶媒と配位子交換する形でアルケンが錯体に配位し，錯体のシス位のヒドリドがアルケン上に移動し，1,2-挿入反応が進行する．アルキル基と錯体上のトランス位の水素が還元的脱離することにより，生成物を与えると同時に活性中間体であるロジウム錯体が再生する．還元的脱離の段階では逆反応が起こらないため，反応は円滑に進行する．生成するアルキルロジウム中間体では，置換基Rとロジウム錯体の立体反発が小さくなるように，内部炭素へのヒドリド移動が優先する．一方，[$Rh(dppe)(cod)]^+$のようなカチオン性錯体が触媒の場合は，中心金属へのアルケンの配位が水素分子の酸化的付加よりも優先して起こる．この場合，水素分子の酸化的付加が律速段階となる．

モノヒドリド錯体を用いる場合，末端アルケンを選択的に水素化することができるため，ジヒドリド錯体と相補的に用いることが可能である．代表的な触媒としては，[$RhH(CO)(Ph_3)_3$]や[$RuHCl(PPh_3)_3$]がある．ただし，反応条件によっては内部アルケンへの異性化が起こる場合があり，若干の欠点を有している．これらの事象を説明する反応機構としては，**図3.15**に示した機構が提唱されている．すなわち，18電子則を満たす触媒から配位子であるホスフィンの解離，アルケンの配位，錯体上のヒドリドが1,2-挿入反応を起こした後，水素分子が酸化的付加，続く還元的脱離により生成物が遊離し触媒が再生する．この場合，ヒドリド錯体の立体的な要因により，1,2-挿入段階でヒドリドの挿入は，内部炭素のみならず末端炭素へも起こり得る．ヒドリドの挿入段階は可逆的なため，β水素脱離が起これば原料に戻るが，内部のメチレン部位からのβ水素脱離も起こるため，炭素-炭素二重結合が異性化した内部アルケンが生成してしまう．前述のジヒドリド錯体は，末端アルケンに限らず多置換アルケンも還元するため，平衡状態からのβ水素脱離は問題とならなかったが，モノ

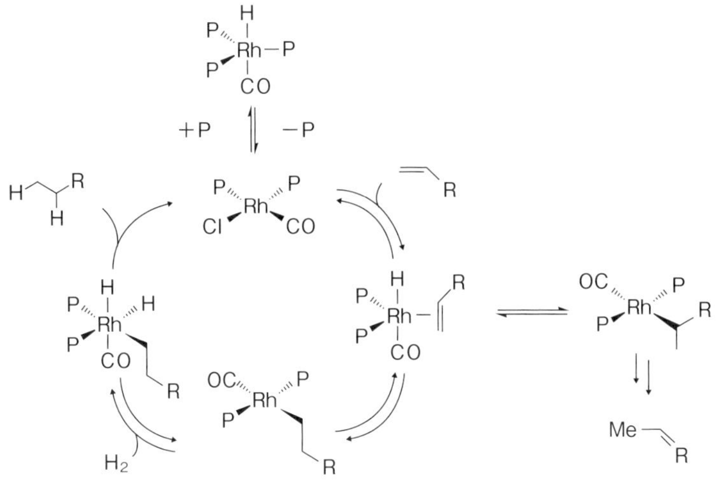

図 3.15 モノヒドリド錯体によるアルケンの水素化反応

ヒドリド触媒の場合，内部アルケンの反応性が低く水素化が進行しないため，副生成物としてアルケンの異性体が生成してしまう．

アリル位アルキル化反応（辻-トロスト（Trost）反応）

アリル化反応は，反応のパートナーである求核剤（あるいは求電子剤）から見て，β,γ-不飽和アルキル基を導入できる最も基本的な炭素-炭素結合生成反応の一つである．ここで導入したアルケンを足がかりとして，さらなる官能基変換が可能となるため，非常に有用な反応といえる．

ルイス酸触媒を用いるアリル化反応では，ルイス酸により活性化された求電子剤に対しアリル化剤が求核攻撃を起こすが，遷移金属錯体触媒を用いるアリル化反応では，触媒とアリル化剤とが反応しπ-アリル錯体を形成し，これに求核剤が作用するのが一般的である．代表的な例として，アリル位アルキル化反応を見てみよう．

$[Pd(PPh_3)_4]$，$[Pd_2(dba)_3{\cdot}CHCl_3]$ といったゼロ価の錯体，あるいは $[Pd(OAc)_2]/PPh_3$，$[PdCl_2(PPh_3)_2]$ といった 2 価の錯体を，ホスフィンにより還元してゼロ価にしたパラジウム錯体に対し，ハロゲン化アリル，炭酸アリ

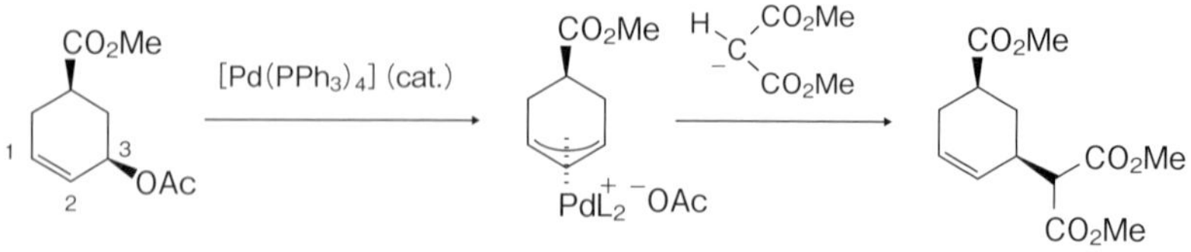

CO_2Me　[Pd(PPh_3)$_4$] (cat.)　CO_2Me　H–C$^-$(CO_2Me)$_2$　CO_2Me

1　3　OAc　2　PdL_2^+ $^-$OAc　CO_2Me　CO_2Me

図 3.16　アリル位アルキル化反応

ル，酢酸アリル等を作用させると，アリル化合物の二重結合部分にパラジウムが配位し，パラジウムが酸化的付加することで，π-アリルパラジウム錯体が生成する．ここに，マロン酸エステル等から発生させたカルボアニオンを作用させると，これが求核剤となり，炭素-炭素結合が生成すると同時に触媒が再生する．活性メチレン化合物から生じたソフトな求核剤は，アリル配位子がパラジウムに配位している面の反対から求核攻撃し，立体選択的に生成物を与える（図 3.16）．

アリル位の1位と3位が非対称なπ-アリル錯体への求核剤の攻撃は，通常置換基の少ない炭素に対して起こる．しかし，配位子の選択により，より込み入った炭素への付加を優先的に進行させることも可能となる．例えば，PPh_3と比較してよりかさ高く，電子求引性の配位子である$P(OPh)_3$を用いると，配位子とπ-アリル基との立体反発を避けるように配位子が位置し，配位子のトランス位に位置するπ-アリル炭素の求電子性が向上するため，結果として高い選択性で分岐型の生成物を与える（図 3.17）．

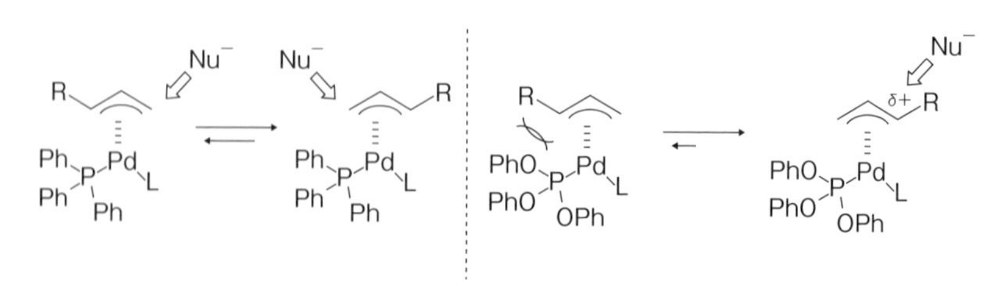

図 3.17　配位子による直鎖型／分岐型の制御

クロスカップリング反応

アルドール反応において交差アルドールが実現できたように，異なる有機化合物同士を選択的に反応させることができれば，合成反応としての価値は飛躍的に高まる．反応性の高いグリニャール試薬と有機ハロゲン化物との反応は，ニッケルや鉄などの触媒存在下，炭素-炭素結合を形成することは古くから知られていたが，グリニャール試薬同士の反応（ホモカップリング）が同時に進行するため，効率の良い方法ではなかった．1970年代になり，選択的な結合（クロスカップリング）を実現させる触媒，および反応剤が次々と報告され，医薬品合成や高機能素材の合成に大きなインパクトを与えた．特にこの分野においては日本人研究者の貢献が非常に大きく，「パラジウム触媒を用いたクロスカップリング反応の開発」に対し，アメリカのヘック（Heck, R. F.）（溝呂木-ヘック反応の開発）と共に，鈴木 章（鈴木-宮浦反応の開発），根岸英一（根岸カップリング反応の開発）両名が2010年ノーベル化学賞を受賞している他，多くの日本人の名前を冠した反応が知られている（**図3.18**）．

反応機構としては，パラジウムやニッケルをはじめとした遷移金属触媒Mがハロゲン化アリール等に酸化的付加をした後，カップリングパートナーである有機金属種上にあった官能基が金属交換を行う形で遷移金属触媒上に転移し，還元的脱離により新たな炭素-炭素結合を形成する（**図3.19**）．

メタセシス反応

「メタセシス」とは「位置を交換する」という意味のギリシャ語に由来し，広義には $NaCl + AgNO_3 \rightarrow NaNO_3 + AgCl\downarrow$ のような無機塩の生成反応も含まれるが，有機反応でいえば，**図3.20**に示すようなアルケン同士の結合の組換えが起こる反応のことを指すのが一般的である．

なお，官能基間での炭素-炭素結合組換えを意味するため，アルカンメタセシスやアルキンメタセシスも起こり得るが，それほど多くの例がなく，一般的にメタセシス反応といえば「オレフィン（アルケン）メタセシス」のことを指す．

メタセシス反応自体は，1964年，ナッタ（Natta, G.）らにより見いだされた，モリブデンやタングステンとアルミニウムとの複合触媒（一種のチーグラー

辻-トロスト (Tsuji-Trost) カップリング (1965 年, 1973 年)

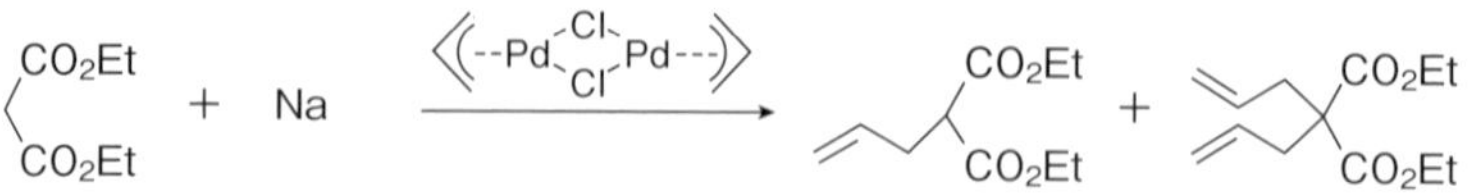

$CH_2(CO_2Et)_2$ + Na $\xrightarrow{[Pd(\mu\text{-}Cl)(allyl)]_2}$ allyl-$CH(CO_2Et)_2$ + (allyl)$_2C(CO_2Et)_2$

高知-フュルスナー (Kochi-Fürstner) カップリング (1971 年, 2002 年)

$n\text{-}C_6H_{13}MgBr$ + vinyl-Br $\xrightarrow{FeCl_3\ (cat.)}$ vinyl-$n\text{-}C_6H_{13}$

溝呂木-ヘック (Mizoroki-Heck) カップリング (1971年, 1972年)

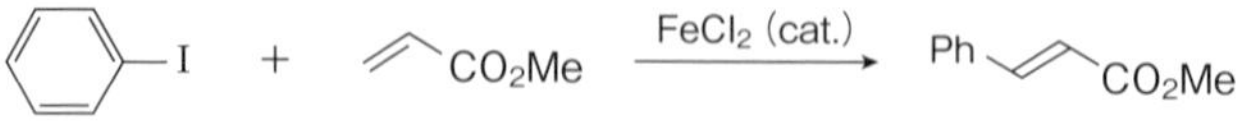

Ph-I + $CH_2{=}CHCO_2Me$ $\xrightarrow{FeCl_2\ (cat.)}$ $PhCH{=}CHCO_2Me$

コリウ-熊田-玉尾 (Corriu-Kumada-Tamao) カップリング (1972 年)

EtMgBr + Cl-Ph $\xrightarrow{[NiCl_2(dppe)]\ (cat.)}$ Et-Ph

村橋 (Murahashi) カップリング (1975 年)

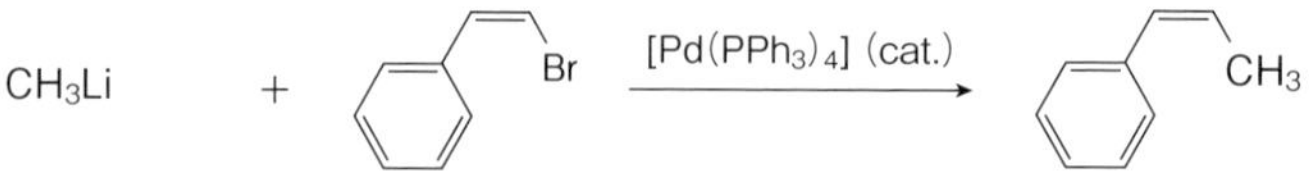

CH_3Li + PhCH=CHBr $\xrightarrow{[Pd(PPh_3)_4]\ (cat.)}$ PhCH=CHCH_3

薗頭-萩原 (Sonogashira-Hagihara) カップリング (1975 年)

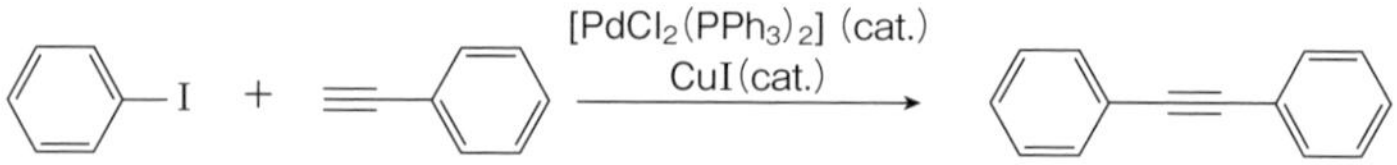

Ph-I + HC≡C-Ph $\xrightarrow[CuI(cat.)]{[PdCl_2(PPh_3)_2]\ (cat.)}$ Ph-C≡C-Ph

根岸 (Negishi) カップリング (1977 年)

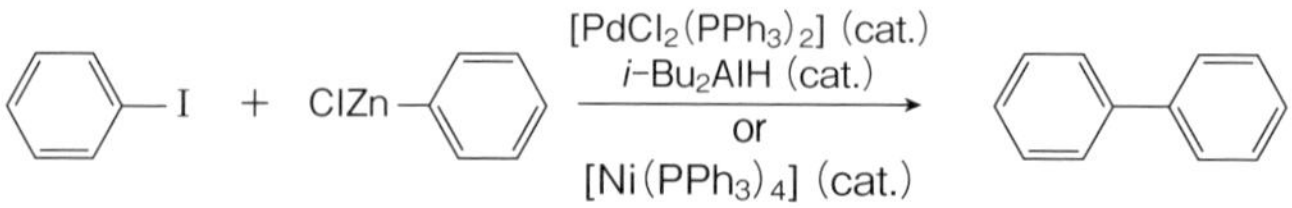

Ph-I + ClZn-Ph $\xrightarrow{[PdCl_2(PPh_3)_2]\ (cat.),\ i\text{-}Bu_2AlH\ (cat.)\ \text{or}\ [Ni(PPh_3)_4]\ (cat.)}$ Ph-Ph

右田-小杉-スティル (Migita-Kosugi-Stille) カップリング (1977 年, 1978 年)

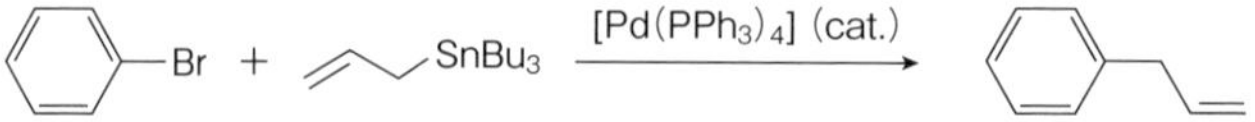

Ph-Br + $CH_2{=}CHCH_2SnBu_3$ $\xrightarrow{[Pd(PPh_3)_4]\ (cat.)}$ $PhCH_2CH{=}CH_2$

鈴木-宮浦 (Suzuki-Miyaura) カップリング (1979 年)

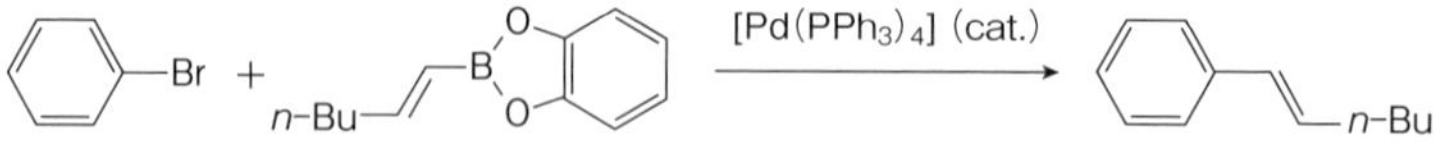

Ph-Br + n-BuCH=CH-B(catecholate) $\xrightarrow{[Pd(PPh_3)_4]\ (cat.)}$ PhCH=CH-n-Bu

檜山 (Hiyama) カップリング (1988 年)

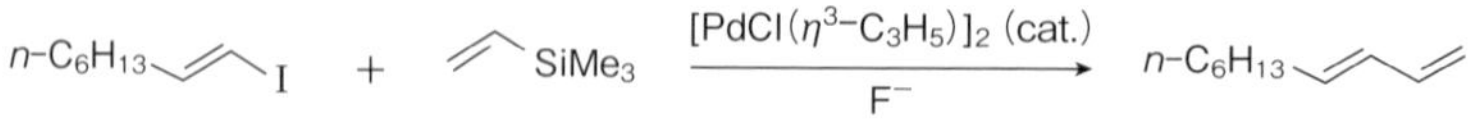

$n\text{-}C_6H_{13}CH{=}CHI$ + $CH_2{=}CHSiMe_3$ $\xrightarrow[F^-]{[PdCl(\eta^3\text{-}C_3H_5)]_2\ (cat.)}$ $n\text{-}C_6H_{13}CH{=}CHCH{=}CH_2$

図 3.18　様々なクロスカップリング反応

$$\mathrm{R{-}X} + \mathrm{R'{-}M'} \xrightarrow{\text{cat. (M)}} \mathrm{R{-}R'} + \mathrm{X{-}M'}$$

M
R'−M'
−M
R−M−X → R−M−R'
X−M'

図 3. 19　クロスカップリング反応のメカニズム

$$\mathrm{A{=}B} + \mathrm{C{=}D} \xrightarrow{\text{cat.}} \mathrm{A{=}C} + \mathrm{B{=}D}$$

E–C≡ + G=F $\xrightarrow{\text{cat.}}$ E, F=G

図 3. 20　メタセシス反応

(Ziegler)-ナッタ触媒）による，シクロブテンやシクロペンテンの重合反応が最初の例であるが，この時点ではこれがメタセシス反応であることは不明であった．1971 年になり，ショーヴァン（Chauvin, Y.）らによりカルベン錯体とアルケンとの［2＋2］環化付加反応による機構が提唱された（**図 3.21**）．反応機構を見て分かる通り，メタセシス反応は平衡反応であるため，反応を進行させるためには，副生する基質をエチレンガスとして系外に除くといった工夫が必要である．前項で述べたカップリング反応では金属塩が副生したが，メタセシス反応ではそのようなことがないため，非常にクリーンな反応といえる．

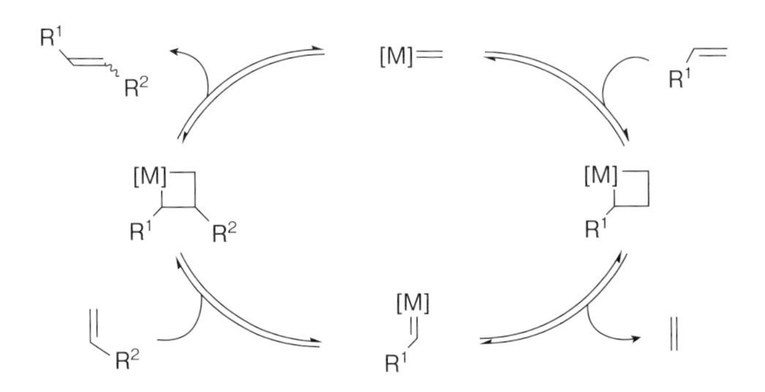

図 3. 21　オレフィンメタセシス反応の反応機構

ノーベル賞を受賞した触媒

1990年，シュロック（Schrock, R. R.）らは，活性の非常に高いモリブデンを中心金属とするイミドアルキリデン錯体（シュロック触媒：A）を開発した．一方，グラブス（Grubbs, R. H.）らは，反応性自体はそれほど高くないものの，ルテニウムアルキリデン錯体（グラブスⅠ：B）がアルケンメタセシス反応において，高い官能基選択性を持つことや，錯体自体が水や空気に比較的安定であることを見いだした．その後，水や空気に対する安定性を高めた触媒（グラブスⅡ：C）や，これらを改良し，活性および安定性をさらに高めた触媒（ホベイダ-グラブスⅠ：DおよびⅡ：E）が次々と開発されている（図）．化学合成への大きなインパクトと多大なる寄与から，2005年のノーベル化学賞はショーヴァン，グラブス，およびシュロックに授与されている．

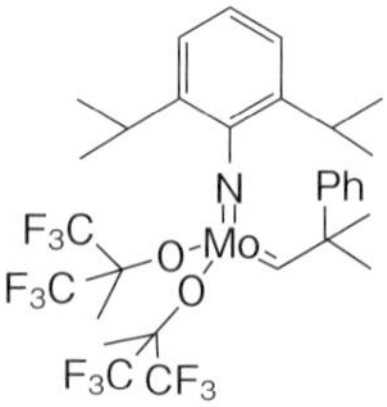

シュロック：A 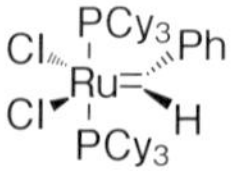　グラブスⅠ：B 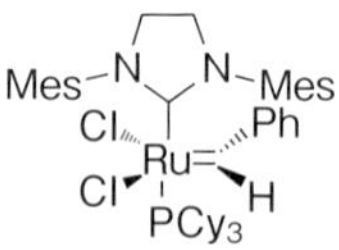　グラブスⅡ：C

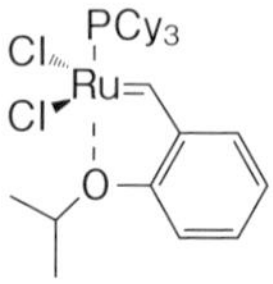

ホベイダ-グラブスⅠ：D 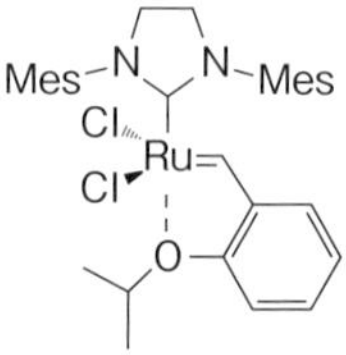　ホベイダ-グラブスⅡ：E

図　オレフィンメタセシス反応に有効な触媒

炭素-水素結合直接官能基化

クロスカップリング反応の項で示した通り，触媒的官能基導入を行う場合，ハロゲンのような官能基を必要な位置にあらかじめ導入しておき，そこから酸化的付加を行うことで位置選択的な有機金属中間体を発生させ，望む位置での炭素-炭素結合生成反応を行うことができる．しかし，この手法では，望む結合生成反応の前段階としてハロゲンのような活性基の導入が必要となり，結合生成段階でも化学量論量のハロゲン塩が副生することになる．活性な官能基を経ることなく，直接炭素-水素結合を切断し活性化することができればよいが，C-H 結合の結合解離エネルギーは 350～430 kJ mol^{-1} 程度と大きく，非常に困難であった．

この反応にとって重要な，C-H 結合が切断された錯体は，1960 年代から報告されてはいたが，有機合成に応用されることは稀で，化学量論量の錯体が必要となる例がほとんどであった．触媒量の金属触媒による C-H 結合の切断を利用した C-C 結合生成反応の先駆的な例は，1978 年，ホン (Hong)，山崎，藺頭，萩原により報告された，ケテンとベンゼンとの反応である (図 3.22)．

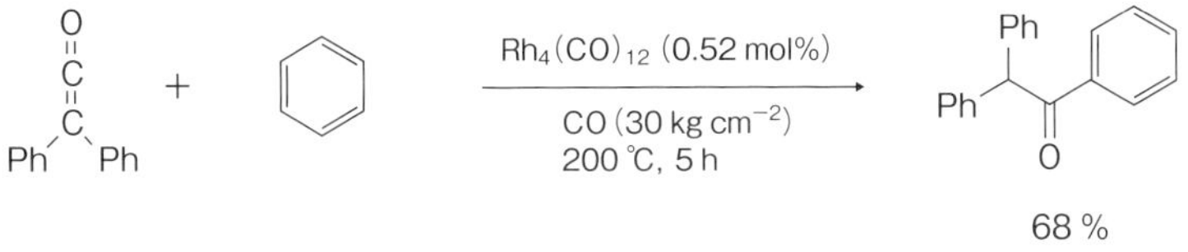

$Ph_2C{=}C{=}O$ + ベンゼン → ($Rh_4(CO)_{12}$ (0.52 mol%), CO (30 kg cm^{-2}), 200 ℃, 5 h) → $Ph_2CHC(=O)Ph$ 68 %

図 3. 22　ベンゼンへの直接的付加反応の例

その後，遷移金属錯体を用いた C-H 結合の切断反応が，様々なアプローチより検討されたが，活性化と位置選択性の制御が困難であり，様々なクロスカップリング反応が開発された時代と相まって，大きな発展は見られなかった．しかし，1993 年，村井らにより高効率かつ位置選択的に進行する芳香環のアルキル化が見いだされたのを契機に，その合成的価値から再び活発に研究が進められている．この反応では，カルボニル基が金属へ配位することにより，高い位置選択性を実現している．反応機構に関する研究も行われており，ルテニウム錯体への酸化的付加は比較的進行しやすく可逆的であること，反応の律速段階は還元的脱離過程であることが実験的に示されている (図 3.23)．近年では，より不活性なアルカンの選択的 C-H 結合の切断反応に注目が集まっており，

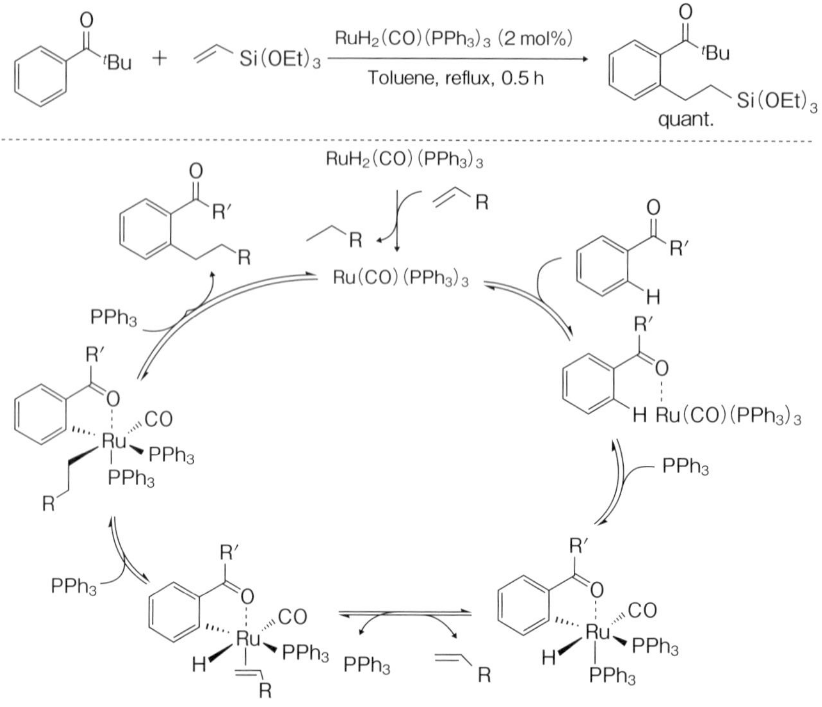

図 3.23　芳香族ケトンの α 位選択的なアルケン付加反応

生物模倣的な酸化反応や脱水素反応よるアルケンの合成，アルカンからのカルボニル化反応等様々な反応が開発されている．

3.1.4　不斉金属錯体触媒

有機化学において立体化学を学ぶ過程で，**鏡像異性体**（**エナンチオマー**）について言及されているはずである．いわゆる「右手と左手の関係」のように，完全に重ね合わせることができない異性体のことである．二つの鏡像異性体は，沸点・融点や密度といった物理的性質は全ての項目で同一である．唯一，偏光を試料溶液に通過させたときに，偏光面が同じ角度だけそれぞれ逆に回転する（**光学活性体**と呼ばれるゆえんである）．エナンチオマーの分離は困難であるため,医薬品合成において,たとえ片方のエナンチオマーのみが薬効を持っていたとしても,かつては両者の混合物であるラセミ体が市販されていた.しかし,1960年代のサリドマイド事件を一つの契機として,現在では生体内で素早く光学活性が失われる(ラセミ化する)ことを示さない限り,活性な光学活性体のみを合成することが求められている.

エナンチオマーの片方を合成する手法として,大きく四つのアプローチが知られている.一つ目は酵素などを用いたプロキラルやメソ化合物の変換であるが,この手法は基質特異性が高いために反応の一般性に欠ける.二つ目はラセミ体の光学分割や速度論的光学分割が挙げられる.光学分割は古くから優先結晶析出法などが知られているが,結晶性に大きな差がないとロスが多いなどの問題点もある.近年では動的な速度論的光学分割も開発されているが,未だその例は少なく,単純な分割の場合,目的物が最高でもラセミ体の50%しか得られず,もう一方のエナンチオマーも廃棄しなくてはならない.一方,キラルカラムを担体とした高速液体クロマトグラフィー法などは,分離条件を選べばラセミ化合物を直接分離でき,光学純度の高い両エナンチオマーを入手できることから,有用な手法の一つであると考えられる.三つ目は天然のキラルプールから目的物を誘導する方法である.あらかじめ絶対立体配置の確定した不斉点を利用できる点が有利だが,必ずしも目的の絶対立体配置を持つものを入手できるというわけではない.四つ目がプロキラル化合物からの**不斉合成**である.不斉合成は生物的手法に比べ基質に対する適用範囲が広く,反応における選択性の予想が可能であるという利点がある.

不斉合成の概念はフィッシャー(Fischer, H.E.)らにより初めて有機合成化学に取り入れられ,1960年以降の精力的な研究によって,この分野は非常に急速な進歩を遂げた.現在までの不斉合成反応は,不斉源の扱い方により大きく四つに分けることができる.1)一つ目は不斉源が共有結合によりあらかじめ反応基質に導入されている反応であり,従来の不斉合成反応のほとんどがこのタイプの反応である.不斉源が直接共有結合で結ばれているため立体の制御が行われやすく,高選択性が得られる例が多い.しかし,あらかじめ不斉源を反応基質に導入する工程および，反応終了後に不斉源を反応基質から除去する工程が必要になる．2）二つ目は不斉源を反応基質の配位子として用いる反応で，1）で挙げた基質に不斉源を導入・除去する操作を必要としないという利点がある．一方，近年活発に研究されているのは，3）化学量論量のキラルな反応促進剤を用いる反応と，4）その促進剤を触媒量にまで低下させた不斉触媒反応である．特に**触媒的不斉合成**は，光学活性化合物を最も効率的に提供する手段を提供する．すなわち，ごく少量の不斉源から理論的には無限個の光学活性化合物を合成することができ，反応の効率という点で究極に位置するものである．本手法では，不斉反応と触媒反応のそれぞれに求められている条件を同時に満たすことが要求されるため，高い選択性を与えるための反応設計が極めて困難である．しかし，近年求められている**アトムエコノミー**（atom economy）（**原子経済**または**原子効率**（atom efficiency）とも呼ばれる）の観点からも極めて活発に研究の行われている分野である．

触媒的不斉合成を達成するうえで最も単純かつ基本的な考えは，金属錯体に用いる配位子を**不斉配位子**に変えることである．前項で詳述した遷移金属触媒は，中心金属に多くの配位子を有しており，反応の過程で脱離する配位子も存在するが，幾つかの配位子は金属に配位したままで存在し，触媒の安定化に寄与しているのみである．そこで，この配位子に不斉環境を持たせることで，基質が反応する面の制御が可能となる．

1980年，高谷，野依らは，面不斉を有するリン配位子（BINAP）を不斉配位子として用いるロジウム触媒存在下，α-(アシルアミノ）アクリル酸の不斉還元反応が，高収率かつ高エナンチオ選択的に進行することを報告した（**図3.24**）．

また，モンサント（Monsant）社の研究員であったノウルズ（Knowles, W.S.）は，*N*-アセチルデヒドロアミノ酸の不斉水素化に適した配位子探求を行い，高い選択性を発現するロジウムカチオン触媒［(*R*, *R*)-DIPAMP(cod)］BF_4を開発，パーキンソン病治療薬であるL-DOPAの原料を高収率・高エナンチオ選択的に合成する手法を見いだした（**図3.25**）．

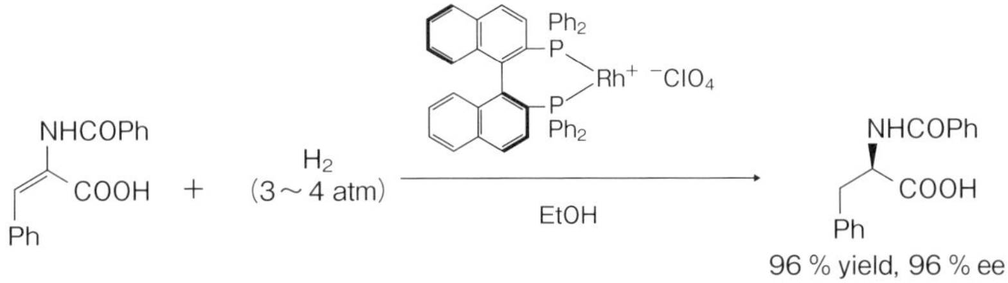

図 3.24 ロジウム触媒を用いる触媒的不斉還元反応
ee = 鏡像体過剰率 (enantiomeric excess)

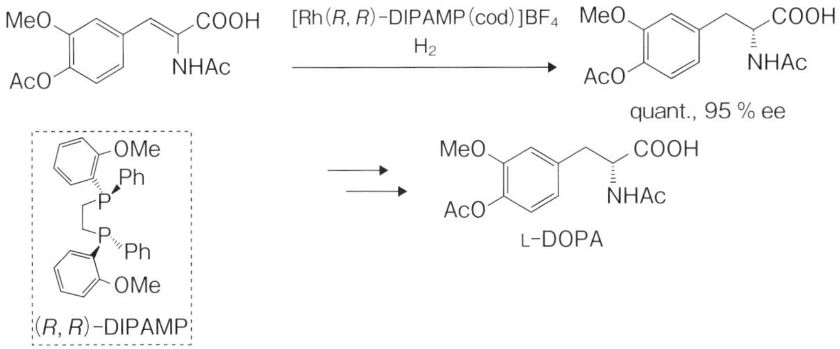

図 3.25 L-DOPA のエナンチオ選択的合成 (quant. = 定量的)

還元反応のみならず酸化反応に関しても，適切な配位子を用いることで，触媒的不斉合成が可能となる．1980 年，香月およびシャープレス (Sharpless, K. B.) は，チタン酸テトライソプロピルと酒石酸ジエチルの 1:1 混合触媒存在下，種々のアリルアルコールのアルケン部分が高選択性を持っており，*t*-ブチルヒドロペルオキシドによりキラルエポキシドに酸化できることを見いだした (**図 3.26**)．図 3.26 右下に示したチタン (Ⅳ) 二核錯体が結晶として単離されており，溶液中でもこの二核錯体が触媒として働いている．反応機構としては，チタンのアルコキシ部分がアリルアルコールおよびペルオキシドアニオンと順次交換し，[ ] 内で示したスピロ構造 (一つの原子を接点とする二環性構造のことで，この場合酸素原子を交点とする ∞ 部分) を持つ遷移状態を経て，アルケンがエポキシドに酸化される．不斉源である酒石酸は，ルイ・パスツール

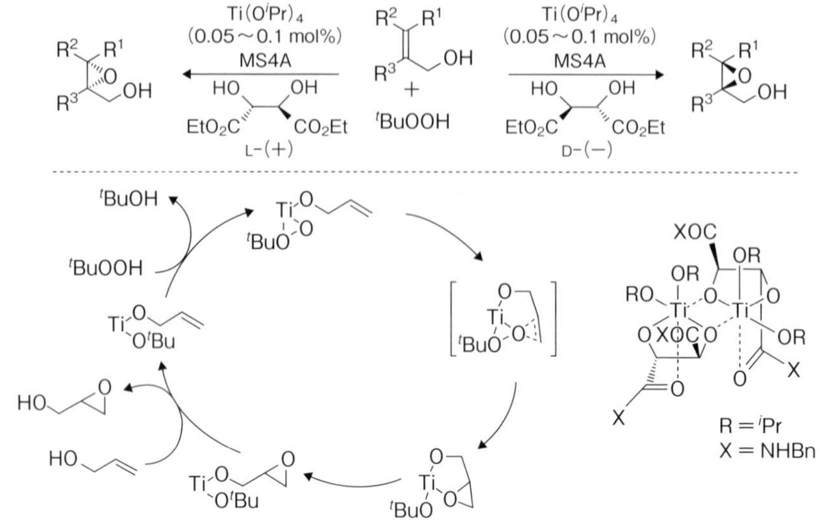

図 3. 26 香月-シャープレス酸化反応

(Pasteur, L.) が鏡像異性体を発見するに至った歴史的な化合物であり，それを用いて触媒的不斉合成に発展できたことは興味深い．得られた化合物はアルコールおよびエポキシドが様々な官能基に変換可能なため，この香月-シャープレス酸化反応は大変有用であり，天然物の不斉合成をはじめ，様々な分野で用いられている．2001 年に野依，ノウルズ，シャープレスは，「触媒的不斉反応の開発」に対してノーベル化学賞を授与されている．

ルイス酸触媒を説明するうえで，アルドール反応の開発の歴史を例に挙げたが，ルイス酸触媒を用いる触媒的不斉合成は，遷移金属触媒を用いた場合と比べ，より困難であることが予想される．先にも述べたように，不斉合成を達成するうえで中心金属に不斉配位子が配位している必要があるが，ルイス酸触媒は，カルボニル基をはじめとする求電子剤にも配位することによって活性化しなくてはならない．このことはつまり，配位子として求電子剤の存在下でも剝がれることのない，強い配位能力が必要であるということを意味している．活性中心金属に対し強い配位能力を持つということは，電子供与性を持つことに他ならず，触媒から見ると，中心金属のルイス酸性が抑えられ，充分な反応活性を示さなくなる可能性をはらんでいることになる．実際，触媒的不斉アルドール反応が開発されるまでは，例えば，キラルなアミノ酸由来の不斉補助基を求核剤に導入し，化学量論量のホウ素試薬と塩基により系中でキラルホウ素エノラートを発生させ，これにアルデヒドを加えることで達成する不斉交差アルドール反応が主に行われていた．当然，不斉補助基はこの後のステップで除去する必要があり，触媒および不斉源が化学量論量必要となる点から，その触媒化が強く望まれていたが，ルイス酸触媒を用いる触媒的不斉アルドール反応の最初の報告は1990年になるまで待たねばならなかった．

1982年，向山らは，ケトンに第三級アミンおよびスズ(Ⅱ)トリフラートを作用させ，系中で発生させたスズエノラートに対し，プロリンから誘導されたキラルジアミンを作用させると，キラルなジアミンはスズに配位し，キラルなスズエノラートが生成することを見いだした．これに，低温下でアルデヒドを作用させることで不斉交差アルドール反応が進行し，目的とするβ-ケトアルコールを高選択的に合成できることを報告した(**図3.27上**)．その後，ルイス酸触媒の項でも述べた，安定に単離精製ができるケイ素エノラートを求核剤とする化学を展開していくうえで，1990年になり，キラルなスズ(Ⅱ)トリフラー

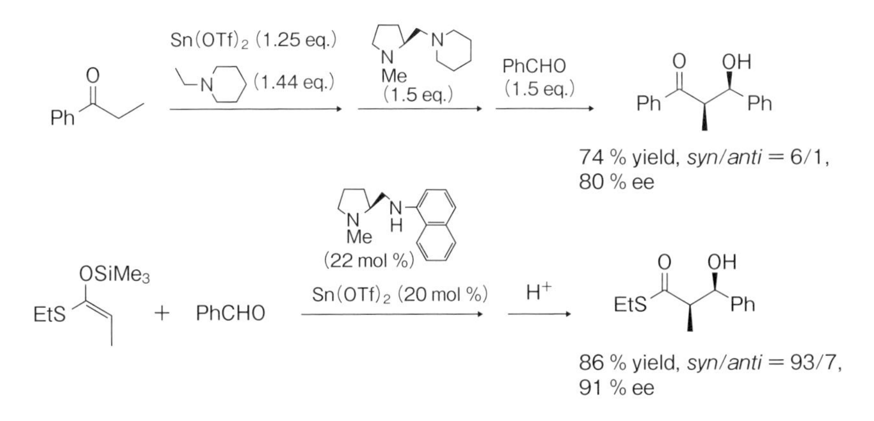

図3.27　キラルルイス酸触媒を用いる不斉向山アルドール反応

ト触媒存在下，アルデヒドに対しケイ素エノラートをゆっくりと添加することで，触媒量のキラルルイス酸触媒でも高収率かつ高選択的に反応が進行することを見いだした（図 3.27 下）．

その後，ルイス酸触媒を用いる反応開発の発展に伴い，キラルルイス酸触媒も発展を遂げており，含水溶媒中でも機能するキラルルイス酸触媒や，イミン等の含窒素化合物に対しても失活せずに機能するキラルルイス酸触媒等が開発されている．1997 年には柴崎らにより，ケイ素エノラートを用いないケトンとアルデヒドとの直接的不斉アルドール反応が達成された（図 3.28）．

向山アルドール反応にはすでに述べたように数々の利点があるが，一方，反応に用いるケイ素エノラートを，対応するカルボニル化合物から調製する必要がある．ここでは，化学量論量の塩基とケイ素化剤が必要となる．これに対して，上記の直接的不斉アルドール反応では，ケトンから直接的に目的とするアルドール体を得ることができる．この反応は，後述するプロリンを触媒とするアルドール反応の開発において，重要な影響を与えた．

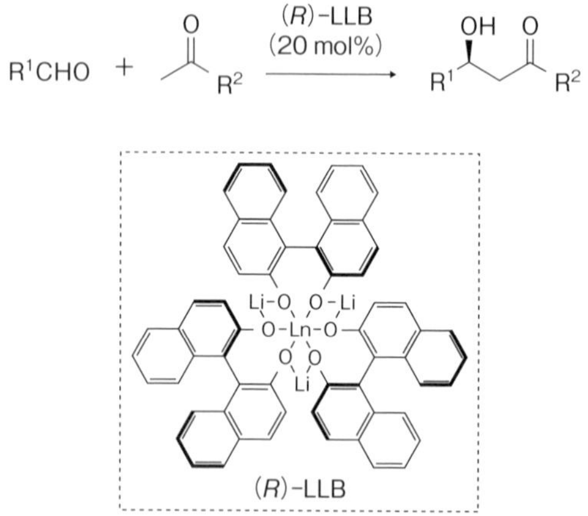

図 3.28　ケトンとアルデヒドとの直接的不斉アルドール反応

3.2 有機分子触媒

3.2.1 有機分子触媒とは

有機分子触媒は，主に炭素・水素・窒素・酸素といった元素で構成される触媒作用を持つ有機化合物群のことを指す．「有機分子触媒」という用語自体は，ルイス酸触媒や典型金属錯体触媒に対して，「非金属触媒」を表す用語として最近提唱された言葉であるが，このような“金属を含まないが触媒としての働きをする分子”は古くから知られている．例えば，アシル化反応に用いられる *N*, *N*-ジメチルアミノピリジンや，加水分解反応に用いられる *p*-トルエンスルホン酸などは触媒作用を示す有機化合物であり，有機化学の教科書でも扱われている．また，次節で詳述する酵素の多くは金属元素を含んでおらず，アミノ酸の三次元的な空間配列により，巧みな分子認識・反応選択性をもって，望みの生体化学反応を触媒している．

生体分子を模倣した有機合成反応の開発は古くから行われており，1970 年代初頭にアミノ酸の一種であるプロリンを触媒とする不斉ロビンソン（Robinson）環化反応が報告されている（図 3.29）．しかし，アミノ酸が有機溶媒に溶解しにくいためであろうか，均一系金属触媒の開発が花開いた当時はほとんど注目されなかった．

その後，溶解性の問題を解決すべく，天然のキラルアミンであるシンコナアルカロイド由来のキラル相間移動触媒を用いた，不斉アルキル化反応等が報告されているが，原料が天然物のため，さらなる反応性・選択性を目指した誘導

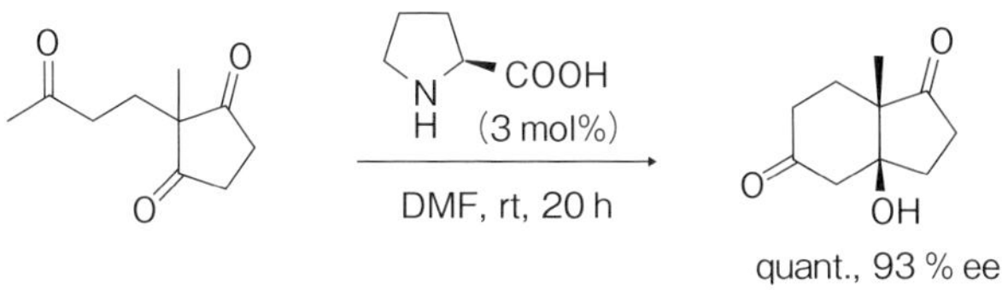

COOH
(3 mol%)
DMF, rt, 20 h
quant., 93 % ee

図 3.29　L-プロリンを触媒とする触媒的不斉ロビンソン環化反応

化による触媒設計が困難であった．これらの問題を解決し，金属触媒と比肩し得る実用的な触媒が1999年の丸岡の報告を皮切りに次々と開発され，現在の有機合成反応におけるホットワードの一つとなっている．

酵素や金属触媒と比べて有機触媒の一般的な特徴として，(1) 化学的に安定であり，多くの場合空気や水が存在していても反応を行うことが可能，(2) 比較的低分子有機化合物のため合成が容易，かつ，誘導体や類縁体のデザインが行いやすい，(3) 製薬プロセスでしばしば問題となる，生成物中の金属の混入が起こらない，加えて廃棄物の環境負荷が低い，(4) 触媒の回収や再利用が容易，等が挙げられ，グリーンケミストリー (5.6節参照) の観点からも，工業的な生産レベルへの発展が期待されている．

3.2.2 有機分子触媒を用いた反応例

1999年に丸岡らは，ビナフチル骨格を持つN-スピロ型キラル相間移動触媒を報告した．相間移動触媒反応は，水と混じらない有機溶媒および水との二相系の界面で働く触媒で，石けんに類する界面活性剤の一種と考えると分かりやすいであろう．相間移動触媒は水や大気下でも安定に作用するため，工業的な展開が容易に行えるという利点がある反面，不斉触媒の開発は21世紀を目前にしてもなお困難な課題であった．テトラアルキルアンモニウム塩は有用な触媒骨格であったが，キニーネやその類縁体より誘導した天然由来のキラルアンモニウム塩では目的物の選択性が低く，触媒の類縁体の合成もバリエーションが限られていた．それに対し丸岡らは，これまで様々な金属触媒の不斉源として用いられてきた光学活性ビナフトールより多段階で合成したデザイン型キラルアンモニウム塩が，グリシン誘導体の不斉アルキル化に極めて有効な触媒であることを見いだした (**図 3.30**)．得られた目的物はアミノ基およびカルボン酸が保護されたα-アミノ酸であり，望みの非天然アミノ酸を合成する強力なツールとなり得る．この触媒はその後，直接的なアルドール反応によるβ-ヒドロキシ-α-アミノ酸の不斉合成や，マンニッヒ反応など様々な反応にも有効であることが見いだされたため，有機分子触媒の有用性が大きく広がることと

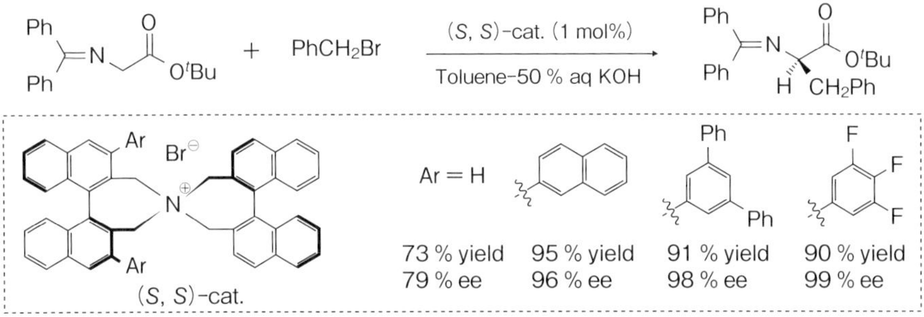

図 3. 30　キラル相間移動触媒を用いた不斉アルキル化反応

なった．

一方，2000 年になり，プロリンを触媒とする分子間アルドール反応がリスト (List, B.) らにより（図 3.31），キラルイミダゾリジノンを触媒とするディールス-アルダー反応がマクミラン (MacMillan, D. W. C.) らにより（図 3.32），相次いで報告された．これらは共に，カルボニルと触媒の第二級アミンが反応し脱水することにより，イミニウムイオン（カルボニル α 位に水素がある場合はエナミン）を中間に経ている．エナミンは，前節のルイス酸による活性化によるエノラートの発生と同様で，最高被占軌道 (HOMO) を上昇させ，容易に求

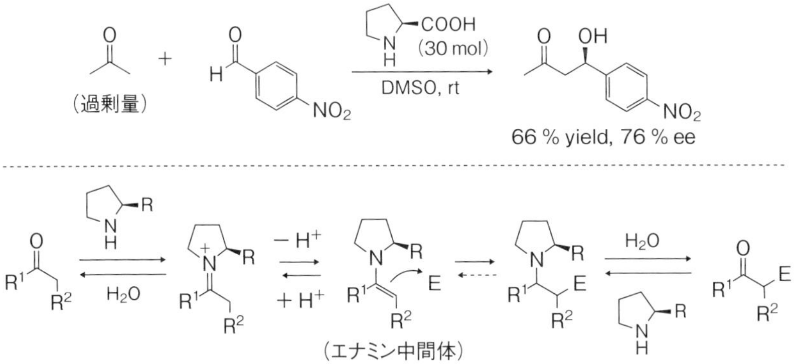

図 3. 31　プロリンを触媒とする分子間アルドール反応と一般的な反応機構

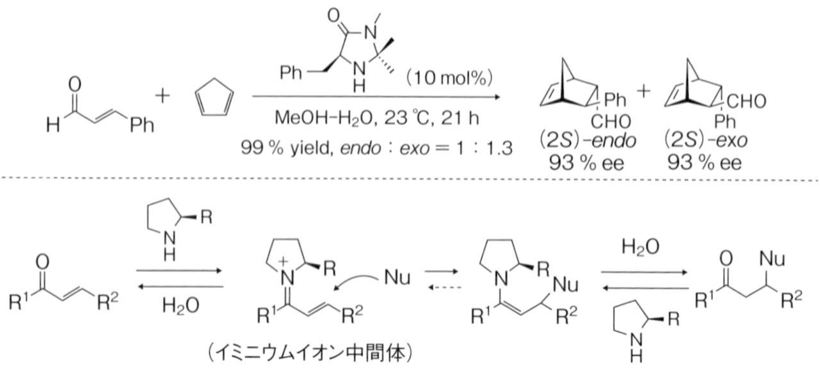

Ph
(10 mol%)
MeOH–H2O, 23 ℃, 21 h
99 % yield, endo : exo = 1 : 1.3
Ph
CHO
(2S)-endo
93 % ee
CHO
Ph
(2S)-exo
93 % ee
H2O
Nu
(イミニウムイオン中間体)

図 3.32　キラルイミダゾリジノンを触媒とするディールス-アルダー反応と一般的な反応機構

電子剤と反応するように働き，イミニウムイオンは，ルイス酸の配位によるカルボニルの活性化と同様で，最低空軌道（LUMO）の低下により活性化し，容易に求電子剤となるように働く．反応後は，系中に存在している水と反応することにより触媒が再生される．

ルイス酸触媒と有機触媒の相違点

21 世紀以降，有機触媒を用いる数多くの優れた反応が開発されている．有機触媒が多くの研究者を引きつけた理由として，(1) 金属錯体触媒と比べ，触媒が有機化合物であるため錯体の安定性などを考慮する必要がなく，反応開発が比較的容易である．(2) 活性化の機構やメカニズム等，これまでに開発されてきた触媒反応における知識の蓄積が活かせる．(3) 計算化学の普及により分子設計が比較的容易に行えるようになった，等が挙げられる．

ルイス酸触媒による反応と，有機触媒による反応の相違点を見てみよう．まず，図 3.31 および図 3.32 で述べた反応機構における基質活性化の原理を考察してみると，ルイス酸触媒反応で培ってきた原理とほぼ同じであることが分かる（**図 1**）．しかし，有機触媒は単純な不斉環境でありながら比較的高い選択性が発現できる傾向があるが，その理由として，カルボニル基に対し配位結合で

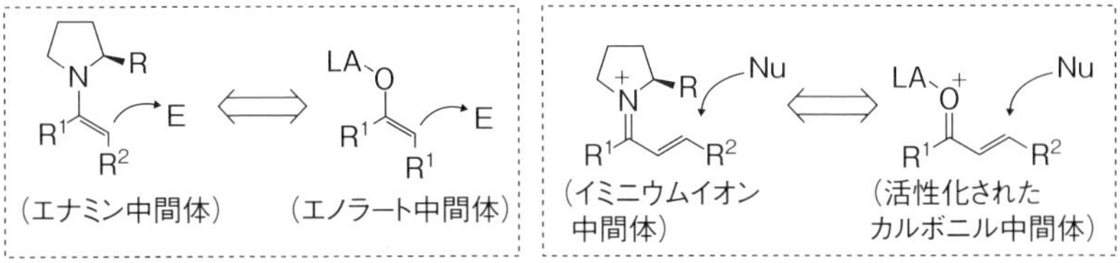

（エナミン中間体）　（エノラート中間体）　（イミニウムイオン中間体）　（活性化されたカルボニル中間体）

図 1　有機触媒による活性化（左側）とルイス酸触媒による活性化（右側）の対比

活性化していたルイス酸触媒に対し，有機触媒では共有結合（エナミンやイミニウムイオン中間体）で活性化するため，より強固な不斉環境を構築できることが挙げられる．

また，反応性に関しても，ルイス酸活性化機構では一般に配位過程と脱離過程とが速い平衡状態にあるのに対し，イミニウムイオン中間体は触媒と基質が脱水過程を経て生成しているため，原型に戻るためには水分子の付加反応が必要であり，それ故，平衡状態ではあるもののこのイミニウム中間体は系中で安定に存在でき，実際，多くはその存在が分光学的手法で確認されている．そのため，例えばイミニウムイオン特有の UV 吸収を観測し，求核剤との反応によりイミニウムイオンが減少していく過程を反応速度論で追跡することにより，どのイミニウムイオン中間体が高い反応性（求電子性）を示すかということが定量的に議論できる．例えば，シンナムアルデヒドと求核剤（ケイ素エノラート）との反応において，各触媒でどれだけ求電子性が変わるかを計測した結果，イミダゾリジノン触媒の反応性が最も高くなることが見いだされた（**図 2**）．

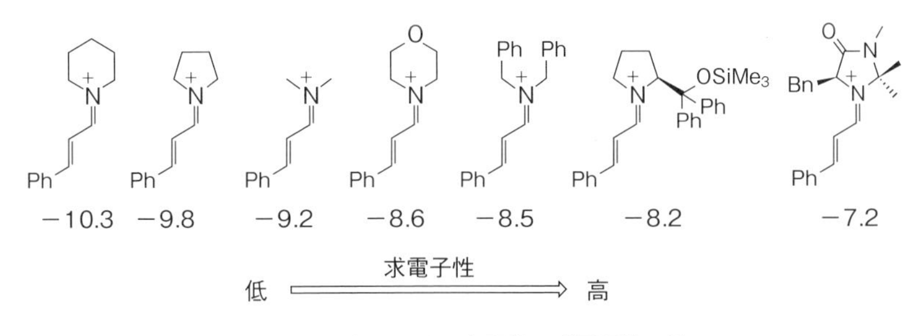

図 2　イミニウムイオン中間体の求電子性の違い

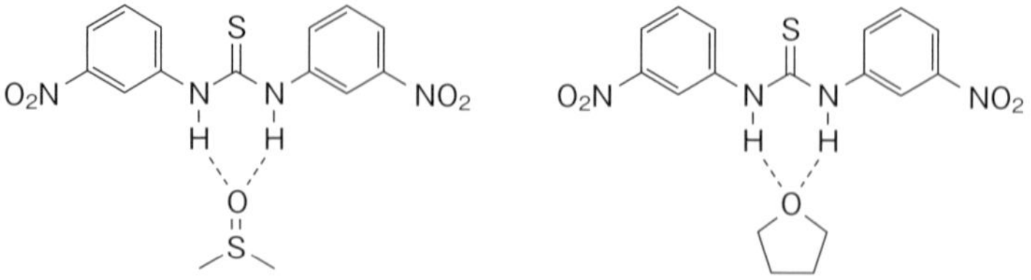

図 3.33　チオ尿素によるスルホキシドやエーテルの錯体

これまで紹介してきた分子触媒は，プロリンやイミダゾリジノンのようにカルボニル基と反応して活性中間体を経ていたが，ブレンステッド酸触媒のようにプロトンを放出することのできる分子は，電子供与性の化合物を活性化することができる．例えば，尿素やチオ尿素は，ホスフィンオキシドやスルホキシド，エーテル等の電子供与性官能基部分を認識して，水素結合により錯体を作ることが知られている（図 3.33）．

図 3.33 に示すように，チオ尿素構造は求電子官能基を活性化することができるため，カルボニルやイミン等を活性化することが期待される．実際，2002年，ヤコブセン（Jacobsen, E. N.）らは，イミンとケイ素エノラートとのマンニッヒ反応において，キラルチオ尿素触媒が効果的な不斉環境を与え，高収率かつ高エナンチオ選択的に目的物を与えることを報告している（図 3.34）．

図 3.34 で用いられた触媒は，酵素の活性中心のごとく高度かつ緻密に設計されているが，求核剤自体は活性化していない．しかし，チオアミド上の水素原子がプロトンとして遊離せず，図 3.33 のように基質を固定化しているので

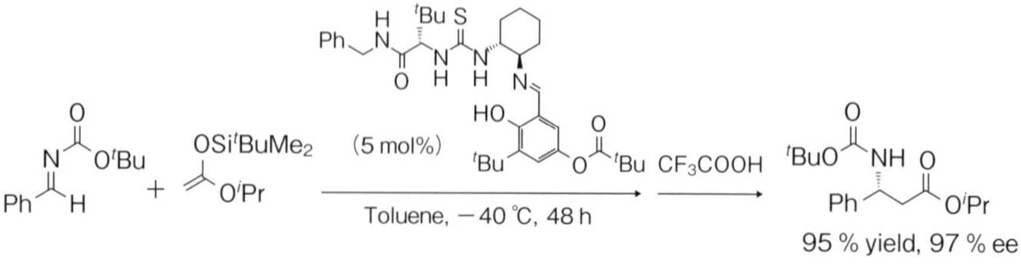

(5 mol%)　Toluene, −40 ℃, 48 h　CF_3COOH

95 % yield, 97 % ee

図 3.34　キラルチオ尿素触媒を用いた不斉マンニッヒ反応の例

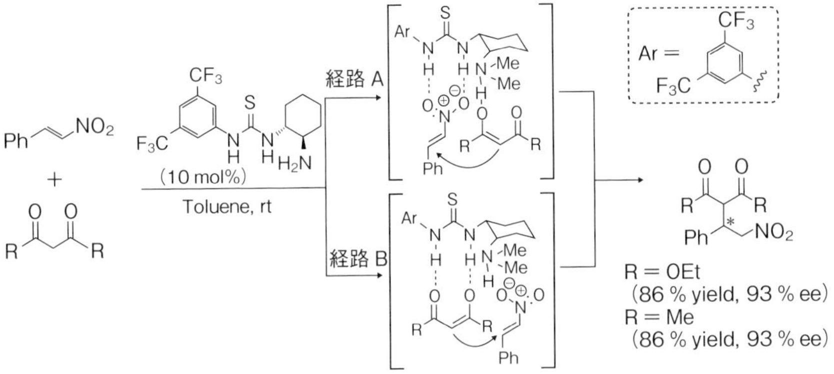

図 3.35　酸塩基複合型チオ尿素触媒を用いた両基質活性化

あれば，近傍に塩基があっても中和してお互いを不活性化することなく，協奏的に作用することができる．このような概念の触媒を**酸塩基複合型触媒**という．具体的な例としては，2003 年，竹本らにより開発された触媒が挙げられる（**図 3.35**）．この触媒では，チオ尿素部位がニトロアルケンのニトロ基に配位し，近傍のアミン部位が活性プロトンを引き抜いて求核攻撃する（経路 A），もしくはチオ尿素が脱プロトン化したエノールに配位し，プロトン化したアミン部分がニトロ基を活性化して求電子攻撃を受けやすくしている（経路 B），のいずれかであると考えられる．

ワンポットによる医薬品合成

有機触媒を用いた反応の応用例として，林らによる（−)-オセルタミビル（タミフル®）のワンポット合成を紹介する．医薬品有効成分（API）は，一般に多段階の化学合成を経て作られているため，その合成経路の選択には反応工程数，通算収率の他，原料の入手容易さや，工業的スケールでの反応再現性，不純物の組成等，様々な因子を考慮する必要がある．反応を行うにあたって，通常は溶媒に原料を溶かし，撹拌することで化学反応を進行させるため，反応終了時には適当な後処理によって溶媒を除く，あるいは不純物や未反応の原料を分離するといった操作が必要となる．一方，多段階の反応であっても，基質を時間差で順次投入し，一つの反応容器で最終生成物に導ければ，精製の操作は1回で済むため，後処理にかかる費用や時間を大幅に短縮することができる．このように，多段階の反応による合成を一つの反応釜（ポット）で行うことを「**ワンポット合成**」という．

林らは，自身の開発したプロリン誘導体を触媒とするオセルタミビルの短段階合成に取り組み，2009年に3ポット合成（反応停止・精製過程3回），2010年には2ポット合成を達成していたが，2013年に，原料の変更および条件の最適化を経て，7工程の反応をワンポットで合成することに成功している．林らが達成したオセルタミビルの過去の合成例では，一つの工程後に反応溶媒を留去し，別の溶媒に切り替える過程が多くあったが，ワンポットの合成反応では，クロロベンゼンを溶媒とし，順次試薬を投入することで，溶媒を変えることなく目的物まで誘導している（**図**）．

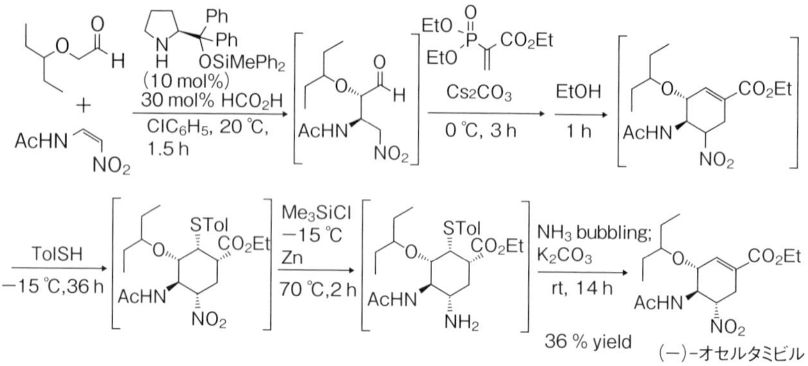

図 林らによるオセルタミビルのワンポット合成

3.3 酵素・抗体触媒

3.3.1 酵素・抗体触媒とは

味噌や醤油といった発酵食品の製造やワインの醸造など，人類は太古の時代から**酵素**を利用し生活を営んできた．酵素はひと言で表すと「化学反応を触媒するタンパク質」である．したがって，酵素自体は巨大な分子量を持つ有機分子触媒と見なすこともできる．1832年にジアスターゼ（アミラーゼ）が発見され，実はこれが酵素の最初の発見であったが，当時は「有機物は生命の助けを借りなければ作ることができない」という生気説が支配的であったため，長い間受け入れられなかった．当時の酵素は生命（細胞）から抽出するしかなく，酵素は加熱すると失活してしまうため，反応を促す原因が「細胞から抽出された分子」なのか「目に見えない生命」なのか，不明確であるとされた．ヨーロッパの学会を二分する議論が半世紀近く行われた後，19世紀終わりに生気説が完全に否定されたのを受け，酵素（enzyme）という言葉がようやく認知されるようになった．

「酵素という生命ではないもの」が，化学反応を触媒することが認知されてもなお，酵素の正体は不明であった．生命の神秘に魅せられた化学者が様々な反応へ展開させた結果，一般の有機化学反応とは異なり，酵素反応の特徴として**基質特異性**と**反応特異性**があることがわかってきた．いわゆる「鍵と鍵穴」の関係である（**図3.36**）．これは，漠然としたイメージであるが，その特徴を端的に表現しているといえよう．その後，1926年にウレアーゼの結晶化が行われ，酵素の実体がタンパク質であることが判明した．さらにその後のX線回折技術の向上に伴い，数多くの酵素の構造が特定され，酵素の作用メカニズムが明らかになると共に，生体内の分子構造が生命現象をいかに律するのかを研究する分子生物学や細胞生物学が花開いた．一方，酵素の活性中心が構成物質であるアミノ酸の空間配置に依存していることから，酵素を人工的に修飾した

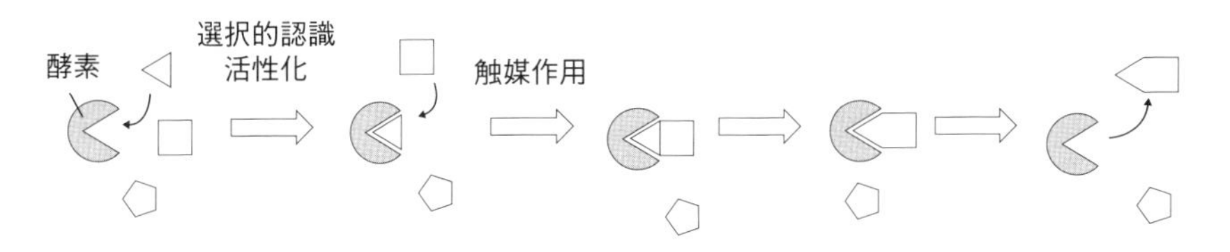

図3.36 酵素触媒による選択的反応

り，酵素と同様な機能を発現する分子を人工的に作り上げようとする研究も盛んに行われている．また，その応用例の一つとして抗体触媒が近年注目を集めている．

我々人類をはじめとする脊椎動物の免疫機構の一つに，**抗体**が関与する感染防御機構がある．抗体は糖タンパク質（免疫グロブリン）であり，体内に侵入してきた異物を認識するうえで目印となるタンパク質（抗原）を認識し，特異的に結合する．一つの抗体は一つの抗原しか認識できないため，人間の体内には $10^8 \sim 10^{12}$ 種類にもおよぶ抗体を備えることで病原となる異物に対応している．ここで，ある反応の遷移状態に近い構造を認識できる抗体があれば，その抗体の認識部位付近に基質が近づいたときのみ「鍵穴に適切な鍵がはまる」がごとく反応が進行するため，この抗体は触媒としての機能を持つことになる（**図 3.37**）．本節ではこれら，**酵素・抗体触媒**の特徴とその反応例について概説する．

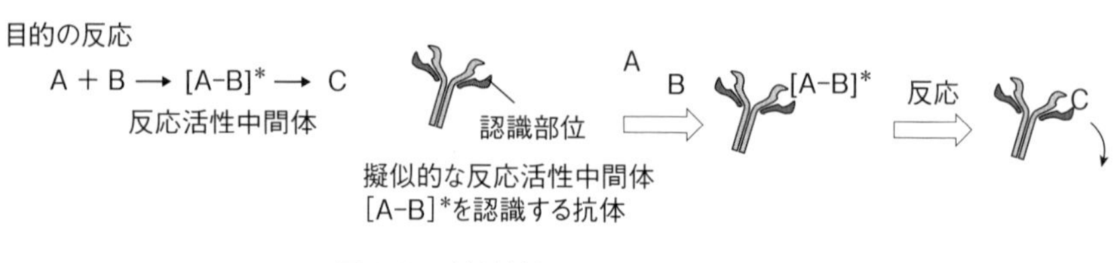

図 3.37　抗体触媒による選択的反応

3.3.2　酵素・抗体触媒を用いた反応例

具体的な反応例を示す前に，前節までに学んだ金属錯体触媒，あるいは有機分子触媒と，酵素・抗体触媒との違いを見てみよう．

先にも述べた通り，酵素・抗体触媒はタンパク質であるため，反応速度は加熱をすると単純に上昇するということはなく，至適温度が存在する．また，熱により変性を起こしてしまうことも分子触媒と大きく違う所である．さらに，酵素・抗体触媒は，巨大分子量のタンパク質であるから，触媒そのものを化学的に合成することができず，天然から抽出・精製あるいはバイオ工学的に合成する必要がある．すなわち，触媒の価格は金属錯体触媒よりもかなり高価になる傾向がある．しかし，我々の体内で働いている酵素もそうであるが，適切な環境に置かれていればその酵素は劣化することがない．そのため，実用されている酵素触媒はガラスビーズ等に固定化され，繰り返し使用することでコストの問題を解決している場合も多い．本章ではこれまで述べていなかったが，金属錯体触媒をはじめ溶液中で機能する分子触媒を適当な担持剤に固定化させて，繰り返し使用を可能とした触媒を「**固定化触媒**」(2.6 節参照) という．本章で解説してきた「均一系触媒」の利点と，第 2 章で学んだ「不均一系触媒」の利点を併せ持つ理想的な触媒といえるため，近年盛んに研究されている．

一方，酵素・抗体触媒の利点として，分子触媒と比べて圧倒的に高い反応特異性と基質特異性が挙げられる．例えば，グルコースをはじめとする糖を分解して，生命を維持するためのエネルギーを得ているが，その過程において数多くの酵素が関わっている．これらは，共存しても互いに妨害することなく，認識した分子のみを選択的に取り込み，リン酸化反応・水和反応・脱水反応等，その酵素が果たすべき反応のみを行うことができる．これは，分子触媒には見られない大きな特徴であるといえる．また，酵素・抗体反応は生分解性があるという特徴があり，環境調和型のプロセスが構築できるという利点もある．

酵素反応の代表的な例として，アシラーゼによる選択的加水分解を利用した**光学分割**が挙げられる (**図 3.38**)．例えば，アミノアシラーゼという酵素は，アミノ酸のアミノ基に結合しているアシル基を加水分解する．タンパク質を構成しているアミノ酸は，医薬品や食料等，我々の生活に密接な化合物であるが，

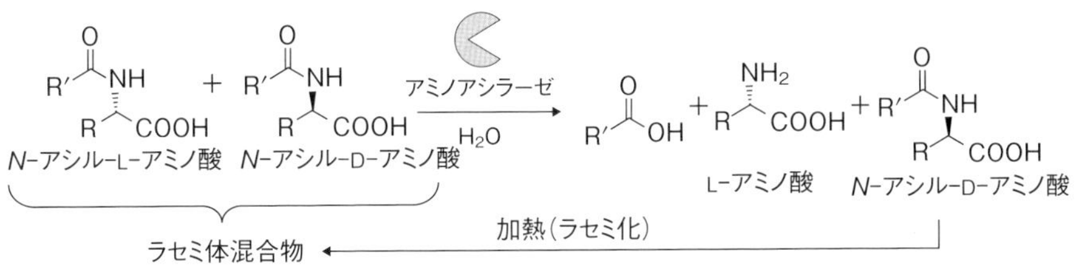

図 3.38　アミノアシラーゼによるアミノ酸の光学分割

グリシンを除き不斉点を有する光学活性化合物であり，天然のアミノ酸はほぼL-アミノ酸である．工業的に作られるアミノ酸はD-およびL-アミノ酸の混合物のため，必要なL-アミノ酸を得るには光学分割を行う必要がある．アミノアシラーゼは天然アミノ酸のアシル基を加水分解する酵素であるため，必然的に，アミノ酸の混合物の中から選択的にL-アミノ酸のアシル基のみを加水分解する．したがって，反応が完結すると，アシル基が加水分解されたL-アミノ酸と未反応の*N*-アシル-D-アミノ酸の混合物となる．回収された*N*-アシル-D-アミノ酸は加熱によりラセミ化を起こし，再び*N*-アシル-DL-アミノ酸となるため，原料を無駄なく利用できる．

酵素・抗体触媒を用いる反応は，「鍵穴に適合できる鍵」を持った分子しか活性化できないと思われていたが，鍵に工夫をすることで「鍵穴」に相当する酵素に誤作動を引き起こし，鍵とはならない分子の変換反応が実現できた例が近年報告された．

植物油に含まれる飽和脂肪酸を選択的にヒドロキシル化するシトクロムP450BM3と呼ばれる酸化酵素は，ポケット状の空孔を持ち，孔の底部には鉄ポルフィリン錯体（ヘム）が存在し，これが活性中心である．空孔の入り口にカルボン酸を認識する箇所があり，選択的に配位するため，疎水性のポケットに取り込まれた分子は向きが一義的に揃えられることになる．脂肪酸がパルミチン酸の場合，長鎖アルキル鎖の末端部分がヘムに近づく位置となるため，末端のみが選択的にヒドロキシル化されることになる（**図3.39上**）．パルミチン酸の代わりにパーフルオロノナン酸とベンゼンを作用させると，通常不活性でヒドロキシル化されることのないベンゼンが，毎分120回という回転効率でフェノールへと変換される（**図3.39下**）．これは，パーフルオロノナン酸が「偽の鍵」の役割を果たし，ヘムとベンゼンの橋渡しをしたために，ヘムによる酸化が促されたものと考えられる．

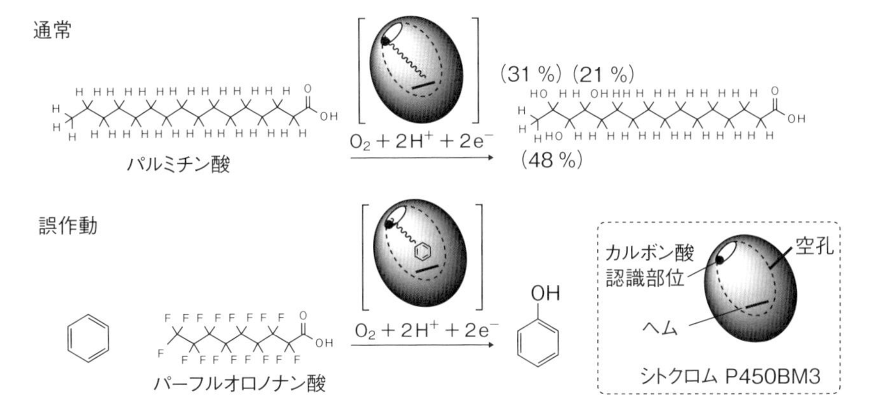

図 3.39 デコイ分子を利用したベンゼンの直接酸化

酵素触媒の利点

これまで人類が創成してきた均一系触媒あるいは不均一系触媒は，基本的に反応に関与する基質の片方を活性化することにより反応を促進させていた．一方で，酵素・抗体反応は，フラスコ中では実現できないような「反応の遷移状態」を親水・疎水場と分子認識を用いて作り上げ，高い位置選択性を実現している．3.2 節の図 3.35 で少し取り上げた酸塩基両活性化の概念は，近年になり酵素・抗体をはじめとする生体触媒の理解が進んだために取り入れられた概念である．図 3.37 で目的の反応を行うために用意された抗体は，基質 A と B が近づいてきて，抗体に認識された瞬間に，化学反応でいうところの遷移状態となっているので，速やかに反応が進行する．しかし，目的の抗体を探索するためには，基質 A と B を混ぜてスクリーニングしても意味がない（反応が進行するよりも原形でいる方が安定なため，A および B を認識する抗体が見つかるだけである）．そこで，安定に存在でき，かつ反応の遷移状態に近い物質を反応中間体に見立てて探索を行う．具体的な例としては，エステル結合の加水分解が分かりやすい（**図 1**）．エステルの加水分解は，正四面体遷移状態を経て進行するが，当然この遷移状態は不安定なため，カルボン酸を生成するか，原形のエステルに戻る．しかし，ホスホン酸エステルは，先に述べた正四面体遷移状態に極めて近い構造をしているため，このホスホン酸エステルを抗原とする抗体

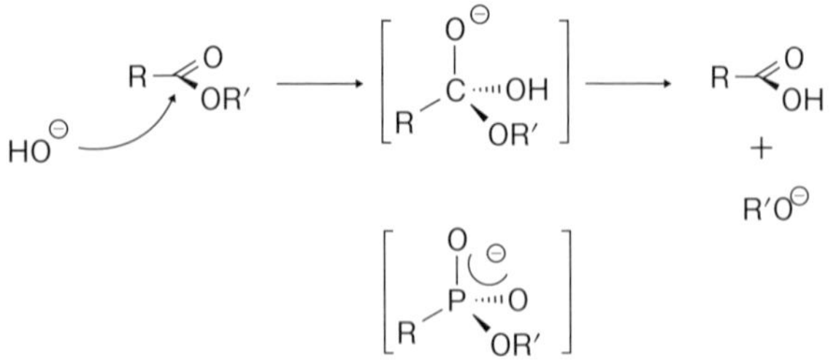

図1 エステル加水分解反応における遷移状態とそのアナログ

を探索すれば，カルボン酸エステルの加水分解反応を触媒とする抗体触媒となり得る．

抗体触媒においては，遷移状態のアナログとなる安定分子を適切にデザインすることで，望みの反応を進行させることができる．その考えを押し進めると，通常の化学反応では獲得できない選択性が実現できる．例えば，**図2**で示した化合物は，通常の化学反応においてはボールドウィン（Baldwin）則に従った5員環生成物を与える．一方，6員環構造の分子（点線四角で囲った分子）を遷移状態アナログとした抗体酵素26D4を用いると，エポキシ開環反応によって得られる生成物は通常得られない6員環化合物となる．

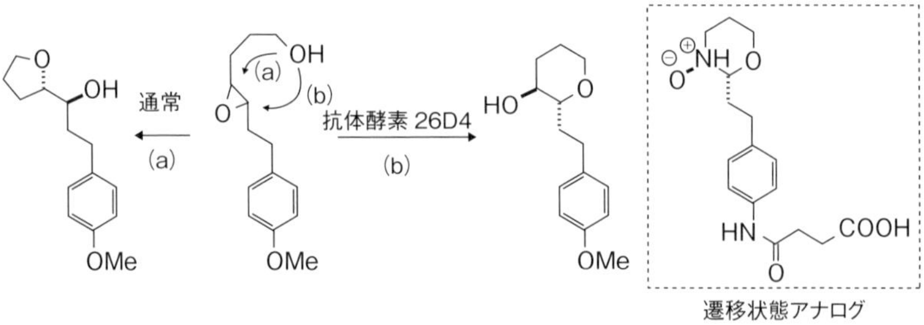

図2 6員環構造（点線四角内の構造）を遷移状態アナログとした抗体触媒による選択的開環反応

3.4 重合触媒

3.4.1 我々の生活に身近な高分子

我々が生活している世界には様々な**高分子**（ポリマー）があふれており，日々接している．「高分子」とは，言葉の定義上「分子量の大きい分子」であり，化学的には分子量が 10,000 以上のものを高分子と見なしている．よく聞く名前では，ポリエチレン，ポリプロペン（ポリプロピレン）等であろうし，合成繊維ではナイロン，ポリエステルが挙がる．容器や緩衝材に用いられる発泡スチロールは，ポリスチレンに気泡を含ませたものである．また，ここで挙げた合成高分子に限らず，天然高分子として天然ゴム，アスファルト等も該当する．さらに，先の定義に従うならば，生体に存在するものとして，セルロースやデンプンのような多糖類，タンパク質や DNA といったものまで「高分子」に相当する．すなわち，生命そのものが高分子の集合体といっても過言ではない．

この節では，「原料となる分子（**モノマー**）が線状あるいは網目状に共有結合で連なっている高分子量の化合物」を高分子化合物とし，これらを合成する基本的な反応を概説していく．産業革命以来 19 世紀は「鉄の時代」と呼ばれていたのに対し，20 世紀は「高分子の時代」ともいわれ，我々の生活を飛躍的に豊かにしていった．これら歴史的な背景や，近年なお盛んに研究されている機能性高分子（2000 年に白川らが「導電性高分子の発見とその開発」でノーベル賞を受賞したことを記憶している諸氏もいよう）に関しては，多くの参考書があるためここでは言及しない．

3.4.2 重合反応に用いる触媒

高分子を形作るために必要な最も基本的なモノマーとして**エチレン**がある．しかし，普段我々が手にしている高分子，すなわち「ポリエチレン」は，ポリエチレンバッグのように柔らかく手で引き裂けるようなものから，ポリエチレンボトルのように固いものまで様々である．このような物理的特性は，平均分子量や分子量分布，分岐数によって決まってくるものであり，重合方法の違いに

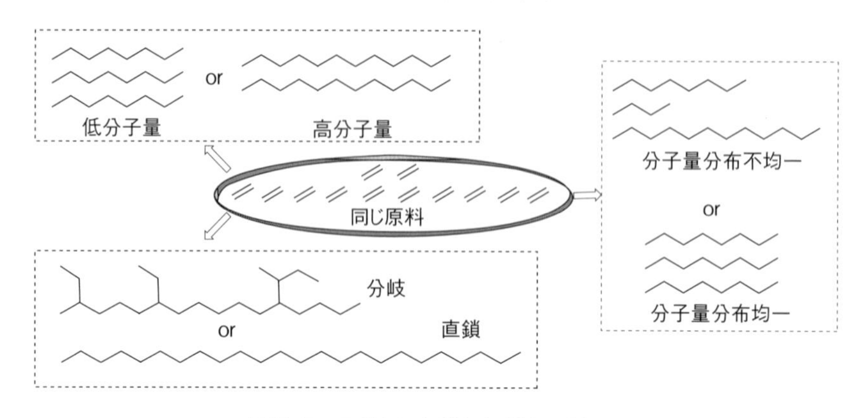

図 3.40　エチレンと様々なポリエチレン

より制御している（図 3.40）．もちろん反応温度や圧力による効果も大きいが，最も大きな違いは重合に用いる触媒の構造である．

エチレンという単純な分子の重合を見ても，数多くの種類の生成物ができあがるため，重合反応は様々な観点から評価・分類されている．本節では触媒と反応機構に焦点をあて，化学反応種の観点から分類している．すなわち，ラジカル重合，イオン重合（カチオン重合とアニオン重合），配位重合，開環重合を解説し，関連する事項があればそこで紹介する．

ラジカル重合

ラジカル重合は最も基本的な重合法で，以下に述べる開始・生長・停止の三つの過程で進行する（図 3.41）．ここではエチレンからのポリエチレンの合成を反応例に挙げる．ラジカル重合の開始剤となるフリーラジカルを発生させ（開始），ラジカル化したエチレン分子が他のエチレン分子と反応してエチレン鎖が伸長していく（生長）．生長したポリエチレン鎖の末端はラジカルであるため，未反応のエチレンがあれば，生長の過程を繰り返す．生長したポリエチレン鎖同士が再結合すれば，ラジカルが消失するため反応が終了する（停止）．ラジカルの消失は，再結合以外に水素ラジカルを受け渡すことによる不均化に

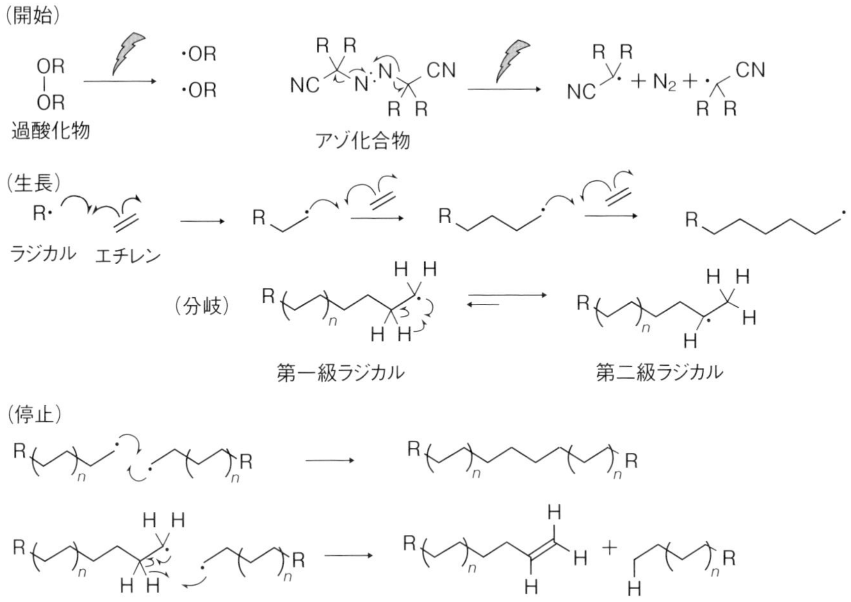

（開始）

過酸化物　アゾ化合物

（生長）

ラジカル　エチレン

（分岐）

第一級ラジカル　第二級ラジカル

（停止）

図 3.41　ラジカル重合の反応機構

よっても起こる．また，生長の過程で，末端に生じた第一級ラジカルは，より安定な第二級ラジカルになることもあり，ここから生長すれば枝分かれしたポリエチレンができる（分岐）．ラジカル開始剤としては，光感受性分子を用いる光励起，一電子移動型の酸化剤や還元剤の他，過酸化物やアゾ化合物を光や加熱で分解する方法が用いられる．

イオン重合

ラジカル重合では，反応中間体としてラジカル中間体が発生していた．イオン重合では，その中間体がラジカルではなくイオンの状態である．ラジカル重合とイオン重合の大きな違いは，中間体の安定性にある．ラジカル重合の停止過程を見ると分かるように，ラジカル同士はお互いに反応する可能性があるため，モノマーが少なくなると，自然に反応が停止する．しかし，イオンであれば同じ電荷を持つイオン同士は反応することがないため，中間体はモノマー非存在下でも安定に存在できる（このような中間体が安定に「生きている」状態で存在し続けられる重合過程を「**リビング**（living）**重合**」という）．すなわち，二種のモノマーAとBを原料として高分子を作る場合，イオン重合であれば，はじめにモノマーAを加え原料が消失したころにモノマーBを加えることで，-AAAAAAABBBBBBBBBB-といった構造を持つ重合が可能となる．このような構造は，**ブロック共重合体**といわれ，単純に二種を混ぜたランダム共重合体（-ABBAAABABBABBBAAA-）とは違った物性を示す．

イオン重合は，その活性中間体イオンがカチオンかアニオンかにより，**カチオン重合**，**アニオン重合**に区別される（**図3.42**）．カチオン重合は開始剤としてブレンステッド酸やルイス酸が用いられ，活性種のカチオンを安定化する電子供与性の置換基を持つモノマーを原料にするとその活性が高くなる．アニオン重合はその逆で，アルキル金属やアルコキシ塩を開始剤とし，活性種のアニオンを安定化する電子求引性の置換基を持つモノマーを原料にすると活性が高くなる．

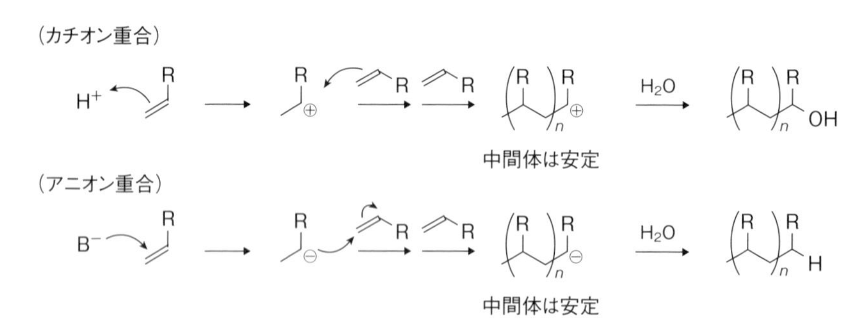

図3.42　カチオン重合とアニオン重合

重合の規則性

イオン重合では図3.42に示したように，モノマーがエチレン以外のアルケンと重合している主鎖に置換基が付くようになる．末端にモノマーが反応し，

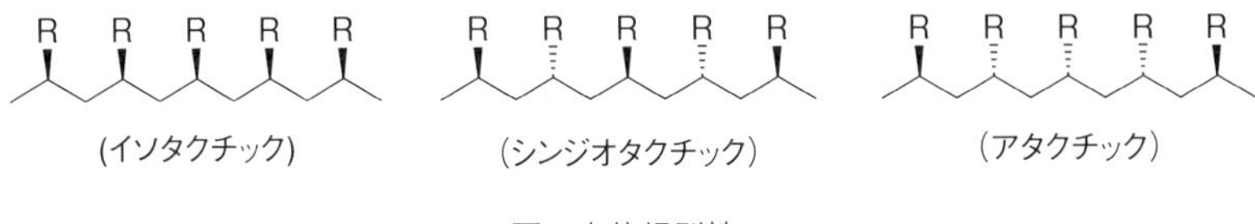

図 立体規則性

一ユニット生長した場合，それまで末端であったユニットに付いている置換基は，紙面の上もしくは下になる．そして，その確率は必ずしも 1:1 とはならず，触媒や反応条件により異なってくる．このことを**立体規則性**（**タクティシティー**）という（**図**）．側鎖が同じ方向を向いているものをイソタクチック，交互に並んでいるものをシンジオタクチック，完全にランダムなものをアタクチックと呼び表す．

配位重合

遷移金属錯体が活性中心となって働く重合である．触媒構造の点から議論すれば不均一系触媒であるが，チーグラー-ナッタ触媒が特に重要であるため，歴史的経緯と反応機構を解説する．

1950 年代初頭にチーグラーは，四塩化チタン（$TiCl_4$）とトリアルキルアルミニウム（AlR_3）を混合して系中で発生させた三塩化チタン（$TiCl_3$）が，エチレンやプロピレンの重合触媒となることを発見した．このとき得られたポリプロピレンはアタクチックであった．その後，1954 年にナッタらが，三塩化チタンとジアルキル塩化アルミニウム（$AlClR_2$）の混合物がイソタクチックなポリプロピレンを与える改良法を発見したことから，これらチタン-アルミニウムからなる重合触媒は**チーグラー-ナッタ触媒**といわれるようになった．彼らの研究はプラスチック時代の幕開けを告げ，産業界に大きなインパクトを与えたため，ナッタの発見からわずか 9 年後の 1963 年に，「新しい触媒を用いた重合法の発見とその基礎的研究」として，両名にノーベル化学賞が贈られている．その後さらなる改良が続き，現在は三塩化チタンとメチルアルモキサン（$[-Al(Me)O-]_n$：MAO と省略して表記されることが多い）の組合せを基本とする触媒が広く用いられている．

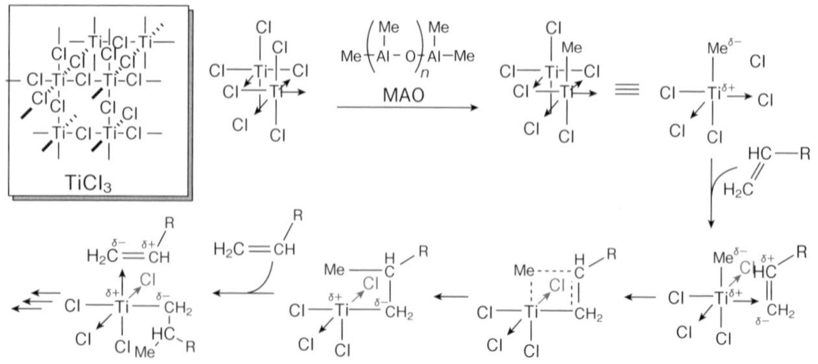

図 3.43　チーグラー-ナッタ触媒による重合反応

反応機構に関しては，チーグラー-ナッタ触媒が不均一系触媒であるため，完全に解明されていないが，一般に次のような機構で進行しているものと推定されている（**図 3.43**）．三塩化チタンのチタン原子は空の d 軌道を有するため，そのものは塩素原子を共有する多量体で存在している．MAO を作用させると，チタン原子に結合している塩素が一部メチル基に置換される．このとき，電気陰性度の差から，チタン原子はカチオン性を帯びている．次に，チタン原子に配位している塩素と交換する形でアルケン分子の π 電子が配位する．置換アルケンの場合，より電気的に陰性なアルケンの炭素原子とチタン原子が，電気的に陽性なアルケンの炭素原子がチタンと結合しているアルキル基（この図ではメチル基）と近づく．この形から 4 員環遷移状態を経て，形式的にはメチレン鎖が挿入し，次々と重合が繰り返されていく．

チーグラー-ナッタ触媒の場合，不均一系であるうえに，チタン原子上に配位できる空軌道が複数個存在する（マルチサイト）ため，分子量を制御した高分子など，より緻密な高分子を再現よく合成することが難しい．この問題を解決したのが，1980 年にカミンスキー（Kaminsky, W.）らにより開発された**メタロセン触媒**（カミンスキー触媒）である（**図 3.44**）．この触媒は，均一系であるうえに，アルケンが配位する空軌道が一つしかない（シングルサイト）ため，高分子量かつ均一度の高い高分子が合成できる．これ以降，ランダム重合のイ

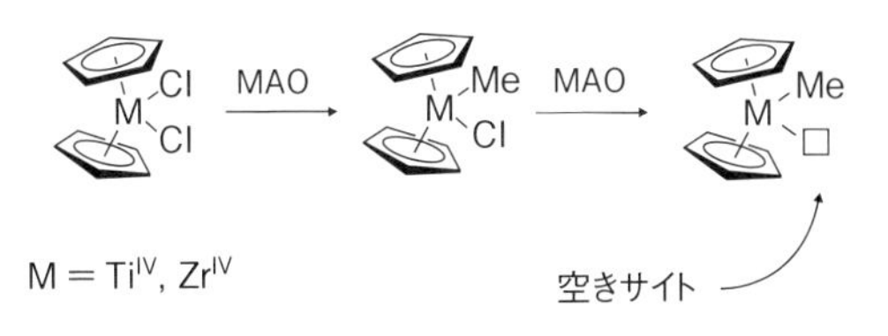

図 3.44 メタロセン触媒と，MAO による活性化

メージが強かった高分子合成の世界は，精密重合が可能となり，様々な高機能高分子が創成されるようになった．

開環メタセシス重合

開環重合は高分子合成法の分類で使われる言葉で，広義には環状のモノマーが環を開いて重合することを指す．環状構造は鎖状に比べひずみがかかっているため，そのひずみを解消するきっかけがあれば，容易に開環するし，この反応が連鎖的に起これば開環重合となる．瞬間接着剤に用いられるエポキシ樹脂は，アミンの攻撃によりエポキシが開環することで重合する．あるいは，ナイロン 6 は環状ラクタムが開環し，鎖状アミド構造になることで重合している．これに対し，これまで説明してきた高分子合成法は，分子が次々と付加していく形なので**付加重合**と呼ばれる．一方，ペプチドはアミノ酸のアミノ基とカルボン酸が脱水縮合して高分子鎖を形成しているので，合成法的には**縮合重合**と定義される．

開環メタセシス重合は，その名の通りメタセシス反応により開環しながら重合する方法である．本章 3.1.3 項「遷移金属錯体触媒」でメタセシス反応を取り上げ，図 3.21 では一置換アルケン同士がカップリング反応を起こし二置換アルケンとなる例を説明した．しかし，原料が環状アルケンの場合はどうなるであろうか？　この場合，**図 3.45** のように開環反応を伴いながら，逐次的に重合反応が進行する．メタセシス反応で説明したように，この場合も各ステップは平衡反応であるが，重合することで環のひずみが解消されることを受け，反応全体はほぼ不可逆で進行する．ここで用いられる触媒は，カップリング反応でも用いられた触媒がそのまま適用できる（コラム「ノーベル賞を受賞した

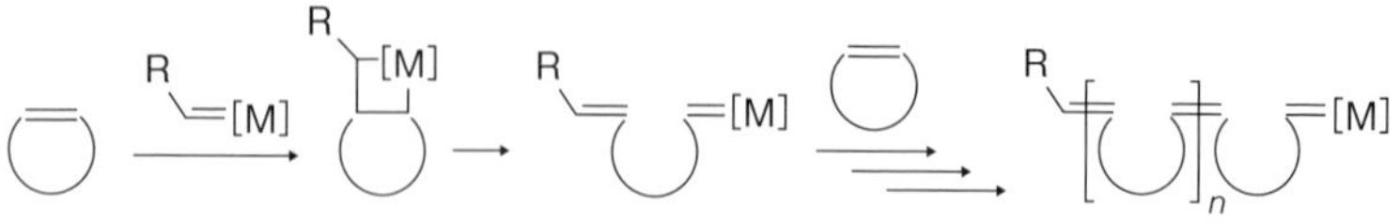

図 3.45　開環メタセシス重合

触媒」(p.126) 参照).

演 習 問 題

［1］ 基質 100 分子に対して触媒 2 分子を加え反応させた場合,「2 mol%の触媒を用いた」という. このとき収率が 92 %なら, 触媒は何回働いたことになるか？

［2］ 同じ反応を「触媒 A を 5 mol%使って 2 時間反応した場合」「触媒 B を 5 mol%使って 4 時間反応した場合」, どちらも収率が 90 %のときはどちらが優れているといえるか？

［3］ 遷移金属触媒を用いた水素化反応は, 一般的に触媒回転が高い傾向にある. この理由を反応機構から説明せよ.

［4］ ルイス酸触媒と比べ, 有機触媒の反応性に関し本文を参考に述べよ.

［5］ 7 工程の結果収率 36 %ということは, 各工程の平均収率は何%と計算できるか？　小数点 1 桁で計算せよ.

［6］ アミノアシラーゼによるアミノ酸の光学分割に示したような, 未反応の光学異性体をラセミ化することで最終的に目的物 (上記の例では L-アミノ酸) にする手法をなんと呼ぶか？

［7］ 生分解性ポリマーの説明として正しいものはどれか？

A：生物資源 (バイオマス) を原料とするポリマー

B：生物を分解し, 無菌状態を維持できるポリマー

C：生物によって完全に消費され自然的副産物のみを生じるポリマー

第4章　種々の触媒プロセス

工業プロセスにおいては，化学反応の9割近くは触媒反応を利用しているといわれる．我々が日々用いているガソリンなどの燃料や，プラスチック，食料生産のための肥料などは全て，触媒反応によって生み出されている．ガソリンは原油の蒸留の後に，硫黄分を触媒により除去され，燃料としての最適な構造を触媒によって与えられている．プラスチックは，その原料は多くが触媒反応によって生み出される．肥料は大気中の窒素と，化石資源から触媒によって生み出された水素をもとに，さらに触媒反応によって作られる．これら多くの反応を支える触媒プロセスについて学ぶ．

4.1　石油化学工業の触媒プロセス

4.1.1　石油化学工業プロセスの全体像

現在，化学工業プロセスの9割程度は触媒反応であるといわれ，石油の精製，プラスチックの合成，環境の浄化から，燃料電池や水素製造といった分野まで，広く工業的に用いられている．これらの中でも，とりわけ触媒使用量や反応物の量が多いのが，燃料に関わる化学，プラスチックや各種化学品を製造する有機工業化学，自動車排気ガスの浄化である．

現代の工業における重要な触媒の歴史としては，1914年のアンモニア合成，その後のメタノール合成やFT合成，1936年の蒲原白土（小林久平）および接触分解に端を発し，1950年の接触改質，1955年のチーグラー-ナッタ触媒の発明，1960年のワッカー（Wacker）法，1964年のゼオライト触媒の発見，1976年の排気ガス触媒などがある．

現在の化学工業は，石油に大きく依存している．石油を蒸留・分解することで，エチレン，プロペン，ブテンといったアルケン，ブタジエン，さらには芳香族化合物であるベンゼン，トルエン，キシレンなどを得ることができる．これらの生成物群はいずれもπ電子を有し，反応性に富んでいるため，以後さらに重合・付加・置換などを行うことであらゆる化学品へと転換することができる．これらの流れを**石油化学工業**と呼ぶ．また，石油の蒸留と，これら化学品合成はリンクしていた方が有利となるため，我が国においては戦後の高度成長期に，石油精製と石油化学を中心とした**コンビナート**と呼ばれる工場地帯が形成され，各種ガス原料，生成物，熱源としての水蒸気，電気などを相互につないで融通しあう仕組みができた．一般には，これら石油化学工業の規模はエチレン生産量で測ることが多い．2016年時点での世界のエチレン年間生産能力は，アメリカ3300万t，中国2500万t，サウジアラビア1600万t，韓国800万t，日本600万t，ドイツ600万t，カナダおよびイラン550万t程度といわれ，以下タイ，台湾，ブラジル，オランダ，インドと続く．（フランスやイギリス，イタリアは少ない．）

石油化学工業においては，石油の蒸留や分解で得られる**ナフサ**（炭素数が5くらいから12くらいまでの範囲のアルカンならびにアルケン）を主たる原料として，**ナフサクラッカー**という無触媒・熱分解反応器の中でこれらナフサを分解し，エチレン（25～30％），プロペン（15％），ブテン・ブタジエン（6～7％）ならびに芳香族化合物であるベンゼン・トルエン・キシレン（これら三つを総称してBTXと称する）を得ることができる．ナフサクラッカーにおいては，ナフサと水蒸気を所定の比率（一般には水蒸気はナフサの0.5～0.9倍）で供給するが，この際の水蒸気の役割は主に内部からの熱供給，さらには炭素析出抑制である．無触媒で750～850℃程度に加熱し，ナフサを0.5秒程度の反応時間で反応させた後，急速に冷やして過分解を防ぐ．

我が国のナフサクラッカー（新聞では**エチレンセンター**と書かれることが多い．2016年現在12基）は，1950年代末から1960年代に多くが建設され，我が国の戦後の高度成長を支えた．これらクラッカーで得られたアルケンは，硫化水素（H_2S）や硫化カルボニル（COS）といった酸性ガスを除去した後，蒸留されて各成分に分けられ，さらにアセチレンやジエンの一部は**水素化触媒**（パラジウムと銀を担持したアルミナなど）を用いてアルケンへと転換される．

一方で，近年，エタンなどの軽質ガスを原料として，ナフサクラッカーに類似した無触媒・熱分解反応器の中で分解しエチレンを得る**エタンクラッカー**という装置が，北米や中東で台頭している．エタンは石油の随伴軽質ガスや，シェールガス（天然ガスの一種）掘削に伴う随伴ガスとして得られ，メタン同様利用価値が低いため熱量基準での取引きが行われており，非常に安価である．よって，エタンクラッカーで得られたエチレンもやはり安価であり，ナフサクラッカー由来のエチレンは価格競争力を失いつつある．我が国では，従来全てのエチレン製造をナフサクラッカーに依存してきたが，国際競争力低下から2015年以降，数基のナフサクラッカーが操業を停止した．

エタンクラッカーもナフサクラッカー同様に，無触媒で水蒸気を共存させて操業を行う．最近は，エタンクラッカーの効率を向上させるために，クラッキングチューブと呼ばれる反応管の内壁に，脱水素機能を有する触媒を持たせたものも登場している．これにより，従来よりも低温・低水蒸気比率で稼働できるとされている．

これらナフサクラッカー，エタンクラッカーで一番多く生成するエチレンは，大部分が**ポリエチレン**（スーパーの透明な袋など），**ポリスチレン**（ベンゼンと反応させてエチルベンゼンとした後，脱水素でスチレンを得て重合し発泡スチロール等），**ポリ塩化ビニル**（電気のケーブルの被覆や水道の灰色パイプなど），**エチレングリコール**（PET ボトルの原料）として用いられる．プロペンは，6割近くがそのまま重合して**ポリプロピレン**（ポリバケツや車のバンパー）として用いられ，他にはアクリロニトリルやプロピレングリコール，フェノール合成などに用いられている．

ナフサクラッカーの場合は，エチレン・プロペン・ブテン・ブタジエンならびにBTXをバランスよく得ることができるが，石油由来のため価格が高いことが問題となってきた．一方で，後者のエタンクラッカーの場合はエチレンが非常に多く得られ，プロペンやブテン・ブタジエン，BTXはほとんど得られない．そのため，エタンクラッカーで得られないプロペンなどをエチレンなどから作る研究開発が近年盛んに行われてきた．

必要なときにプロペンを作る（**オンパーパス**と呼ばれる）製法としては，

1．エチレンを二量化してブテンとしてから，さらにエチレンと反応させ，3分子のエチレンから2分子のプロペンを得る方法（Philips社–Lummus社が開発，**メタセシス反応**（3.1節（p.123）参照）と呼ばれ中東に多い）

2．利用価値の低いプロパン（LPGに含まれ，パラフィンのため反応性が低いので通常は燃料として燃やして用いる）を原料として，クロム酸化物／アルミナ系触媒や白金–スズ／アルミナ系触媒を用いて脱水素する方法（Lummus社やUOP社が開発，プロパン脱水素あるいはPDHと呼ばれ北米に多い）

3．メタノールから，ZSM–5と呼ばれるゼオライト触媒を用いて作る方法（Lurgi社が開発，MTPと呼ばれ中国で台頭）

4．エタノールから作る方法（ETPと呼ばれ基礎段階）

などが提案・開発されており，1～3はすでに実用化されている．

また**ゴム**（SBRやBR）の原料として重要なブタジエンをオンパーパスで作る方法については，Catadiene（Lummus社），OXO–D（UOP社），BBFlex（旭化成），BTcB（三菱化学）といった触媒プロセスが知られ，ブタンやブテン，エチレンを原料として製造が行われている．

世界における石油化学の現状をまとめると，日本では原油（石油）を出発物質としたナフサクラッカー経由の石油化学が引き続き主流を占め，北米ではシェールガス随伴エタンを出発物質としたエタンクラッカー経由のガス化学が主流に台頭しつつあり，ヨーロッパでは石油化学が，東アジアとりわけ中国では石油化学に加えて石炭をガスにした後に化学品にする方法が主流となりつつある．ナフサクラッカー由来のエチレンは，エタンクラッカー由来のエチレンに比べ3～5倍程度コストがかかるといわれる．一方で，製品自体の価格は，CIFという価格（船賃や保険込みの荷揚げ地での価格）が三極（北米・欧州・東アジア）で拮抗しており，グローバル化・一物一価という状況の中で，我が国の石油化学がどう生き残るかが重要な課題である．

4.1.2　水素化脱硫反応

石油精製プロセスにおいて，常圧および減圧蒸留により沸点ごとに分離し終えた後に，ほとんどの留分で最初に行われるのが，**水素化脱硫**を含む**水素化精製プロセス**である．水素化精製プロセスは，水素と触媒を用いて，石油中に含まれる硫黄分，窒素分，金属分などを除去するために行われる．ここでは，水素化脱硫（硫黄分の除去）を中心に説明する．硫黄分を除去する理由としては，酸性雨などの原因となる，燃焼時に発生する硫黄酸化物（SO_x）の量を極めて低く抑えるためにガソリンや軽油中の硫黄分には規制（< 10 ppm）がある，などが挙げられる．同時に，炭化水素の変換プロセスは非常に多岐にわたっており，多くのプロセスにおいて触媒が用いられているが，硫黄分は多くの触媒にとって触媒毒となる成分となるため，炭化水素の触媒変換をするために最初の段階で触媒毒を除去して，触媒に負担をかけないようにしている．

原油中には，チオール（R–S–H），スルフィド（R–S–R），ジスルフィド（R–S–S–R），チオフェンなど，様々な形で硫黄が含まれている．水素化脱硫反応は，これらの化合物中にある C–S 結合を切断し，硫黄成分を H_2S へと変換して硫黄を除去する反応である．生成した H_2S は，酸素との反応により SO_2 を経由し，単体硫黄（S）へと変換される．

$$2H_2S + 3O_2 \rightarrow 2H_2O + 2SO_2,\ 2H_2S + SO_2 \rightarrow 3S + 3H_2O$$

$$\text{（二つの反応の和として）} \Rightarrow 2H_2S + O_2 \rightarrow 2S + 2H_2O$$

この単体硫黄はゴムへの加硫に使われている．

水素化脱硫プロセスでは，チオフェン類の反応が最も重要であると考えられている．**図 4.1** にチオフェン類の水素化脱硫反応性を示す．チオフェン（**a**）に対してベンゼン環が一つ増えただけ（**b1**）では，反応性の低下はそれほどではないが，両側にベンゼン環が加わる（**c1**）と，反応性は顕著に低下する．また，アルキル側鎖の位置が反応性に与える影響は極めて大きく，4,6–ジメチルジベンゾチオフェン（**c4**）では，反応性はチオフェンと比較して 200 分の一程度となる．4,6–ジメチルジベンゾチオフェンは，軽油留分に含まれる難脱硫化合物である．

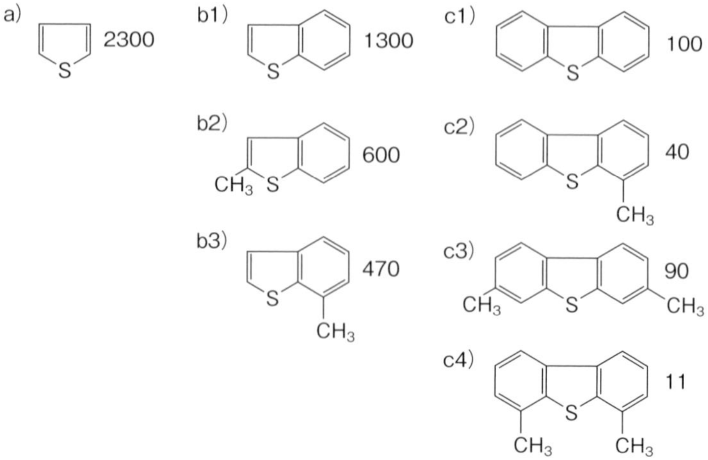

図4.1 チオフェン類の構造と水素化脱硫反応性

水素化脱硫には，Co-Mo-SあるいはNi-Mo-S触媒と呼ばれる**硫化物触媒**が用いられる．Co-Mo-SおよびNi-Mo-S触媒は，γ-Al_2O_3等の酸化物担体上に，モリブデン，コバルト，ニッケルのイオンを分散させ，$H_2S + H_2$により触媒を還元処理することによって調製され，モリブデン硫化物（MoS_2）構造の縁のMoがCoやNiにより置換された構造を持つ（2.3節参照）．以下にCo-Mo-S触媒を中心に説明する（第2章コラム「水素化脱硫触媒の活性点構造」（p.91）参照）．

MoS_2構造の縁のMoがCoにより置換されたCo-Mo-S触媒の活性点はこのCoサイト（brim siteと呼ばれている）であり，Moサイトに比べてS配位不飽和であるため，チオフェン分子のSがCoに吸着し水素化脱硫反応が進むと考えられている．この触媒活性点上のチオフェンの水素化脱硫反応機構を**図4.2**に示す．チオフェンは，Co-Mo-S構造のbrim siteに分子状で強く吸着する．これは，吸着後も分子の芳香族性が維持されるためである（演習問題[1]参照）．水素は原子状に解離吸着してS-H結合を形成し，吸着チオフェンに水素原子が供給される．水素化脱硫によりチオフェンはC_4炭化水素とH_2Sへと変換さ

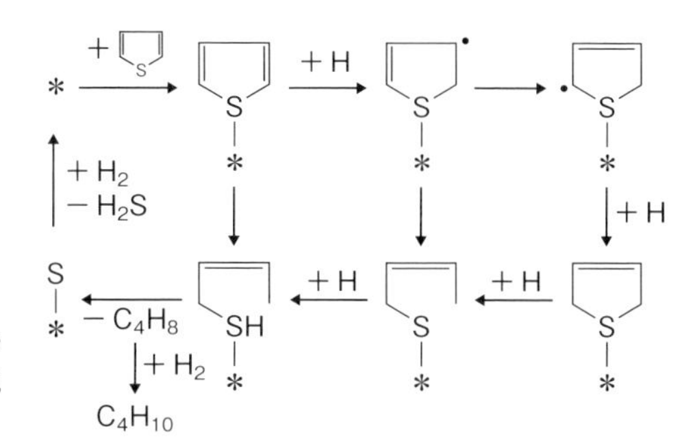

図 4.2　Co-Mo-S 構造の brim site 上でのチオフェンの水素化脱硫反応機構

れる．

次に，軽油留分に含まれる，極めて水素化脱硫反応が進行しにくい 4,6-ジメチルジベンゾチオフェン（c4）について考える．メチル基がないジベンゾチオフェン（c1）と比較して一桁程度反応性が低いが，これは，メチル基による立体障害により，brim site への吸着が極めて不利となり，図 4.2 に示したような直接水素化脱硫ルートは進行せず，**図 4.3** に示すような，ベンゼン環の水素化や異性化によるメチル基のシフトなどの反応が進行した後に水素化脱硫反応が進行する機構が提案されている．

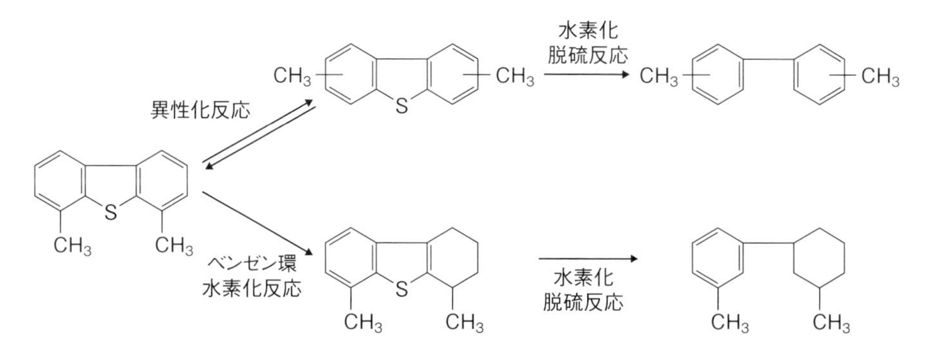

図 4.3　4,6-ジメチルジベンゾチオフェンの水素化脱硫

4.1.3　接触分解反応

原油の常圧蒸留後の組成は，ナフサ留分約 20 %，灯油留分約 10 %，軽油留

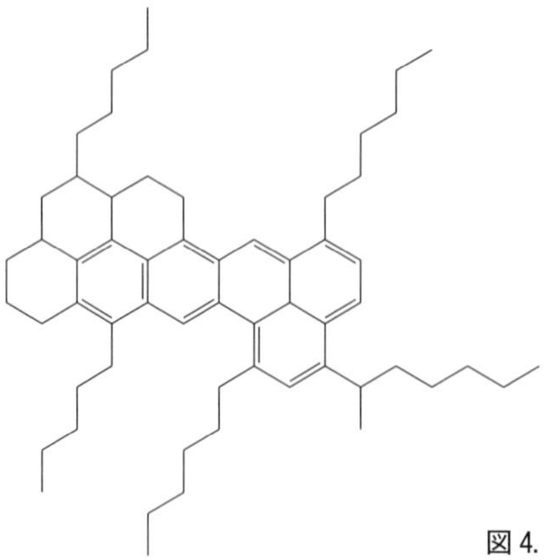

図 4.4 重質油のモデル構造

分 20 %，重質油（重油などの重質な成分）約 50 %程度である．原油の約半分を占めるが用途の限られる重質油（**図 4.4**）は，触媒を用いた**接触分解反応**により炭素-炭素結合を切断してより有用性の高い軽質成分へと変換されている．炭素-炭素結合を切断する分解反応は，反応中間体がラジカルかカルボカチオンかで二つに分けることができる．ナフサの熱分解反応によるエチレンおよびプロペンの製造においては，炭素-炭素結合が均一的に開裂して生成する炭素ラジカルが反応中間体となっている．これに対して，重質油の接触分解反応は，ゼオライトのような固体酸を触媒として進行し，カルボカチオンが反応中間体となっている．重質油を酸触媒に接触させて進行する反応は非常に多岐にわたるが，芳香環内の炭素とアルキル基の炭素との間の結合の切断と，アルキル基内の炭素-炭素結合の切断が重要となる．

図 4.5 にアルキルベンゼンを例として，芳香環内の炭素とアルキル基の炭素間の結合切断の反応スキームを示す．この反応は，ゼオライトのブレンステッド酸点上で進行し，アルキルベンゼンからベンゼンとアルケンを与える．フリーデル-クラフツ反応の逆反応である．

図 4.6 に直鎖炭化水素を例として，直鎖構造中の炭素-炭素結合切断の反応スキームを示す．直鎖炭化水素は，ブレンステッド酸，ルイス酸いずれかとの

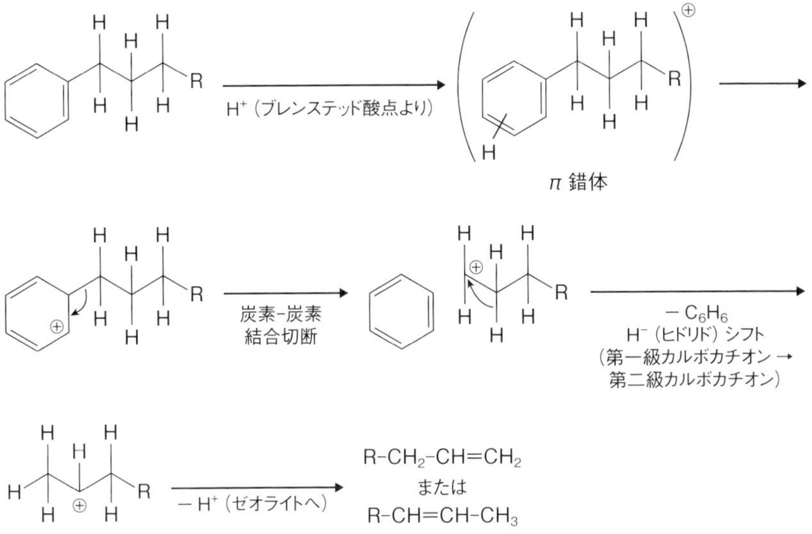

H⁺（ブレンステッド酸点より）
π 錯体
炭素-炭素
結合切断
$-C_6H_6$
H⁻（ヒドリド）シフト
（第一級カルボカチオン →
第二級カルボカチオン）
− H⁺（ゼオライトへ）
$R-CH_2-CH=CH_2$
または
$R-CH=CH-CH_3$

図 4.5　アルキルベンゼンの接触分解反応スキーム

+ H⁺（ブレンステッド
酸点），$-H_2$
または
− H⁻（ルイス酸点）
π 錯体
β 開裂
炭素-炭素
結合切断
$-R-CH_2-CH=CH_2$
H⁻（ヒドリド）シフト
（第一級カルボカチオン →
第二級カルボカチオン）
$R'-CH=CH_2$
− H⁺（ブレンステッド酸点の場合）
− H⁺（ルイス酸点の場合，
H⁻と反応し H_2 発生）

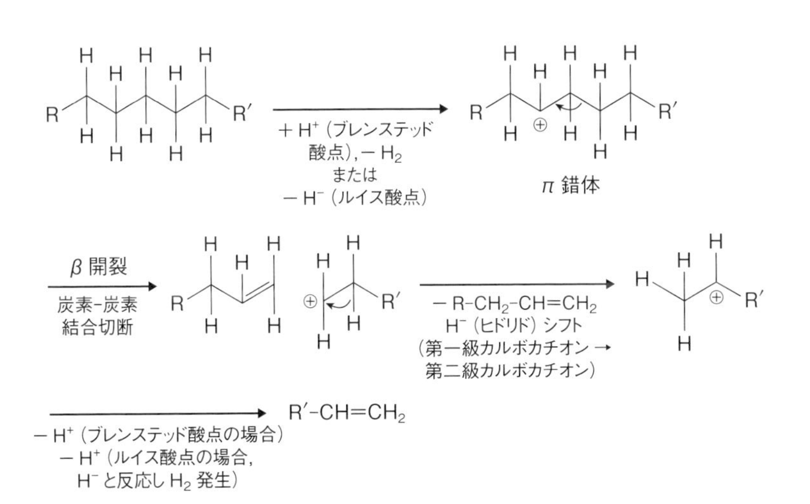

図 4.6　直鎖炭化水素の接触分解反応スキーム

相互作用により，カルボカチオンを生成し，カルボカチオンのβ開裂により炭素–炭素結合が切断される．結果として，1分子の直鎖炭化水素から，2分子のアルケンが得られる．

具体的なゼオライト触媒として，**超安定化Y型ゼオライト**（ultra-stable Y zeolite：USY）が触媒として用いられる．USYゼオライトは，Yゼオライト中に含まれるAl^{3+}の一部を脱アルミ（ゼオライト骨格構造内から脱離させる）して調製する．基質が効率的に酸点に接近できるメソ孔の生成や，触媒再生時の触媒の安定性向上が脱アルミにより達成されている．

接触分解反応においては，生成物であるアルケンなどの反応性が高いため，酸点上で重合反応や芳香族化反応などの副反応が進行する．それにより固体炭素質（コーク）が酸点上に析出し，触媒活性が低下することが大きな問題である．そのため，接触分解反応のプロセスでは，流動層反応器が用いられている．砂浜の砂粒のように成形された触媒は，流動しながら重質油と混合され，反応温度（500～600℃程度）に加熱されると，ほぼ数秒で反応が進行し，その結果として触媒にはコークが析出する．コークを含んだ触媒は，触媒再生塔へと移動し，空気によりコークが燃焼除去され，触媒が再生される．このように，接触分解プロセスでは触媒を流動させて用いるため，このプロセスは**流動接触分解**（fluid catalytic cracking）と呼ばれている．

4.1.4 接触改質反応

接触改質（**リフォーミング**（reforming）とも呼ばれている）の目的は，ナフサ中に多く含まれるC_6からC_8程度の直鎖状の飽和炭化水素を，芳香族化合物などオクタン価の高い物質に変換することである．ナフサ留分はそのままではオクタン価が低く，高圧縮比のガソリンエンジンには適さない．圧縮時に自着火しにくい（ノッキングを起こさない）指標を**オクタン価**と呼ぶ．オクタン価を決定する際の基準物質は2,2,4-トリメチルペンタン（オクタン価100）である（図4.7）．芳香族化合物やアルケンのオクタン価が高く，飽和炭化水素化合物では，同じ炭素数の化合物であれば，枝分かれの多い分子ほど高オクタン価

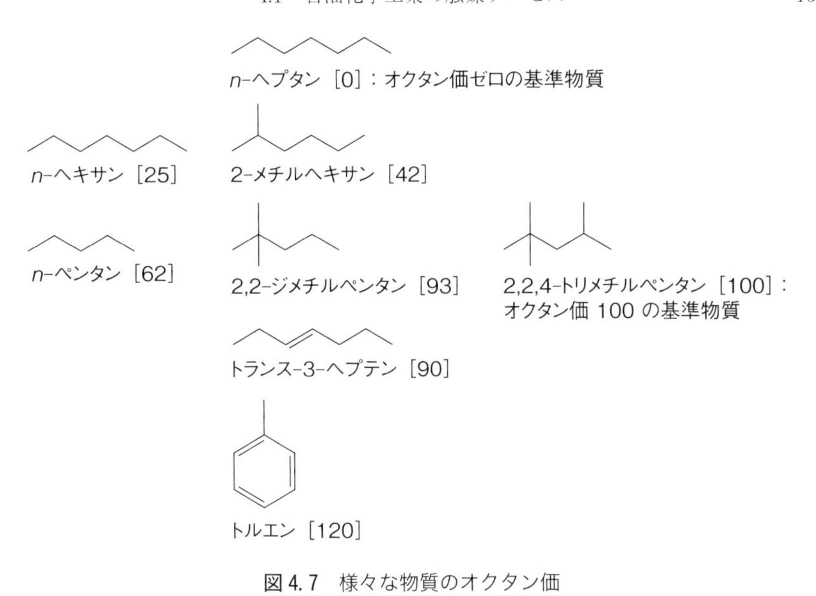

図 4.7 様々な物質のオクタン価
［ ］内の数字がオクタン価.

となる．オクタン価が高い芳香族化合物はガソリンの成分として有効であると同時に，BTX（ベンゼン，トルエン，キシレン）は，石油化学原料としての需要も大きい．

図 4.8 に，*n*-ヘキサンの接触改質によるベンゼン生成の反応スキームを示す．接触改質反応に用いられる触媒は，Pt-Re/Al_2O_3 や Pt-Sn/Al_2O_3 などであり，Pt が脱水素・水素化能を持った金属触媒，Al_2O_3 が骨格異性化や環化などの機能を持った固体酸触媒であるため，二元機能触媒として位置付けられている．特に，酸触媒としてゼオライトより弱い固体酸性を持つ触媒を用いることで，強い固体酸触媒で進行しやすい炭素-炭素結合切断反応が抑制される．また，接触改質反応の問題となる副反応は触媒表面上への炭素析出であるが，炭化水素の分解による炭素析出（例えば，$n\text{-}C_6H_{14} \rightarrow 6C + 7H_2$）を抑制するために，反応物質と共に水素を比較的過剰に共存させ，同時に，Pt の持つ脱水素能を若干弱めるために，触媒表面上を Re や Sn で修飾することなどが行われている．

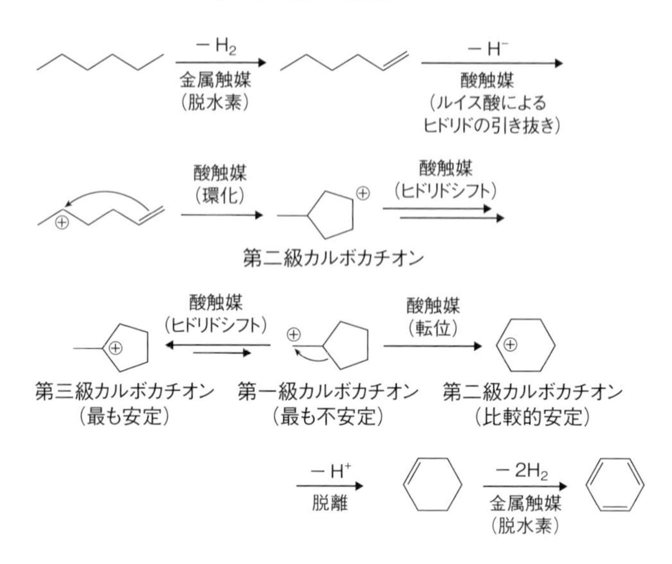

図 4.8　金属–固体酸二元機能触媒を用いた *n*–ヘキサンからのベンゼン生成

接触改質反応は，アルカンの脱水素によるアルケンの生成は吸熱反応であるため，脱水素生成物の生成に有利な比較的高い反応温度（500 ℃程度）で行われている．ヘキセンが生成し，さらにルイス酸触媒でヒドリドが引き抜かれて生成したカルボカチオンは，容易に環化して第二級のカルボカチオンを与える．反応温度がかなり高いので分子内でのヒドリドシフトが容易に進行し，平衡状態として様々なカルボカチオンが生成する．カルボカチオンの安定性から，カルボカチオンの存在割合は，第三級 ＞ 第二級 ＞ 第一級となる．一般的には，第一級カルボカチオンは極めて生成しにくいが，接触改質反応では，少量生成した第一級のカルボカチオンを経由して，転位反応により6員環を形成し，さらに脱プロトンと脱水素反応を経由して，熱力学的に有利なベンゼンが生成する．様々な生成物が想定される中，ナフサから比較的高い選択率（50 %以上）で芳香族化合物を得ることが可能なのは，芳香族化合物が他の生成物と比較して熱力学的に安定であることが要因となっている．

n–ヘキサンから3–メチルペンタン（実際には2–メチルペンタンも生成する）

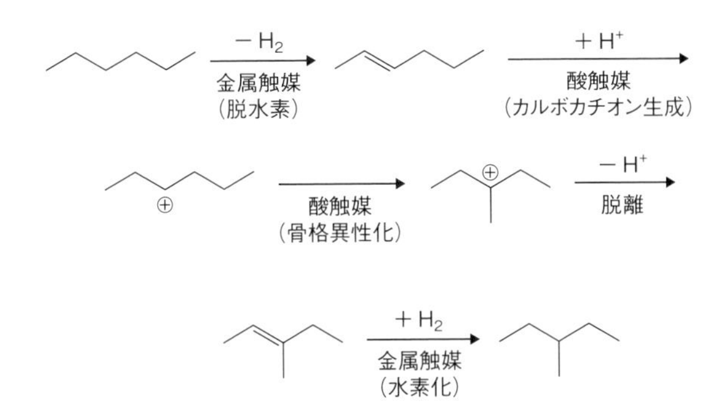

図 4.9 金属-固体酸二元機能触媒を用いた *n*-ヘキサンからの 3-メチルペンタン生成

への骨格異性化反応を例として，**二元機能触媒**の機能を説明する（図 4.9）．アルカンは金属触媒上で脱水素され，アルケンの混合物となる．アルケンは気相を移動し，固体酸触媒と相互作用し，第二級のカルボカチオンがまず生成するが，より安定な第三級のカルボカチオンへと骨格異性化する．カルボカチオンはプロトンを固体酸触媒へ戻してアルケンとして脱離し，金属触媒上で水素化を受け異性化したアルカンとなる．二元機能触媒では，二つの異なる活性点を反応物質が行き来しながら，多段階の反応が進行し，生成物を与える．カルボカチオンの骨格異性化反応の中間体としては，プロトン化シクロプロパン反応中間体が提案されており，2-メチルおよび 3-メチルペンタンが同時に生成することをよく説明する（図 4.10）．

4.1.5 水素・アンモニア・メタノール・ジメチルエーテル合成

1）水素製造

現在のところ，世界的な水素の需要としては，アンモニア合成が 50 %，石油精製が 35 %，メタノール合成が 9 %となっている．一方で水素は，これら工業用水素に加えて，**燃料電池**での利用が注目されており，家庭用燃料電池ならびに燃料電池自動車を中心に，燃料電池の市場化が進められている．水素は常温では気体であり，2014 年に市場導入が始まった燃料電池自動車においては，現

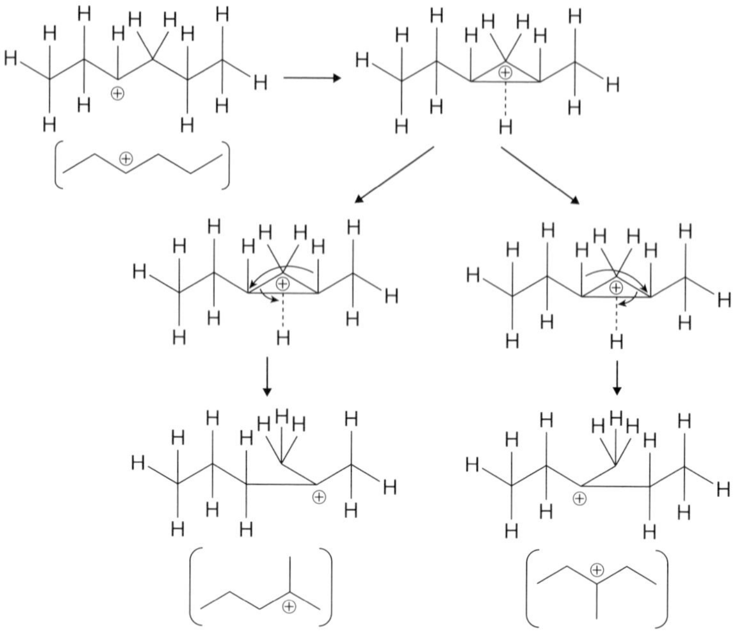

図 4.10　プロトン化シクロプロパン反応中間体を経由する骨格異性化反応

行自動車と同程度の距離を走行させるために，700 気圧で気体の水素を圧縮して充填し用いている．

水素を作る方法として，炭化水素の**水蒸気改質**による水素製造，石炭ガス化からの水素製造，再生可能エネルギー・光触媒による水素製造，水の電気分解などが考えられる．再生可能エネルギーとしてのバイオマスについては 5.7 節で，光触媒については 5.5 節で詳しく述べる．炭化水素の水蒸気改質による水素製造は，1930 年にアメリカでメタンの水蒸気改質により始められ，その後石油精製（水素化分解・水素化脱硫など）や，アンモニア合成，メタノール合成，オキソ合成などに用いるための水素・合成ガス製造のために発展を続け，1960 年代に ICI 社や Topsoe 社によって，ラネーニッケルなどの Ni 系触媒を用いて 750～900 ℃の高温，30 気圧以下の加圧条件で行う技術が確立され，現在は一日当たり 200 万 Nm^3（常圧換算での体積）クラスのプラントが稼動している．反応管の上部にKを添加したNi系触媒を用いることで炭素析出を抑え，下部にはKを添加していないNi系触媒を用いることで，高い活性を実現している．現在，世界中で天然ガス（メタン）改質が全水素製造の約5割，ナフサの水蒸気改質（含む脱水素）が約3割を占め，石炭ガス化・コークス炉ガスが18％，電解が4％程度である．メタンの水蒸気改質による水素製造は以下の式で表される．

$$CH_4 + 2H_2O \longrightarrow 4H_2 + CO_2$$

炭化水素の水蒸気改質には，担体上に担持された遷移金属触媒が活性を示す．担体には親水性の酸化物が有効で，疎水性の担体では一般に活性は低い．メタンの水蒸気改質に対する金属の触媒活性について，

$$\mathrm{Rh, Ru > Ni > Ir > Pd, Pt, Re \gg Co, Fe}$$

の序列が知られている．以前用いられていたラネーニッケル触媒は，Niと他の金属を合金とし，他の金属のみを溶解除去することで得られるスポンジ・粉末状のものである．その後，より使用量を減らし高効率に反応を進めるために，Niを担持した触媒，とりわけNi-アルミナ（あるいはスピネル）が開発され，現在はこちらが主に用いられる．現在残る課題は，炭素析出を抑制するために化学量論以上（メタンの場合上記式の2倍）の水蒸気を供給していることや，高温ゆえに拡散・伝熱の影響が大きいこと，高温高圧であるために反応管材質が限られることである．化石資源の水蒸気改質においては，一般には活性点となる金属上でのC-C，C-H結合解離が律速といわれる．炭素析出は，原料の構造，触媒の構造（活性金属の微細構造），入口水蒸気濃度，出口CO濃度などに大きく依存する．また，触媒劣化や炭素析出の問題から，重質炭化水素を原料とすることは難しいとされ，現在技術の開発が求められている．

水蒸気改質は大きな吸熱反応であるため，反応熱を外部から供給しなければならない．水蒸気の代わりに酸素を供給する**部分酸化**（partial oxidation）という方法は，一方で大きな発熱反応である．この際に導入する酸素量は完全燃焼に必要な酸素量に対して30～40％程度に抑え，酸素不足状態で部分酸化を進める．メタンを原料とする場合の反応式は次の通りとなる．

$$CH_4 + \frac{1}{2}O_2 \longrightarrow CO + 2H_2$$

天然ガスの場合は，その反応性の低さゆえに一般に1373～1773 K，10 MPaといった過酷な条件で行われる．得られた混合ガスからタールや硫黄分を除去し，さらに一酸化炭素と水蒸気を反応させて水素の割合を高めるとともに，一酸化炭素を二酸化炭素に変成する．一般に，PO_X (partial oxidation) から生成される合成ガスは H_2/CO 比が2付近の組成である．反応メカニズムとして，CCRと呼ばれる燃焼の後に改質が進むものと，$DCPO_X$ (direct catalytic partial oxidation) と呼ばれるメタンから直接部分酸化で合成ガスが得られるものが知られる．前者はNi系触媒やPd系触媒などを用いて比較的長い接触時間で行われ，後者はRh系触媒などが用いられ非常に短い接触時間で行われる．

他に**自己熱改質法** (autothermal reforming) という方法も知られる．これは水蒸気改質に必要な外熱を，部分酸化法という発熱反応により発生した熱を用いて供給する方法である．これにより，酸化と改質の二つの反応が一つの反応器内部で行われ，熱的に自立させることができるという利点がある．反応式としては水蒸気改質と部分酸化の複合化であり，1123～1273 K，2～4 MPaの条件で行われる．反応器の形態としては，原料を反応器上部で酸化し下部で改質するTopsoe法と，流動層で酸化と還元を同時に行うExxon法が知られる．

バイオマス資源から水素を製造することも可能である．バイオマスには様々な種類があるが，大別すると，最初からエネルギー利用を前提とし植物を栽培する生産系バイオマスと，都市廃棄物等の未利用資源系バイオマスがある．森林や農作物を含めると，世界のバイオマス賦存量は約1.2～2.4兆tといわれる．化石資源を用いないバイオマスの利用は，大気中の二酸化炭素濃度を増加させないため，クリーンなエネルギーとなりうる．一方で，技術的，経済的な面から，利用可能なバイオマス資源は限定されるうえ，食料との競合もあり，非食料系バイオマスからの高効率な水素製造技術の開発が期待されている．バイオマスからの水素製造法は，熱化学的変換法，水蒸気改質法，生物学的変換法等がある．熱化学的変換法では，低含水率バイオマスを材料とし，バイオマスと砂やアルミナ粒子を流動床炉に入れ，1073～1273 K，0.1～0.5 MPa でガス化を行い，一酸化炭素と水素を得る．これらのガスは，発電用の燃料として用いられる他，触媒を用いてのメタノール，ジメチルエーテルへの転換等，液体燃料の材料としても用いられる．タールの析出が問題となりやすく，芳香族や含酸素化合物が分解しにくいため，これらを転換する触媒の開発が進められている．水蒸気改質法としては，単糖類の発酵で得られた粗留エタノール（単蒸留により得られた濃度の低いエタノール）を，Co 系触媒などを用いて 400 ℃程度で直接水素にすることができる．

石炭のガス化による水素製造は，我が国では発電用が主なもので，IGCC が知られる．これは，石炭などの重質炭素資源を空気（あるいは酸素）による部分酸化でガス化し，ガス精製を行った後に，得られたクリーンなガスを用いてコンバインドサイクル発電（CC：ガスタービンと蒸気タービンの複合）を行う発電プラントである．水素は燃やし，同時にできる二酸化炭素は回収して貯蔵する（CCS と呼ばれる）ことが考えられている．これらはプレコンバッションと呼ばれ，燃焼の前に CO_2 を分離回収し，水素のみを燃焼する．ここでの課題は，空気分離（ASU）の所要動力を小さくすること，石炭中の硫黄分などを含むガスの乾式精製（**ハニカム触媒**），同様に硫黄分を含むガスの水性ガスシフト（サワーシフトと呼ばれ，Co-Mo 系などが用いられる）の高活性・長寿命化などである．また，後段で CO_2 を分離する際には，物理吸収法（UOP のセレクソールなどのグリコール系）ならびに化学吸収法（アミン系）があるが，いずれも一長一短であり，回収 CO_2 純度を 90 %とするかそれ以上（95 %あるいはそれ以上）とするかで大きくコスト（エネルギーペナルティ）が異なる（**図 4.11**）．

2）アンモニア合成

アンモニアは，肥料や化学品の原料，冷媒など様々な用途に用いられる物質であり，年間約 1.85 億 t 生産される重要な**基礎化学品**である．その 8 割が肥料として消費される．また，質量水素密度および体積水素密度が大きいという利点があり，現在注目を浴びている水素利用社会において，水素の貯蔵および輸送媒体の候補にも挙げられている．アンモニアの世界的需要は新興国の経済

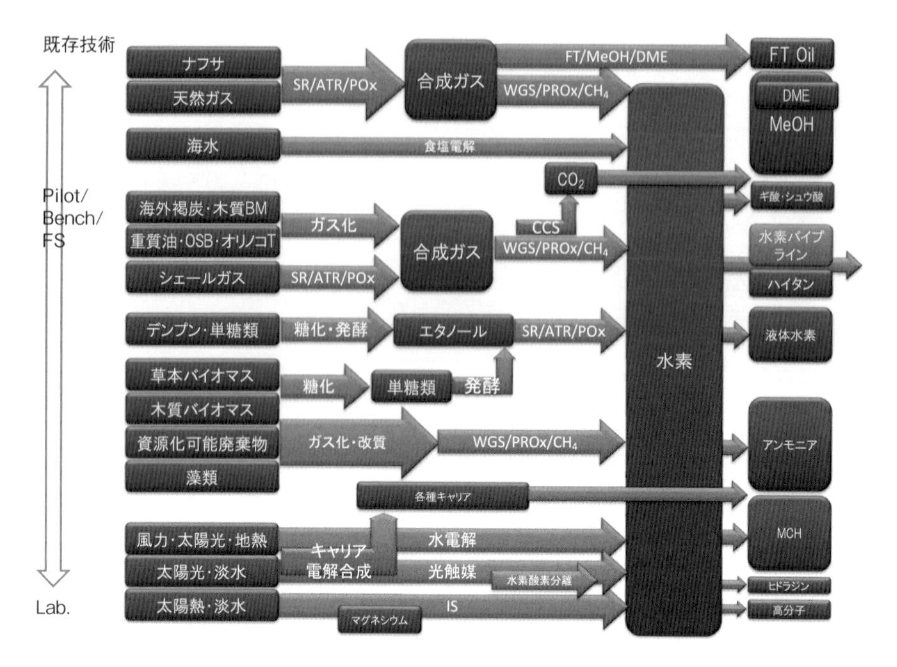

図 4.11　水素の製造と貯蔵の現状と今後の流れ

発展等を背景に年々増加しており，今後ますますその需要は増大していくものと考えられる．

今から200年近く前には，人口の増加が等比級数的であるのに対し食料は等差級数的にしか増産できないことがすでに心配され，100年強前には，チリ硝石の枯渇が心配された．そんな中，ハーバー（Haber, F.）とボッシュ（Bosch, C.）らによって，大気中の窒素と，化石資源から作った水素を原料としてFe系触媒を用いるとアンモニアを合成できることが見いだされ，大幅な食料の増産が可能になり，それに伴って人口も飛躍的に増加した．このころは，スウェーデン産の磁鉄鉱が，微量の不純物に起因する助触媒能力と相まって，良い触媒であるとされた．

その後，1992年には，カナダでRuを触媒とした工業プロセスが始まった．MgOやグラファイト（黒鉛．シャープペンシルの芯のようなもの）が担体に用いられ，さらに促進剤として Ba や Cs，希土類が修飾されたものを用いた．さらに，チョムキン（Temkin, M.I.）らによる反応速度式の導出，エルトル（Ertl, G.）らによる表面反応機構の解析といった大きな足跡が残され，今日にいたっている．

アンモニアはその生産量の多さから，原料の窒素源には空気中に多く存在する窒素分子が用いられる．しかし，窒素分子は安定であり容易に反応しない．そのためアンモニア合成では，一般的に窒素解離を促進する鉄系触媒および高温高圧の反応条件が必要とされる．現在は，SV（空間速度）15000 ～ 40000 h^{-1} 程度，15 MPa，400 ～ 450 ℃程度で操業され，アンモニア転化率は 15 %程度とされる．したがって，合成に際してエネルギーを大量に消費することとなり，全世界のエネルギー消費の数%を占めるともいわれる．一方で，反応に伴うエンタルピー変化は -46.1 kJ mol^{-1} と発熱反応で，熱力学的にはエネルギー消費の小さい反応であり，より低温で作動しうる高性能な触媒の台頭が期待される．アルカリ金属を助触媒として加えた場合，Ru が比較的低温において高いアンモニア合成活性を発現することが知られる．アルカリ金属による Ru への電子供与効果によって，Ru 上に on-top で（Ru 原子上に垂直に）吸着した窒素分子との電子供与・逆供与がより強く生じる．その結果，窒素結合が弱まり，アンモニア合成活性が促進される．

3）メタノール合成

メタノール合成は，1923 年ドイツの BASF 社により，石炭からの水性ガスを原料にして，亜鉛・クロム系触媒を用いて実施された．現在，メタノールは主として天然ガスを原料としており，天然ガスを改質して得られた合成ガスから，圧力 5 ～ 10 MPa，温度 473 ～ 573 K の条件で，銅・亜鉛系触媒を用いて合成されている．また，中国では石炭をガス化したガスからのメタノール生産が精力的に進められている．メタノール合成の主反応は以下の反応式で表され，分子数が減少する反応で，かつ大きな発熱反応である．

$$CO + 2H_2 \longrightarrow CH_3OH$$

また，天然ガス中に含まれている二酸化炭素が水素と逆シフト反応を起こし，生成した一酸化炭素によってメタノールが合成される．さらに，二酸化炭素は以下の反応によって直接メタノールに転換されることもある．

$$CO_2 + 3H_2 \longrightarrow CH_3OH + H_2O$$

メタノール合成で使用している Cu/Zn 系触媒は，一般的に高活性・高選択性で，常用の温度範囲で副反応生成物は非常に少ない．しかし，この触媒は天然ガス中に含まれる硫黄化合物によって被毒を受けやすく，さらに熱耐久性が悪いという欠点を有している．このことから，合成ガス製造の段階で充分な脱硫が要求され，また触媒層温度を制御して劣化が起こりにくい範囲に維持することが重要となる．

メタノール合成の改善点としては，プラントの大型化による経済性向上が挙げられる．メタノール合成における製造プロセスは，改質工程，圧縮工程，合成工程，蒸留工程に分けられる．各工程におけるプラント建設費の割合は，それぞれ 47 %，13 %，30 %，10 %程度とされる．プラントを大型化するためには，改質工程を中心に合理化が必要である．また，改質法の主流となっている水蒸気改質法はスケールアップがしにくく，大型化による経済効果が一日当たり 2500 t 以上では減少してしまう．そこで，天然ガス価格が高い地域では，部分酸化法と組み合わせた二段改質法が実施されている．

得られたメタノールは，ZSM-5 というゼオライトによってプロペンへと転換することができる（MTP：methanol to propylene）．これにより，中国では石炭からメタノールを経由してプラスチックを作ることができるようになった．他にも，SAPO-34 というアルミノホスフェートを用いると，エチレンとプロペンを 1：1 に近い比率で作ることができる．今後，北米と中国でメタノールの増産が進み，メタノールを起点とする化学が展開されると考えられている．

4.2 化学品製造のための触媒

脱硫・接触分解・改質といった精製を経た石油製品は，重油や軽油として直接燃料となるばかりでなく，触媒による化学合成により，プラスチック，洗剤，医薬品等，様々な製品となって我々の暮らしを日々支えている．本節では，これら基本的な化学製品を生み出すために重要な役割を担う触媒に焦点を当て，概説していく．

4.2.1 我々の身の回りの製品は触媒によって作られている

衣類・生活用品等ほとんどのものは，「**石油**」を大元の出発原料としている．しかし，これらは石油から直接作られるのではなく，様々な化学反応による「**分子変換**」を受けて作られているのである．そして，その分子変換を制御するために数多くの触媒が使われている．

前節で，ナフサのクラッキングによりエチレン，プロペンといった C_2，C_3 製品が得られることを学んだ．さらに，ここで副生してくる分解ガソリン中にはベンゼンをはじめとする数多くの芳香族炭化水素が含まれており，分留精製後様々な化合物に変換される．また，クラッキングの過程によりメタンが副生するが，これも重要な C_1 製品である．本節では，ナフサのクラッキングにより得られたエチレン，プロペン，BTX から，我々の生活に身近な製品へと分子変換するプロセス，およびそこで必要な触媒を解説していく．触媒化学は現在もなお進化している．したがって，触媒の改良に基づくプロセスの革新が行われた例に関しては，その比較も併せて紹介していく．

4.2.2 エチレンからの誘導体

「**ポリエチレン**」の原料としてなじみ深い「**エチレン**」は，単に重合するだけでなく，**図 4.12** を見て分かるように，我々の生活に密接している多くの物質の基本骨格の原料となっている．中でも重要な反応として，酸化反応，水和反応，塩素化反応があり，いずれの分子変換にも触媒が重要な役割を担っている．

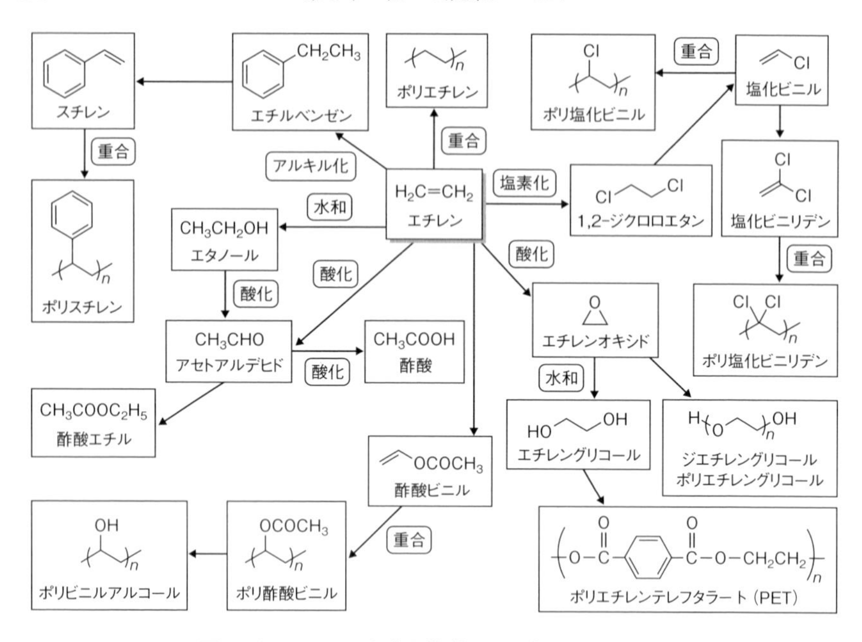

図 4.12　エチレンを出発物質として作られる化合物

1）酸化反応

エチレンを出発とする酸化反応により，エチレンオキシドやアセトアルデヒドが作られる．エチレンオキシドは，ポリエチレングリコールやPET樹脂をはじめとするポリエステルの原料として重要な化合物であり，かつては，プロピレンオキシドの項目（4.2.3項）で詳述するクロロヒドリン法で作られていた．現在では銀触媒を用いた手法が開発され，空気によりエチレンから直接酸化させて作る．

$$H_2C{=}CH_2 + 1/2\,O_2 \xrightarrow[\substack{200\sim300\,^\circ\mathrm{C} \\ 10\sim30\,\text{気圧}}]{\text{銀触媒}} \text{エチレンオキシド}$$

反応機構としては，銀に付着した活性な分子状酸素（$Ag^{+}(O_2^{-})$）がエチレンを酸化するが，副生する原子状酸素がエチレンを酸化し，二酸化炭素と水が副生するという説が有力である．一方，エチレンオキシド合成には原子状酸素も活性種として働くという説もあり，反応機構は完全には解明されていない．

エチレンオキシドに充分量の水を付加させれば，水の不凍剤としても用いられるエチレングリコールが生成する．付加させる水の量を減らしていくと，ジエチレングリコール，トリエチレングリコールなど，付加重合した生成物が得られてくるようになる．

アセトアルデヒドの合成は，かつてはアセチレンの水和で行われていた．このとき触媒として用いられていた水銀塩が一部有機水銀となり，工場廃水から魚介類による生物濃縮を経て重大な健康被害を引き起こした．

$$HC{\equiv}CH + H_2O \xrightarrow{HgSO_4} H_2C{=}CH{-}OH \rightleftarrows CH_3CHO$$

現在は，塩化パラジウムおよび塩化銅水溶液を触媒としたエチレンの直接酸化方法（ヘキスト-ワッカー（Höchst-Wacker）法；ワッカー法と呼ばれることも多い）が主流である．触媒サイクルとしては，Pd（II）イオンがエチレンに配位し，水の付加による炭素-Pd 結合生成，Pd 種の β 脱離の後の再挿入，還元的脱離により，アセトアルデヒドが生成する．このときゼロ価になったパラジウムは，塩化銅（II）による再酸化により塩化パラジウムとして再生する．酸素はこの塩化銅（I）を 2 価に酸化するのに用いられ，結局の所，塩化パラジウムも塩化銅も触媒量でよいことになる．

$$H_2C{=}CH_2 + 1/2\,O_2 \xrightarrow[120\sim140\,℃,\ 3\sim5\,気圧]{PdCl_2\text{-}CuCl_2\,/\,H_2O} CH_3CHO$$

ここで作られたアセトアルデヒドから，ティシチェンコ（Tishchenko）反応を利用して，シンナー等の有機溶媒や香料として有用な酢酸エチルが作られる．

$$2\,CH_3CHO \xrightarrow{Al(OC_2H_5)_3} CH_3COOC_2H_5$$

一方で，醸造酢の合成と同じように，アセトアルデヒドを酸化させれば酢酸が生成する．かつては工業的にも，マンガン（Ⅲ）触媒を用いて，アセトアルデヒドから空気酸化により酢酸が合成されていたが，現在では，1970年にアメリカのモンサント社が開発したロジウムを用いる手法（モンサント法）が広く普及している．本法はエチレンからの合成ではないが，非常に重要な触媒プロセスの一つである．

$$CH_3OH + CO \xrightarrow[CH_3I]{\text{Rh触媒}} CH_3COOH$$

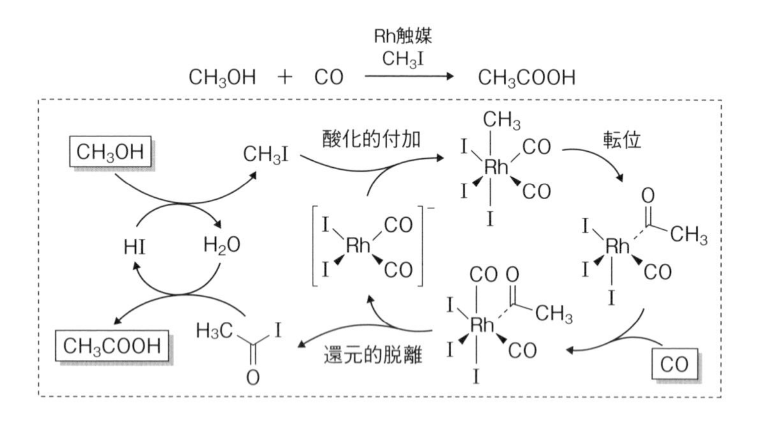

エチレンと酢酸から作られる酢酸ビニルは，ビニロン繊維として知られるポリビニルアルコールの製造に用いられる．以前はワッカー法と類似の方法で，$PdCl_2$-$CuCl_2$-酢酸溶液から作られていたが，現在は担持パラジウム触媒を用いた気相反応で合成している．

$$H_2C{=}CH_2 + CH_3COOH + 1/2\,O_2 \xrightarrow[150\sim200\,^\circ C,\ 3\sim10\text{気圧}]{\text{担持パラジウム触媒}} CH_2{=}CHOCOCH_3 + H_2O$$

2）付加反応

古代より酒としてたしなまれているエタノールは，バイオマス由来の安価なグルコース源から発酵法により工業的にも合成されている．有機化学の教科書には，硫酸を付加させてエタノールの硫酸エステルとした後，加水分解で合成する方法が記載されているが，工業的には担持リン酸等の固体酸触媒を用いてエチレンを水和させる方法により供給されている．

$$H_2C{=}CH_2 + H_2O \xrightarrow[300\,^\circ\mathrm{C},\ 70\,\text{気圧}]{H_3PO_4\,/\,SiO_2} CH_3CH_2OH$$

エチレンに対する塩素の付加により生成する塩化ビニルは，ポリ塩化ビニルの原料として重要である．塩化ビニルは，エチレンに対し塩化鉄（Ⅲ）触媒下，塩素を付加させ1,2-ジクロロエタンを合成し，これを熱分解することで合成できる．熱分解の過程で副生する塩素は，塩化銅（Ⅱ）を触媒としたオキシ塩素化によるエチレンからの1,2-ジクロロエタン合成プロセスを併用することで消費でき，非常に効率的である．

$$H_2C{=}CH_2 + Cl_2 \xrightarrow[60\sim120\,^\circ\mathrm{C},\ 1\sim4\,\text{気圧}]{FeCl_3} ClCH_2CH_2Cl \xrightarrow{60\sim120\,^\circ\mathrm{C}} H_2C{=}CHCl + \boxed{HCl}$$

$$H_2C{=}CH_2 + \boxed{2HCl} + 1/2\,O_2 \xrightarrow[250\,^\circ\mathrm{C},\ 1\sim4\,\text{気圧}]{CuCl_2} ClCH_2CH_2Cl + H_2O$$

4.2.3　プロペンからの誘導体

エチレンに次いで単純なアルケンである**プロペン**は，重要なC_3供給体である．基礎の有機化学でアルカンとアルケンの反応性の違いを学んだ者は，エチレンと同じ分子変換がプロペンに対しても適用できると思うであろうが，実際のところ，二重結合に隣接するメチル基（アリル位という）は単純な飽和炭化水素とは異なり，反応性に富んでいる．そのため，反応位置選択性の制御が障害となる場合がある．しかし，逆に考えると，メチル基に対する分子変換も可能であるため，プロペンからは様々な誘導体が工業的に作られている．プロペンを出発物質として作られる化合物として代表的なものを**図 4.13** に示してあるので，エチレンの場合と比較してみてほしい．

1）酸化反応

プロピレンオキシドを得ようとしたとき，エチレンと同様の手法でプロペンに対し空気酸化を行うと，メチル基の酸化が優先しアクロレインが主生成物と

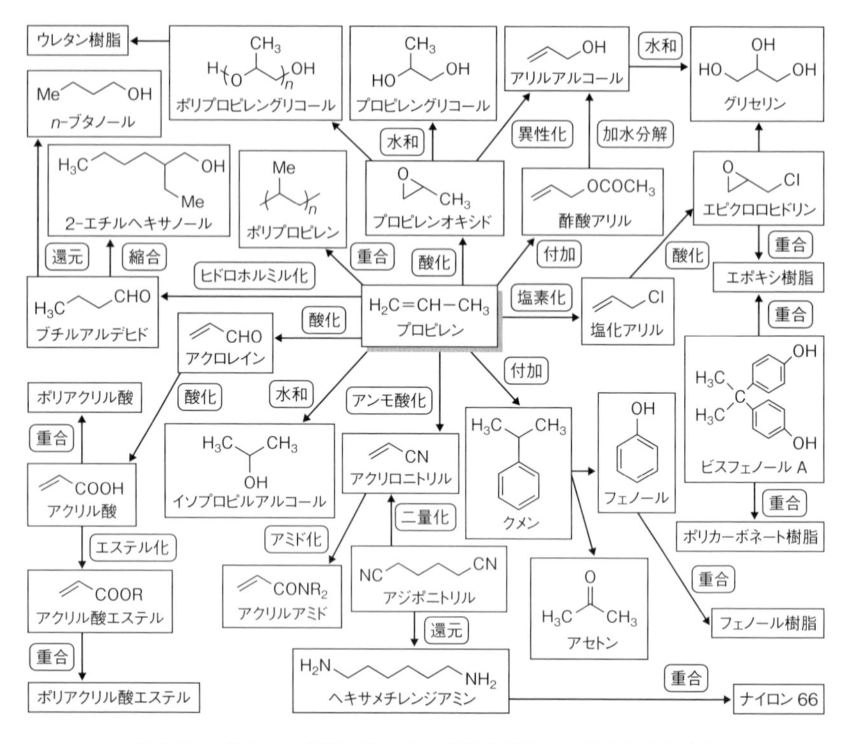

図 4.13　プロペン（プロピレン）を出発物質として作られる化合物

なるため，プロピレンオキシドは低収率となる．逆に，酸化モリブデン–酸化ビスマス系の触媒存在下，高温で酸化反応を行うと，選択的にアクロレインが得られる．これを酸化モリブデン–酸化バナジウム系の触媒存在下さらに酸化すると，高吸水性ポリマー等に利用されるポリアクリル酸の原料であるアクリル酸が合成できる．アクリル酸は各種アルコールと反応することでアクリル酸エステルとなり，塗料・粘着剤・繊維の原料として利用される他，アクリル酸エステルを重合させたポリアクリル酸エステルは透明性・堅牢性に優れた高分子であり，アクリル系の塗料として我々の生活になじみが深い．

$$CH_2{=}CHCH_3 \xrightarrow[280\sim350\ ^\circ C]{O_2,\ MoO_3\text{–}Bi_2O_3\ \text{触媒}} CH_2{=}CHCHO \xrightarrow[240\sim300\ ^\circ C]{O_2,\ MoO_3\text{–}V_2O_5\ \text{触媒}} CH_2{=}CHCOOH$$

エチレンからエチレンオキシドを合成する所でも少し述べたが，プロピレンオキシドを合成する方法の一つにクロロヒドリン法がある．これは，プロペンに次亜塩素酸を付加させクロロヒドリンを得た後，脱塩化水素でエポキシドを合成する古典的な手法である．

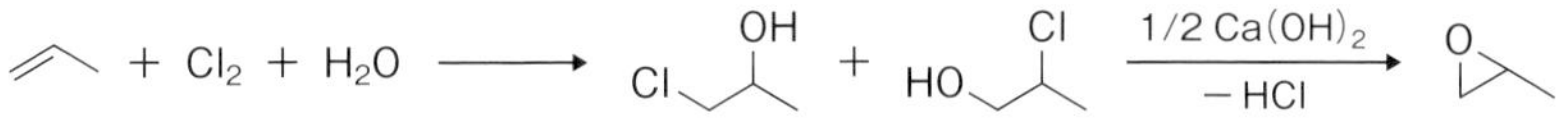

$+ Cl_2 + H_2O \longrightarrow$ OH Cl + Cl HO $\xrightarrow[-\,HCl]{1/2\,Ca(OH)_2}$ O

分子状酸素よりも穏やかな条件下で酸化が可能なヒドロキシペルオキシドを用いると，アルケンからエポキシドへと分子変換ができる．これを利用してプロピレンオキシドを合成する方法（ハルコン（Halcon）法）もよく用いられている．この方法の利点は，副生するヒドロキシペルオキシド由来のアルコールも別の製品に転化できることにある．例えば，エチルベンゼンを空気酸化して合成したエチルベンゼンヒドロキシペルオキシドは，プロペンの酸化に利用した後 α-フェネチルアルコールとなる．これは脱水するとスチレンとなるため，プロピレンオキシドと同時にスチレンの生産も可能となる．このような併産法は，両製品の需要バランスが崩れない限り，プロセス化学において非常に重要である．

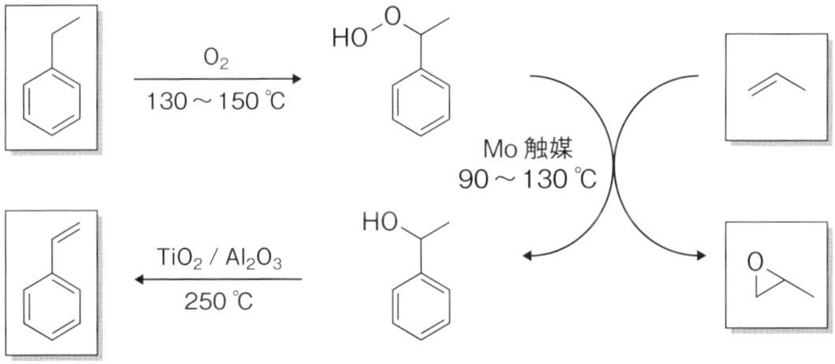

O_2
130～150 ℃
HO O
Mo 触媒
90～130 ℃
HO
TiO_2 / Al_2O_3
250 ℃
O

ここで得られたプロピレンオキシドは，エチレンオキシドと同様に，水和することによりプロピレングリコールをはじめとする各種ポリエーテルに導ける．また，リン酸塩を触媒とする異性化により，アリルアルコールへと変換できる．

O　リン酸塩 →（250～350 ℃）　OH

2）付加・置換反応

エチレンからエタノールができるのと同様に，プロペンに水を付加させるとプロパノールが生成するが，二重結合の2個の炭素のうち水素原子数の多い方の炭素に反応剤の陽性な部分（水でいえばプロトン）が付加するというマルコフニコフ（Markovnikov）則に従うため，選択的にイソプロピルアルコールが得られる．効率的に合成するにはヘテロポリ酸を触媒として用い，高温・高圧下で反応を行う．

＋ H_2O　ヘテロポリ酸 →（240～280 ℃, 150～200 気圧）　OH

イソプロパノールは溶剤として用いられる他，酸化することによりアセトンに変換できる等，利用価値は高い．

OH　ZnO 触媒 →（300～400 ℃）　O　＋ H_2

直鎖のアルコールを合成する手法として，ヒドロホルミル化またはオキソ合成法と呼ばれる手法を利用する．これは，遷移金属触媒を用い，一酸化炭素と水素の混合ガス（合成ガス）とアルケンを作用させることにより，炭素数が一つ多いアルデヒドを合成する手法である．すなわち，プロペンからはブチルアルデヒドが合成できるが，錯体により直鎖（ノルマル体）と分岐（イソ体）の割合が決まってくる．遷移金属触媒から生成する金属ヒドリド錯体にアルケンが挿入される段階でその比率が決まる．工業化の当初はコバルト錯体が用いられていたが，直鎖の選択性が良いロジウム錯体が現在主流である．また，代表的なロジウムヒドリド錯体 $HRh(CO)(PPh_3)_3$ を用い均一系で反応を行うと，生成物と触媒の分離が困難となる．そこで，配位子にスルホン化処理を施し，水溶性にすることで反応を水中で行い，触媒と生成物の分離を容易にする手法が採られている．

$$\text{CH}_2{=}\text{CHCH}_3 + H_2 + CO \xrightarrow[\text{Rh}_2(\text{CO})_4\,/\,\text{PPh}_3]{\text{Co}_2(\text{CO})_8\ \text{or}} \text{CH}_3\text{CH}_2\text{CH}_2\text{CHO} + (\text{CH}_3)_2\text{CHCHO}$$

$$\xrightarrow{H_2} \text{CH}_3\text{CH}_2\text{CH}_2\text{CH}_2\text{OH} + (\text{CH}_3)_2\text{CHCH}_2\text{OH}$$

$$[\text{M}]_2(\text{CO})_4 \xrightarrow{H_2} \text{H–[M](CO)}_2 \rightleftarrows \text{H–[M](CO)} + \text{CO}$$

H–[M](CO) + CH$_2$=CHR → (OC)[M]CH$_2$CH(H)R + HCH$_2$CH([M](CO))R

→ (CO) → (OC)[M]C(=O)CH$_2$CH(H)R + HCH$_2$CH(C(=O)[M](CO))R

→ (H_2) → HC(=O)CH$_2$CH(H)R + HCH$_2$CH(CHO)R + H–[M](CO)

　ここで合成したアルデヒドを還元すると対応するアルコールが合成される．プロペンに限らず多くのアルケンから対応するアルデヒド，アルコールが生産されている．このようなオキソ合成法により合成されたアルデヒドやアルコールのことを，一般にオキソアルデヒドやオキソアルコールと呼ぶ．また，ブチルアルコールからは，アルドール縮合を経て脱水・水素化することで，より複雑な 2-エチルヘキサノールが合成される．これはエステルに変換されて塩化ビニル等の樹脂の可塑剤として大量に利用されている．

$$2\ \text{CH}_3\text{CH}_2\text{CH}_2\text{CHO} \longrightarrow \text{CH}_3\text{CH}_2\text{CH}_2\text{CH(OH)CH(C}_2\text{H}_5)\text{CHO} \xrightarrow[-H_2O]{} \text{CH}_3\text{CH}_2\text{CH}_2\text{CH}{=}\text{C(C}_2\text{H}_5)\text{CHO} \xrightarrow{H_2} \text{CH}_3(\text{CH}_2)_3\text{CH(C}_2\text{H}_5)\text{CH}_2\text{OH}$$

　本項の最初で述べたように，アリル位は反応性が高く，反応条件により選択的な反応が進行する場合が多い．例えば，プロペンを高温気相条件下で塩素と反応させると，アルケンへの塩素の付加反応が進行せず，メチル基への置換反応が進行し，塩化アリルが生成する．本反応はラジカル機構で進行し，塩素から発生した塩素ラジカルがアリル位に置換する．

$$CH_2=CHCH_3 + Cl_2 \xrightarrow{500\,℃} CH_2=CHCH_2Cl + HCl$$

ここで得られる塩化アリルは，クロロヒドリン法によりエポキシ樹脂の原料であるエピクロロヒドリンとなる．

$$CH_2=CHCH_2Cl \xrightarrow{Cl_2 + H_2O} ClCH_2CH(OH)CH_2Cl + HOCH_2CHClCH_2Cl \xrightarrow[-HCl]{1/2\,Ca(OH)_2} \text{(epoxide)}CH_2Cl$$

プロペンを出発原料とする重要な分子変換反応の一つに，アンモ酸化（Sohio法）によるアクリロニトリル合成がある．アクリロニトリルは，アクリル繊維，ABS樹脂，AS樹脂の原料の他，ナイロン66の原料であるアジポニトリルの製造にも用いられる．かつてはアセチレンへのシアン化水素の付加により合成されていたが，現在では，アンモニア存在下で空気酸化するアンモ酸化法で製造されている．本手法は原料が安価なうえ，一段階の気相反応で済むため経済的に優れている．触媒として，初期は酸化モリブデン–酸化ビスマス–酸化鉄などが用いられてきたが，現在もなお改良が続けられている．

$$CH_2=CHCH_3 + NH_3 + 3/2\,O_2 \xrightarrow[400 \sim 450\,℃,\ 1 \sim 3\,\text{気圧}]{\text{触媒}} CH_2=CHCN + 3\,H_2O$$

本手法では副生成物としてアセトニトリルが副生するが，これは溶剤として用いられている．また，シアン化水素も副生してくるが，アセトンとの反応によりメタクリル酸エステルへと変換されるため，有用な炭素源である．

$$(CH_3)_2C=O + HCN \longrightarrow (CH_3)_2C(OH)CN \xrightarrow{H_2SO_4} CH_2=C(CH_3)CONH_2 \xrightarrow{R'OH} CH_2=C(CH_3)COOR'$$

アクリロニトリルからアジポニトリルへの変換は，電解還元の二量化により行われる．工業的に実用化されている電気化学的有機合成手法として稀な例である．

$$
\begin{array}{lll}
\textbf{陽極} & CH_2=CHCN + H^+ + e^- & \longrightarrow 1/2\,NC(CH_2)_4CN \\
\textbf{陰極} & 1/2\,H_2O & \longrightarrow H^+ + 1/4\,O_2 + e^- \\
\hline
 & CH_2=CHCN + 1/2\,H_2O & \longrightarrow 1/2\,NC(CH_2)_4CN + 1/4\,O_2
\end{array}
$$

4.2.4　BTX からの誘導体

ベンゼン (benzene)，**トルエン** (toluene)，**キシレン** (xylene) の頭文字をとって BTX と略される化合物群は，工業分野から日常の生活用品，あるいは医薬品原料の源流として幅広く利用されている．そのため，多くの反応により多種多様な製品が市場に出ているが，**図 4.14** (次頁) をよく見てみると反応としては単純で，大部分は芳香環への求電子置換反応であり，次いでアルキル基を酸化してからの分子変換反応である．芳香族環の還元反応もあるが，工業的に大量合成されている重要なものはナイロンの製造原料合成過程のみである．

1）ベンゼンからの変換反応

ベンゼンからの重要な生成物の一つとしてスチレンがある．ポリスチレンは発泡スチロールに代表されるように，比重が軽いことが特徴であるが，反面，もろいという欠点もある．そのため，これまで述べてきたモノマー原料と複合化され，多種多様な樹脂が開発されている．アクリロニトリル-ブタジエン-スチレン樹脂 (ABS 樹脂)，アクリロニトリル-スチレン樹脂 (AS 樹脂)，メタクリレート-スチレン樹脂 (MS 樹脂) 等が代表的であるが，それ故，スチレンは大量に製造する必要がある．ベンゼンを固体リン酸，塩化アルミニウム，ゼオライトといった固体触媒存在下エチレンと反応させると，エチルベンゼンが生成する．

$$C_6H_6 + H_2C{=}CH_2 \xrightarrow[300\,^\circ C,\ 20\sim60\,気圧]{触媒} C_6H_5CH_2CH_3$$

ここで得られたエチルベンゼンのエチル基を脱水素するとスチレンが生成する．この反応は酸化鉄-酸化クロム触媒下高温で行う必要がある．反応を完結させようとするとスチレン同士の重合が進行するため，転化率を低くする必要がある．また，エチルベンゼンからスチレンを合成するもう一つの手法として，プロピレンオキシドを合成するプロセスで述べたハルコン法がある．

$$C_6H_5CH_2CH_3 \xrightarrow[550\sim600\,^\circ C]{Fe_2O_3\text{-}CrO_3} C_6H_5CH{=}CH_2$$

ベンゼンとエチレンでエチルベンゼンが合成できるが，同様にプロペンを作

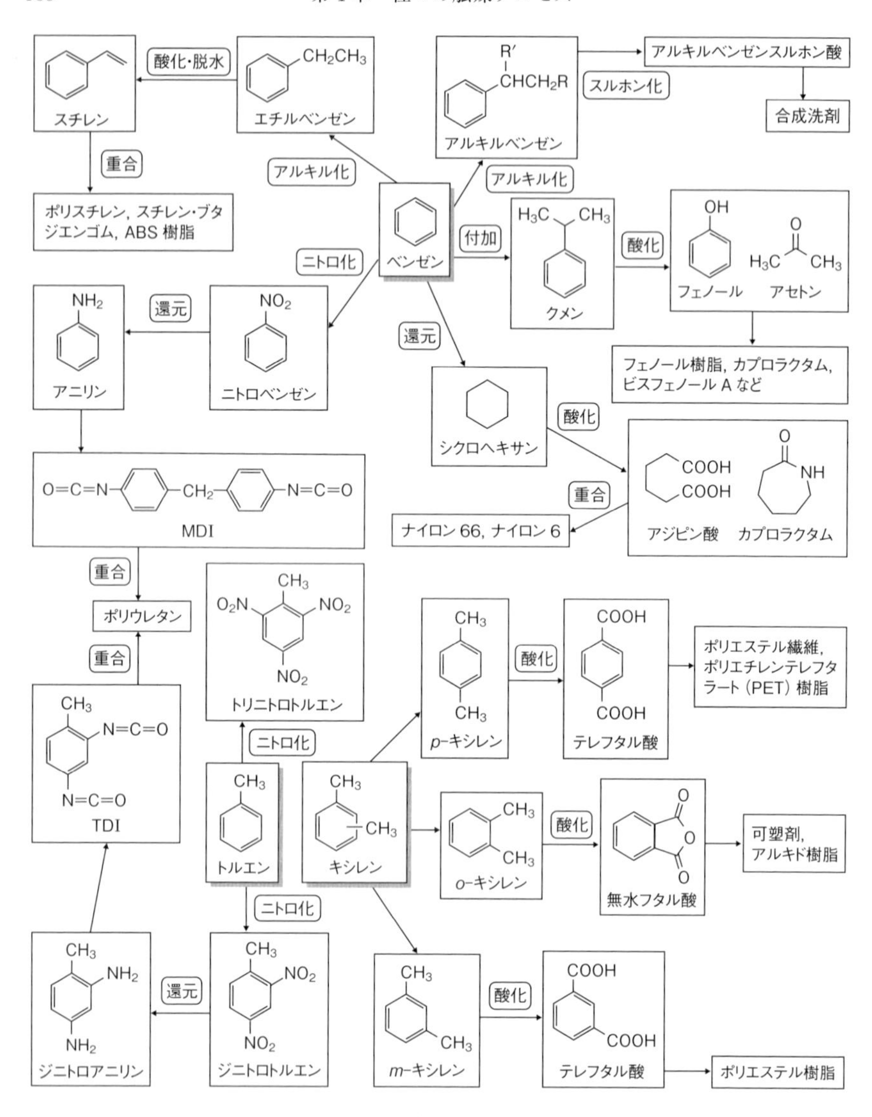

図 4.14　BTX を出発物質として作られる化合物

用させるとクメンが合成できる．クメンも容易に空気酸化し，クメンヒドロペルオキシドとなる．これを酸化剤としてプロピレンオキシドを合成するプロセスもあるが，より重要なプロセスは，クメンヒドロペルオキシドを酸で分解してフェノールとアセトンを合成するクメン法である.

$$CH_2{=}CHCH_3 + C_6H_6 \longrightarrow C_6H_5CH(CH_3)_2 \xrightarrow[90\sim130\,℃,\ 5\sim10\,\text{気圧}]{O_2,\ Na_2CO_3} C_6H_5C(CH_3)_2OOH \xrightarrow[60\,℃]{1\,\%\ H_2SO_4} CH_3COCH_3 + C_6H_5OH$$

フェノールは石炭酸といわれているように，かつてはコークスの副産物で得られていたが，現在ではクメン法により合成するのが主流である．ここで得られたフェノールは，ホルムアルデヒドと重合させてフェノール樹脂とする他，アセトンと反応させてビスフェノール A とした後に，エポキシ樹脂やポリカーボネートの合成に利用できるため，極めて重要な化合物である．そのため，より直接的な方法としてベンゼンの直接酸化が検討されている．

$$2\ C_6H_5OH + CH_3COCH_3 \xrightarrow{\text{陽イオン交換樹脂}} HO{-}C_6H_4{-}C(CH_3)_2{-}C_6H_4{-}OH$$

ビスフェノール A

ベンゼンとエチレンあるいはプロペンから多くの誘導体が合成できる．同様に，ベンゼンに対し長鎖アルキル基を持つアルケンを酸触媒存在下作用させると，対応するアルキルベンゼンが合成できる．かつては塩化アルミニウム等腐食性の酸を用いた方法が主流であったが，現在ではゼオライト等の固体酸を触媒として合成されている．ここで得られたアルキルベンゼンは，スルホン化されて合成洗剤として有用なアルキルベンゼンスルホン酸塩となる．

本項の最初で述べたように，BTX 化合物の誘導化は求電子置換反応が主流であるが，ニッケルを中心とした触媒存在下水素を作用させると還元反応が進行し，シクロヘキサンが得られる．シクロヘキサンを酸化しシクロヘキサノンを経て ε-カプロラクタムを合成すればナイロン 6 が，シクロヘキサノンからアジピン酸あるいは 1,6-ヘキサメチレンジアミンを合成すればナイロン 66 が合成できる．これらの反応により，ナイロン繊維が大量に生産されている．多くの中間体がその合成のためのルートを複数持っており，煩雑なためまずは概略を示した．

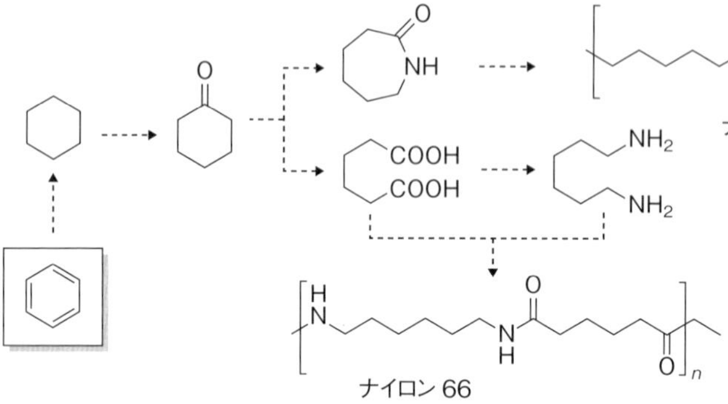

ナイロン6

ナイロン66

ベンゼンを水素添加で還元した後，コバルト触媒による酸化反応によりシクロヘキサノンを合成するが，生成したヒドロペルオキシドが分解されるパスも存在するため，シクロヘキサノールとシクロヘキサノンとの混合物となってしまう．イソプロパノールの酸化と同様，シクロヘキサノールは亜鉛触媒を用いて脱水素反応によりシクロヘキサノンへと酸化する必要がある．

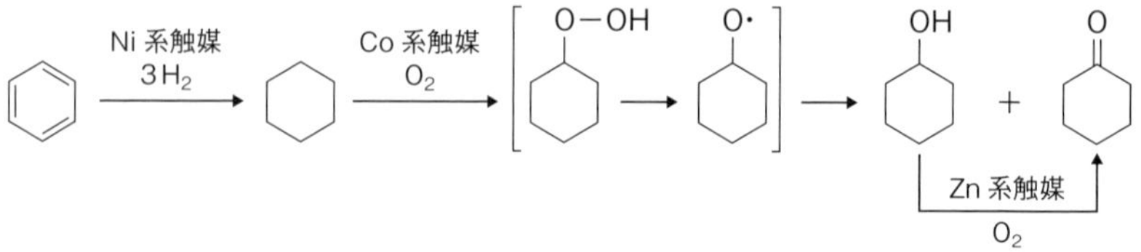

近年では自動酸化を経ない方法も実用化されている．ルテニウム触媒を用い，部分酸化を行うことでシクロヘキセンを合成し，ゼオライト触媒存在下水和させてシクロヘキサノールを合成する．酸素酸化ではないため脂肪酸等の副生成物がほとんどなく，経済的にも優れた方法である．

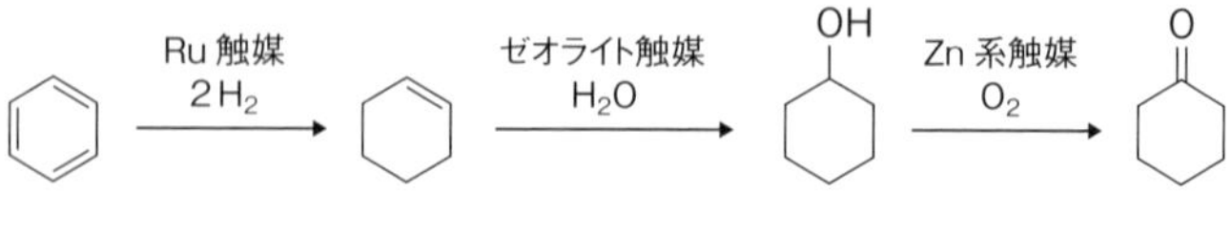

シクロヘキサノンとヒドロキシルアミンを加熱すると容易にオキシムとなる

が，試薬として用いるヒドロキシルアミンは，入手と取扱いの容易さから硫酸塩を用いる場合が多く，中和でアンモニアを必要とする．また，オキシムを硫酸中で加熱するとベックマン転位が起こり，ε-カプロラクタムが生成するが，ここでも硫酸を中和する必要がある．実際に1トンのラクタムを合成するのに1.5～2トンの硫酸アンモニウムが副生してくる．副生成物を減らすためのより直接的な手法として，光ニトロソ化反応を利用する，シクロヘキサンからの直接的オキシム合成も工業化されている．この手法はベンゼンからの工程数がより短工程であり，ヒドロキシルアミンを用いないので副生成物を低減化できる．

シクロヘキサンからの直接的オキシム合成でも，後段のベックマン転位では硫酸が必要なため，近年ではこれをゼオライト等の固体酸でできないか検討されており，実用化段階まで近づいている．また，ベンゼンを出発原料としないε-カプロラクタム合成として，アジポニトリルからの部分還元によりアミノカプロニトリルを合成した後，加水分解・環化によりラクタムを合成する手法も考案されている．この方法はベックマン転位を経ないため，硫酸アンモニウムが副生しない．

ナイロン66の原料はアジピン酸とヘキサメチレンジアミンであるが，アジピン酸はシクロヘキサンを酸化させたシクロヘキサノールとシクロヘキサノンの混合物を硝酸酸化させて合成する．また，アジピン酸に対し，アンモニア存在下脱水反応を施すことでアジポニトリルに変換でき，これをニッケル触媒もしくはCo–Cu系触媒存在下水素添加することで，ヘキサメチレンジアミンへと誘導することができる．

OH　+　O　Cu–V 系触媒 HNO_3 → COOH COOH　NH_3 $-H_2O$ → CN CN　Ni 系触媒 or Co–Cu 系触媒 H_2 → NH_2 NH_2

この他にもアジポニトリルを合成する手法として，前項で述べたアクリロニトリルの電解還元二量化法や，ブタジエンに対するシアン化水素の付加反応等がある．様々な原料からの供給ルートの確保は，安定な製品供給に必須であり，その中でもより効率的な合成法を求めて触媒の改良が続けられている．

COOH COOH　NH_3 $-H_2O$ → CN CN ← CN

CN CN ← Ni 系触媒 ＋ 2HCN

アニリンは，ジイソシアナート等のウレタンフォームの原料として利用できるばかりか，染料・顔料中間体やゴムの加硫防止剤や酸化防止剤として使われている．合成法の代表的なものとして，ニトロベンゼンの還元やフェノールからのアミノ化が挙げられる．

NO_2　$3H_2$ Cu, or Ni →　NH_2　← NH_3 ゼオライト触媒　OH

トルエンに対するニトロ化によりニトロトルエンが得られ，還元してメチルアニリンとして使われるが，オルト位，パラ位の混合物となるため，工業的には主要な製品ではない．トルエンに対してはジニトロ化すると高選択的にトルエンに対してオルト位とパラ位にジニトロ化されるので，トルエンジイソシアナート（TDI）を効率的に合成できる．また，トリニトロ化すると爆薬で有名なトリニトロトルエン（TNT）になり，こちらも工業的に大量に作られている．

ウレタンフォームの原料であるジイソシアナートは，対応するアニリンをホスゲンでカルボニル化して合成する．代表的なのは，アニリンから誘導される 4,4′-ジフェニルメチレンジイソシアナート（MDI）と前述の TDI である．有毒なホスゲンの代わりに炭酸ジメチルを用いる方法や，ニトロ化合物と一酸化炭素を反応させカルバナートにした後，熱分化による脱アルコールでイソシアナートを合成する手法もある．

H_2N–C₆H₄–CH_2–C₆H₄–NH_2 → O=C=N–C₆H₄–CH_2–C₆H₄–N=C=O

CH_3, NH_2, NH_2（ジアミノトルエン） —2 $COCl_2$→ CH_3, N=C=O, N=C=O（トルエンジイソシアナート）

キシレンからはメチル基の酸化によりカルボン酸を得るのが重要なプロセスであり，*p*-キシレンからは PET 樹脂の原料であるテレフタル酸が，*o*-キシレンからは可塑剤で大量に用いられる無水フタル酸が合成される．

H_3C–C₆H₄–CH_3 —$Co(OAc)_3$, $Mn(OAc)_3$, O_2, 180～220 ℃, 10～25 気圧→ HOOC–C₆H₄–COOH

CH_3, CH_3（o-キシレン） —V_2O_5-TiO_2, O_2, 380～390 ℃, 1～1.8 気圧→ O, O, O（無水フタル酸）

触媒を開発する意味

様々な触媒反応を俯瞰してきたが，ここでは医薬品合成において触媒化により革新的なプロセスが成功した例を挙げ，触媒を開発していく意味を考えてみよう．次ページの図は頭痛薬等に配合されているイブプロフェンの合成ルートである．左上のイソブチルベンゼンを出発物質とし，かつては 6 段階の工程を経て合成されていた．

BASF 社が 1997 年に開発したルート（3 工程）

1960 年代の合成ルート（6 工程）

図　イブプロフェンの合成ルート

合成の各段階は非常にシンプルだが，アルデヒドを合成してからオキシムを経てカルボン酸に至るまでに3段階を必要としていた．また，最初の段階は古典的なフリーデル-クラフツ アシル化反応であるが，化学量論量以上の塩化アルミニウムを必要とするため，反応停止時に多量の塩酸とアルミナが副生し，未反応の無水酢酸は回収できなかった．

これに対し BASF 社が開発した手法は，同じフリーデル-クラフツ アシル化反応であるが，フッ化水素を触媒とすることで触媒化に成功し，反応終了後，未反応無水酢酸や，触媒であるフッ化水素も回収し，再利用可能なプロセスとすることに成功している．引き続き，ラネーニッケルを触媒とする還元反応，パラジウム触媒を用いる一酸化炭素の挿入反応により，イブプロフェンを3工程で合成できた．本工程は，未反応の水素ガス，一酸化炭素ガスは回収できるし，触媒も回収し再利用できる極めて効率的なプロセスであるといえよう．もちろん1960年代ではパラジウムを触媒とする化学は黎明期であり，多くの化学プロセスで使えることが実証された故の結果であることはいうまでもない．しかし，このようにプロセス反応の触媒化は日々進化し続けているのである．

演習問題

[1] ピリジンとピロールでは，ピリジンの方が塩基性が強い．これは，それぞれのN原子がプロトンに配位した後でも，芳香族性が維持できるかどうかと関連している．この観点から，ピリジンの塩基性がピロールより強いことを説明せよ．

[2] ゼオライトのブレンステッド酸点およびルイス酸点とプロパンの相互作用により得られるカルボカチオンの構造を，ゼオライトの酸点を含む形でそれぞれ示せ．

[3] 金属-固体酸二元機能触媒を用いて，*n*-ペンタンから2-メチルブタンを与える反応スキームを示せ．

[4] アンモ酸化（Sohio法）で学んだように，アクリロニトリル合成ではアセトニトリルが副生する．このアセトニトリルは2008年以降価格が高騰した時期があった．その理由を述べよ．

[5] 世界で何万トンも消費されるにもかかわらず複数の合成法が稼働しているプロセスがある（例えばアセトンはイソプロパノールの酸化の他，クメン法でも作られる）．その理由を述べよ．

[6] ポリカーボネートは，ヘルメットや防護メガネ，CDやDVDの基板として使われる重要なポリマーで，多くは一酸化炭素，塩素から発生させたホスゲンとビスフェノールAとを重合させて作られている（ホスゲン法）．それに対し近年，エチレンオキシド，二酸化炭素，ビスフェノールAからポリカーボネートを作るプロセスが稼働し始めた．どのような反応機構か，副生成物は何か答えよ．

第5章　環境・エネルギー触媒

宇宙から見ると，地球は物質として閉鎖した系である．限りある資源を活かし，環境を維持していくためにも，触媒は重要な役割を果たす．ものを燃やした際に出る窒素酸化物は，酸性雨の原因となるため触媒によって無害化されている．また，次世代のエネルギーの要となるといわれる燃料電池にも，触媒が用いられている．さらに，環境を維持するために廃棄物を出さずに効率よく物を作り出す技術や，二酸化炭素を再利用する技術などにも触媒が重要な役割を果たす．本章ではこれらについて学ぶ．

5.1　固定発生源からの脱硝

窒素酸化物は酸性雨の原因物質となるため，工場などから大気に放出する前にあらかじめ取り除く必要がある．窒素酸化物は，燃料中の窒素に由来するもの（**フュエル NO_x** と呼ばれる）と，大気中の窒素が高温燃焼時に酸素と反応するために発生するもの（**サーマル NO_x** と呼ばれる）がある．他にも，天然ガスを燃焼した際に生成する**プロンプト NO_x** というものも知られる．固定発生源からの**脱硝**が必要なのは，硝酸製造工場，ならびに高温で物を燃やす工場（火力発電所など）である．とくに火力発電所は，規模が大きく，処理量が大量であるため，触媒プロセスも大型のものを必要とする．

これらの固定源からの脱硝では，かつては窒素酸化物を含む排気ガスをアルカリ溶液にくぐらせて固定・除去する**湿式法**が主流であったが，吸収後の溶液の処理に大きなエネルギーとコストがかかるため，1980年ごろから，触媒を用いた**乾式法**に置き換わった．ここでの触媒は，473 K以下の低温ではPtやPd

が，473～673 K の中温用としては主に V_2O_5 が，それより温度が高い場合はゼオライトなどが用いられる．発電排気ガスの中温用脱硝としては，TiO_2-V_2O_5 系ハニカム触媒を用いたアンモニアを還元剤とする反応が最もよく用いられる．この触媒は排気ガス中の SO_2 と Cl_2 によりアンモニウム塩を作り著しく劣化するため，これら二成分を事前に除去することが重要である．この反応は以下の式で表せる．

$$4NO + 4NH_3 + O_2 \longrightarrow 4N_2 + 6H_2O$$

現在，国内だけでも 1000 基以上の固定源からの脱硝プラントが稼働している．この触媒反応は，NH_3 の触媒上への吸着が起こり，次に吸着した NH_3 が NO_2（気相の NO が酸素により NO_2 になる）と反応する．その際に，V が 5 価と 4 価で酸化還元しながら触媒反応が進むことが知られる．

5.2　ガソリン自動車排気ガスの脱硝

自動車は世界中で増加の一途を辿っており，2020 年には世界で 12 億台を超えるといわれている．我が国でも 5000 万台近い自動車が走行し，毎年 500 万台近い自動車が新規に販売され，そのほとんどがガソリン車である．自動車のライフサイクルは 10 年強であるため，少しずつ電動化（EV など）が進んだとしても，まだしばらくの間は市場の大半をガソリン車が占めることとなる．ガソリン自動車の排気ガス中に含まれる一酸化炭素（CO），未燃焼の炭化水素（HC），および窒素酸化物（NO_x）は環境や人体に影響を与えるため，日本やアメリカなどを中心に厳しい排出規制が行われている．現在，これらの有害成分は自動車排気ガス用触媒によって浄化され大気中へ排出されている．一方，ガソリンの燃焼によって生じる排気ガス中の二酸化炭素（CO_2）は，地球温暖化対策のため削減が求められ，自動車にはさらなる燃費向上が要求されている．今後，さらなる環境負荷低減を達成するため排出ガス規制はより厳しくなる傾向にあり，自動車にはよりいっそうの燃費性能が求められる．

自動車排気ガス浄化触媒には**三元触媒**が用いられてきた．三元触媒は，Rh・

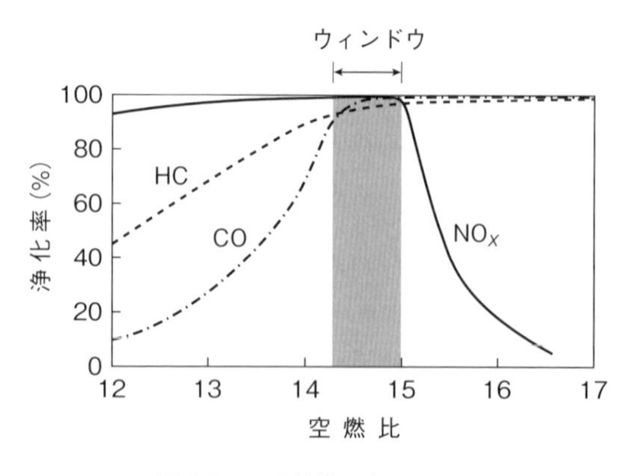

図5.1 三元触媒とウィンドウ

Pd・Ptの貴金属をアルミナ等に担持し，これをコージェライト($Mg_2Al_4Si_5O_{18}$)という無機ハニカムにコートした触媒である．三元触媒は，NO_xのCO・炭化水素によるN_2への還元，COのCO_2への酸化，炭化水素のCO_2とH_2Oへの酸化を同時に行い，三つの汚染物質を同時に削減することができる．それを可能にするためには，燃料の噴射と空気の供給をコンピューターで制御することにより，**空燃比**(空気と燃料の供給重量比)を14.6付近の範囲(**ウィンドウ**)に制御する必要がある(**図5.1**)．また，触媒の耐性を高めるために，Pdを一番内側に，その外側にRhを，さらに外側にPt(これら三つのうち最も被毒に強い)を担持させている．

三元触媒反応は理論空燃比付近(ウィンドウ)でしか効果的に進まないので，熱効率が高く燃費を向上できる希薄燃焼方式(リーンバーン)エンジンには適用できない．そのため，ウィンドウを拡大するために，酸素吸蔵・放出能を有する酸化物であるCeO_2-ZrO_2をアルミナと混合することで，酸素過剰雰囲気では酸素を貯え，酸素不足の際に酸素を放出して空燃比を制御できるようにしている(**図5.2**)．また，ダイハツは，PdをLa-Co系ペロブスカイトに担持した触媒において，Pdが格子に出入りできることを見つけ，これを活かして高性能化・長寿命化を実現した．自動車触媒は，−30℃といった寒冷条件から，高回転域での排気ガス温度である1000℃近い温度まで，広く厳しい条件にさら

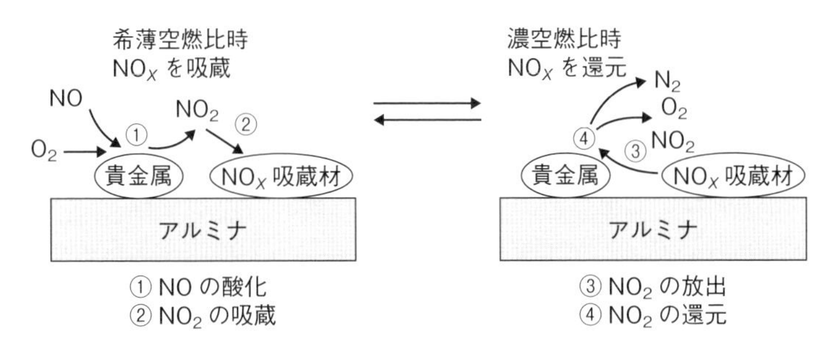

図 5. 2 NO_x 吸蔵還元型触媒作用の仕組み

され，かつ多量の排気ガスを処理する必要がある（毎秒当たりで最大 200 L 程度）ため，高性能かつ高安定性が強く望まれる．

さらに，より燃料が希薄な（リーンな）条件でも作動しうる触媒として，Pt-Ir/ZSM-5（マツダ），Ir/$BaSO_4$（日本触媒）などが開発されてきた．またトヨタでは，NO_x を吸蔵し，リッチ条件になったときに吸蔵していた NO_x を還元する NO_x 吸蔵還元型触媒が開発された．これは，Ba などのイオンを触媒表面に修飾することで塩基点として機能させ，温度が低く触媒が機能しにくい条件では，NO_x をいったん Ba 上に吸着させ，ある程度蓄積したところで燃料を多めに噴射して（リッチスパイクと呼ばれる），N_2 へと還元させるものである．

自動車排気ガス浄化触媒は，触媒性能が発揮される充分高い排気ガス温度が必要であるが，燃費向上のために高圧縮比燃焼やターボ化・エンジン小型化が進み，排気ガス温度が下がる結果，既存の触媒が充分な性能を発揮できなくなることが予想される．そのため，低温で高い NO_x 還元性能を持つ触媒の開発が求められる．

5.3 ディーゼル自動車における脱硝と排気ガス処理

ディーゼルエンジンは，ディーゼル（Diesel, R.）卿が発明した内燃機関であり，希薄燃焼，自着火であり燃費が良く，大型化しやすい．ディーゼルエンジンはヨーロッパを中心として世界中で広く使われており，我が国ではバスやトラックなど大型の自動車で用いられている．ディーゼルエンジンの排気は，一般にガソリンエンジンに比べて清浄であるが，パティキュレートマター（PM；particulate matter）と呼ばれるディーゼル特有のスス（固体粒子）が大きな問題となる．これらディーゼル自動車の排気ガス成分を浄化するためには，NO_x を減らすこと，未燃炭化水素や一酸化炭素を減らすこと，PM を減らすことが同時に要求され，非常に難しい．よって，現時点では複数の触媒を組み合わせて用いる．その組合せとしては，DOC（ディーゼル酸化触媒）と DPF（ディーゼルパティキュレートフィルタ）と SCR（アンモニアによる選択触媒還元）を併用することが多い．

DOC（ディーゼル酸化触媒）は，ディーゼルエンジン排気ガス中の炭化水素を CO_2 と H_2O に，CO を CO_2 に，NO を NO_2 に酸化する．主に Pt などの貴金属をアルミナに担持した触媒が用いられる．ここで酸化により出た熱は，後段でも効果的に用いられる．担体に固体酸性を付与すると，SO_2 の吸着劣化を抑制することができる．一方で，白金粒子の耐熱性が下がってしまう．当初は，DOC は CO, HC, SOF（soft organic matter, PM の外表面の柔らかい有機分子）を酸化除去することだけが目的であったが，最近は，NO の酸化による NO_2 を，その強い酸化力を活かして後段で PM のコア（SOF が取れた残り）の酸化に用いている．

さらに，**DPF（ディーゼルパティキュレートフィルタ）**という市松型のハニカムからなるフィルタを用いて，微細なススを全て捕集し，前段の DOC で生成した NO_2 の強い酸化力を活かしてススを酸化する．

DOC と DPF を経た後に，NO_x 吸蔵還元，アンモニア，尿素，あるいは炭化水素を用いた選択還元によって，残った NO_x を除去する．これら一連の触媒は，さらに多段になっている場合もあり，触媒には多量の貴金属が使われていることから，非常に高価なものとなる．近年，マツダは，エンジン制御と DPF のみというシンプルな構造で排出ガス規制をクリアできることを示し，新たな方向性を示している．

5.4 燃料電池と触媒

燃料電池は，1801 年，イギリスのデービー (Davy, H.) が原理を考案，1839 年，イギリスのグローブ (Grove, W.) が燃料電池の原型（電極に白金，電解質に希硫酸を使用）を作製したことに始まる．しかし，燃料電池が注目されたのは，アメリカの有人宇宙飛行計画ジェミニ 5 号で固体高分子形燃料電池（アルカリ形）が採用されたことによる．その後，アポロ計画からスペースシャトルに至るまで，燃料電池は電源，飲料水源として使用された．

我が国では，1981 年，通産省（現：経産省）のムーンライト計画・ニューサンシャイン計画により燃料電池の開発が開始，発展してきた．燃料電池には，アルカリ形，リン酸形，溶融炭酸塩形，固体高分子形，固体酸化物形などが存在する．初期にはリン酸形と溶融炭酸塩形の燃料電池が主に研究され，商業規模での実証が重ねられた．そして，我が国は 2009 年，定置用（家庭用）燃料電池（エネファーム）の一般市場への世界初の販売を開始した．さらに，2014 年，トヨタが燃料電池自動車 MIRAI を世界で初めて市場投入した．また，ホンダも 2016 年，燃料電池自動車 CLARITY FC を市場化した．定置用燃料電池は，家庭用のように小型で頻繁に ON/OFF を繰り返すものには低い温度で作動する固体高分子形燃料電池が主に用いられるが，高温で作動する固体酸化物形燃料電池も用いられている．一般に，高温で作動するほどエネルギー効率は高いので，小型から大型まで対応できる固体酸化物形燃料電池は，大規模な電力産出のためのプロセスとしての利用が模索されている．自動車用には低温で作動する固体高分子形燃料電池が用いられる．

固体高分子形燃料電池（PEFC：polymer electrolyte fuel cell）は，H^+ のみを選択的に透過するフッ素系固体高分子膜（ナフィオンなど）や，炭化水素系固体高分子膜を電解質に用い，それを**アノード**（anode；燃料極）と**カソード**（cathode；空気極）で挟んだ 3 層スタック構造（膜電極接合体：MEA と呼ばれる）で構成される（**図 5.3 上**）．アノードに水素，カソードに空気を供給することで発電する．アノード触媒上で水素は H^+ と電子（e^-）に解離し，H^+ は電解

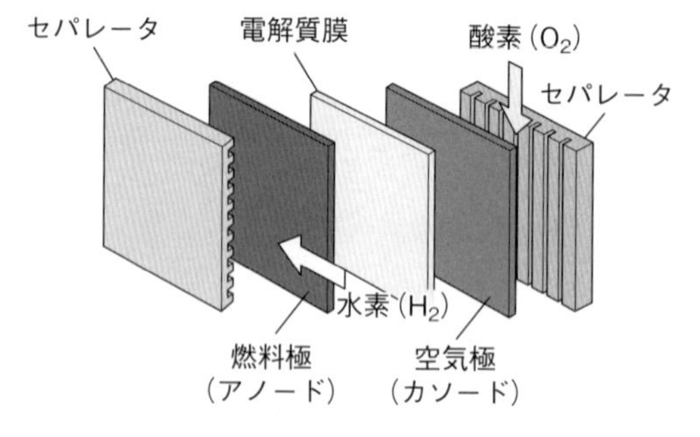

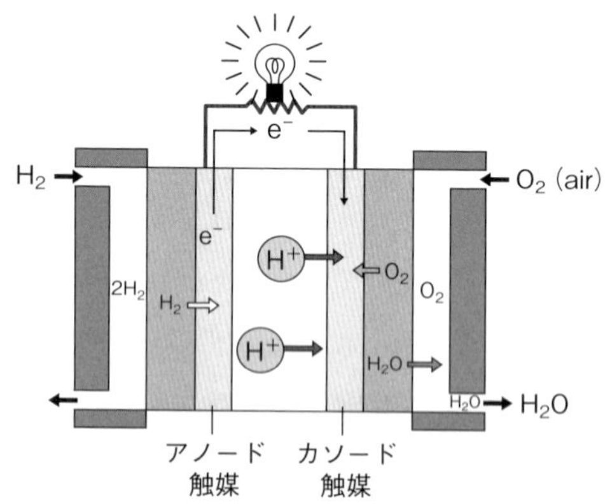

図 5.3　固体高分子形燃料電池の構造

固体酸化物形燃料電池では，酸化物を電解質に用いて，酸素イオン (O^{2-}) が空気極から燃料極に酸化物電解質中を移動する.

質膜を透過してカソード触媒上で O_2 と反応する．電子は外部回路を通って，カソード触媒上で H^+ と一緒に O_2 を H_2O に還元する．すなわち，燃料電池は，$H_2 + 1/2\,O_2 \rightarrow H_2O$ の化学反応熱を電気化学エネルギーに変換する発電装置といえる (図 5.3)．固体高分子形燃料電池は 273 ～ 373 K の低温で作動するが，通常 353 K 付近で使われる．各電極での反応式を下に示す.

$$\text{アノード}: H_2 \longrightarrow 2H^+ + 2e^-$$

$$\text{カソード}: 2H^+ + \frac{1}{2}O_2 + 2e^- \longrightarrow H_2O$$

燃料電池の活性を決めるのは主にカソードの酸素還元反応であり，酸性条件下，比較的低温でも活性であり，ある程度耐久性もある白金が活性成分として用いられる．白金ナノ粒子の担体としては，電気伝導性を持つカーボンが用いられる．Pt に少量の Co が添加されることもある．Pt/C 電極触媒の酸素還元活性に影響を与える因子として，Pt–Pt 間距離（格子定数）の縮み具合，電子状態（d バンドセンター），結晶面など，様々な報告がある．アノードにも白金が用いられる．水素中にわずかに含まれる耐 CO 被毒性を高めるため，Ru を添加することも多い．燃料電池自動車では 700 気圧の水素ボンベを搭載するが，定置用燃料電池エネファームにおいては，現時点では，都市ガスや LPG などの炭化水素を原料としているため，燃料電池の前に都市ガスなどを水素に転換するためのシステムが一体化されている．そこでは，脱硫過程，水蒸気改質触媒反応（Ni や Ru 触媒）$C_nH_{2n+2} + nH_2O \rightarrow (2n+1)H_2 + nCO$，CO 変成・除去触媒反応（水性ガスシフト反応 $CO + H_2O \rightarrow CO_2 + H_2$，選択 CO 酸化，CO メタン化）を経て，CO 濃度を 10 ppm 以下に下げている．

固体酸化物形燃料電池（SOFC）は，Y をドープした Zr 酸化物（YSZ と呼ばれる）などが固体電解質として多く用いられ，高温（> 700 ℃）で作動するため吸着被毒の心配があまりなく，H_2 以外にも多様な燃料を用いることができる．PEFC ではプロトンが燃料極から空気極に固体高分子電解質中を移動するが，SOFC では酸素イオン（O^{2-}）が空気極から燃料極に酸化物電解質中を移動する（**図 5.3 下**）．電解質の表面に，燃料側には Ni などを修飾し，空気側には $La_{1-x}Sr_xMnO_3$ などを修飾して触媒能を付与させることが多い．SOFC の電極での反応式を下に示す．

$$\text{アノード：} O^{2-} + H_2 \longrightarrow H_2O + 2e^-$$

$$\text{カソード：} \frac{1}{2}O_2 + 2e^- \longrightarrow O^{2-}$$

結局，$H_2 + 1/2\,O_2 \rightarrow H_2O$ の化学反応熱を電気化学エネルギーに変換できるわけである．

燃料電池の固体電解質自体の開発にも注目が集まっている．水を表面に有する構造によるプロトンキャリア型材料，格子内の欠陥を利用した酸素イオン伝導型材料が開発され，固体電解質の温度空白域であった300〜500℃のレンジを埋めつつある．この領域で作動可能なイオン伝導材料と反応プロセスが開発されると，水素を絡めた多くの化学反応・触媒反応が電気化学的に実現可能になる．また，再生可能エネルギー由来電力を用いた水の電解による水素製造や，水素化反応の高効率化が期待できる．

5.5 光 触 媒

5.5.1 光触媒の物性と機能

光触媒反応では，光触媒が光を吸収して電子と正孔（ホール）が生成し，それらが吸着した基質をそれぞれ還元および酸化する．光触媒作用を示す物質は，半導体，錯体，色素などであり，代表的な光触媒材料として，半導体である**酸化チタン**（TiO_2）が挙げられる．これは，酸化チタン電極に紫外光を照射すると水の分解（$H_2O \rightarrow H_2 + 1/2\,O_2$）が進行するという本多と藤嶋の発見（**本多・藤嶋効果**）に端を発し，盛んに研究されている光触媒材料である．酸化チタンの結晶構造には，アナターゼ型，ルチル型，ブルッカイト型が知られている．光触媒作用に関係するバンドギャップ（1.2節参照）は，それぞれ3.2 eV，3.0 eV，3.2 eVである．三つの構造の中では，アナターゼ型が最も高い光触媒活性を示すことが知られている．

酸化チタンにバンドギャップエネルギーより大きなエネルギーを持つ光（ルチル型では>3.0 eV，$\lambda < 410$ nm）が照射されると，酸化チタンは光を吸収し，O 2pからなる価電子帯の電子がTi 3dからなる伝導帯へと励起される．結果として，価電子帯には**正孔**（**ホール**：h^+）が生成し，伝導帯には電子（e^-）が生成することになる．次に，ここで生成した電子およびホールとH_2Oとの反応を考える．TiO_2表面の伝導帯の底の電位は -0.25 V，価電子帯の上端の電位は $+2.75$ Vにあたることが知られている（これ以降の電位（E°）はいずれも標準水素電極電位とする）．水からの水素発生および酸素発生に関わる電気化学平衡の式は以下のように表せる．

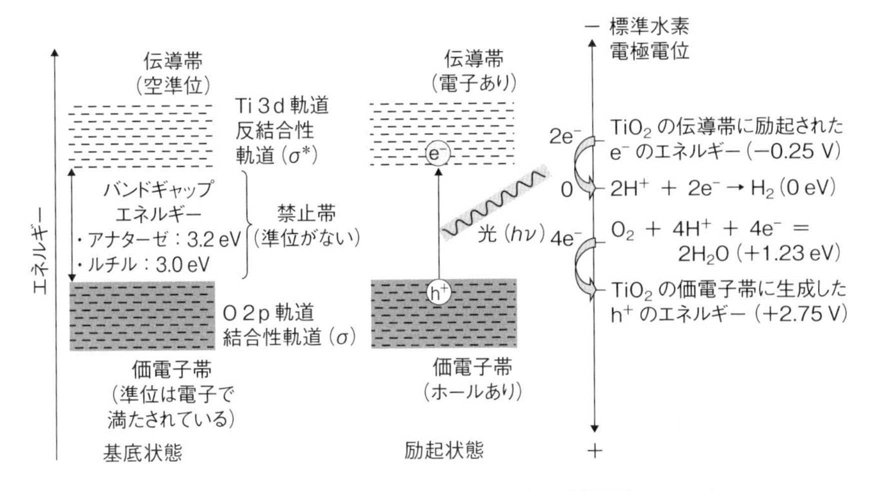

図 5.4 酸化チタンの光触媒作用による水の分解反応スキーム

$$2\,H^{+} + 2\,e^{-} = H_2 \qquad E^{\circ} = 0.00\ \mathrm{eV}$$

$$O_2 + 4\,H^{+} + 4\,e^{-} = 2\,H_2O \qquad E^{\circ} = +1.23\ \mathrm{eV}$$

図 5.4 には，これらの伝導帯の電子による水素発生，価電子帯のホールによる酸素発生のスキームを示す．水の分解により水素および酸素が発生するためには，伝導帯の下端の電位は，0.0 eV より高い必要があると同時に，価電子帯の上端の電位は，+1.23 eV より低い必要があるということである．ルチル型とアナターゼ型を比較した場合，伝導帯のエネルギーレベルがアナターゼ型の方が高く，0.0 eV との電位差が大きくなるため，アナターゼ型の方が光触媒活性が高くなると説明される．

5.5.2 光触媒の性能向上

光触媒反応は，光触媒が光で励起され電子とホールが生成し，それらにより基質が触媒表面で反応するものであるため，触媒活性には，光の吸収，電荷の分離，基質の吸着，表面反応などの全ての過程が関係する．光吸収の確率が高く，光反応の量子効率 (光触媒が吸収した光子 1 個当たりに反応に使われた電子の数) も高く，また，使用可能な光も，紫外光だけでなく可視光も効率よく利用できる触媒材料や反応システムの開発が盛んに行われている．

図5.4に示したように，酸化チタンは水を分解するポテンシャルを持っているが，その伝導帯のエネルギーレベルと水の還元電位（$2H^+ + 2e^- = H_2 \quad E^\circ = 0.00\,eV$）とのエネルギー差が小さい．そのため，伝導帯中の電子による水の還元を促進する**助触媒**（白金，ニッケル酸化物など）が酸化チタンに担持されている．伝導帯の電子は助触媒に捕捉され，還元サイトとして働き，$2H^+ + 2e^- \rightarrow H_2$ の反応を促進すると説明されている．同時に，酸化チタンから助触媒に電子が移行することで電荷分離を促進し，電子とホールの再結合を抑制する結果，基質との反応確率が増加する．Ptでは，逆反応である $H_2 + 1/2O_2 \rightarrow H_2O$ も進行させてしまうが，NiOは逆反応が進行しにくい性質を持つ．電荷分離を促進するという観点では，異なるバンド構造を持つ半導体を接合させ，半導体間で電子やホールを移動させて再結合を抑制する方法なども用いられている．

太陽光に多く含まれる可視光が利用できれば光触媒効率は大きく増大し，実用的にも重要であるため，**可視光応答性光触媒**の開発研究が多くなされている．例えば，窒素ドープした酸化チタン（$TiO_{2-x}N_x$）では，窒素ドープによりバンドギャップエネルギーが小さくなり可視光応答性を示すようになる．また，TiO_2 以外の材料で可視光に応答する光触媒の開発も進められており，バナジン酸ビスマス（$BiVO_4$）が可視光照射下で酸素を発生する光触媒であること，ロジウムとクロムの複合酸化物を担持したガリウムと亜鉛の窒化酸化物固溶体（$(Ga_{1-x}Zn_x)(N_{1-x}O_x)$）が，可視光照射下で水を完全分解（$H_2O \rightarrow H_2 + 1/2O_2$）する光触媒であることなどが見いだされている．

5.5.3　光触媒の環境浄化などへの応用

環境浄化への応用については，H_2O だけでなく，表面ヒドロキシ基，酸素分子などとの反応が重要となる．H_2O や OH^- はホールによって酸化されヒドロキシルラジカル（$\cdot OH$）を生成する．

$$h^+ + H_2O \longrightarrow \cdot OH + H^+$$

$$h^+ + OH^- \longrightarrow \cdot OH$$

また，酸素分子は電子により還元されスーパーオキシドアニオン（O_2^-）が生成する．スーパーオキシドアニオンは，H^+ と反応するとより反応性の高い $HO_2\cdot$ ラジカルを与え，さらに H_2O_2 を与える．

$$e^- + O_2 \longrightarrow O_2^-$$

$$O_2^- + H^+ \longrightarrow HO_2\cdot$$

$$2HO_2\cdot \longrightarrow H_2O_2 + O_2$$

さらに O_2^- がホールと反応すると原子状酸素も生成しうる．

$$O_2^- + h^+ \longrightarrow 2O\cdot$$

ここで生成した**ラジカル**や**活性酸素種**は，炭化水素が共存すると炭化水素を酸化する．例えば下記のような反応により，炭化水素から水素原子を引き抜いて炭化水素ラジカルを生成する．

$$R\text{-}H + \cdot OH \longrightarrow R\cdot + H_2O$$

特に，酸素分子が豊富にある条件下でこの R· が生成した場合，**ラジカル連鎖反応機構**で素早く反応が進行することになる．

$$R\cdot + O_2 \longrightarrow ROO\cdot \quad \text{（連鎖伝播段階）}$$

$$ROO\cdot + R\text{-}H \longrightarrow ROOH + R\cdot \quad \text{（連鎖伝播段階）}$$

$$ROOH \longrightarrow RO\cdot + \cdot OH \quad \text{（連鎖開始段階）}$$

これらの酸化反応により，有機物は最終的には二酸化炭素と水まで分解される．このような強い酸化力を利用することで，有機物の汚れ物質やにおい物質を分解することができるため，光触媒は環境浄化技術（防汚，抗菌，防臭等）に応用されている．例えば，白金ナノ粒子を担持した酸化タングステン（WO_3）が，可視光照射下で液相または気相に存在する有機化合物の分解に対して高い光触媒活性を示すことが見いだされている．

5.6　グリーンケミストリー

グリーンケミストリーは，基礎研究から実際の生産に至る全ての段階において，環境負荷がより低い化学技術を目指し，持続可能な社会の実現に貢献するものとして位置付けられる．グリーンケミストリーの12原則を以下に示す．

1）廃棄物は，生成してから処理するのではなく，生成しないようにする（予防）．

2）合成は，使った原料をできるだけ製品の中に取り込むように設計する（原子効率）．

3）合成は，人の健康や環境に対して毒性が少ない物質を使い，また，有毒物質が生成しないように設計する（低毒性）．

4）化学製品は，その機能・効用を損なわず，毒性を下げるように設計する（低毒性）．

5）溶媒，分離剤などの反応補助物質はできる限り使わないか，もし使っても無害なものを用いる（原子効率，低毒性）．

6）エネルギー消費は環境や経済への影響を考えて最少にする．合成は室温，大気圧が望ましい（省エネルギー）．

7）原料物質は，技術的・経済的に実行可能な限り，枯渇性ではなく再生可能なものを使う（再生可能資源）．

8）保護基の着脱，一時的修飾など，反応分子の不要な修飾は可能な限り避ける（原子効率）．

9）量論反応よりも選択的な触媒反応がよい（触媒）．

10）化学製品は，使用後，環境中に残留せず無害物質に分解するように設計する（生分解性）．

11）進んだ計測技術により，プロセスのリアルタイムモニタリングを行い，有害物質の生成を抑制する（計測制御）．

12）化学物質の排出，爆発，火災などの化学事故の可能性を最少にするように選択する（防災）．

表 5.1 業種別の E-ファクター

業　種	生産量（トン）	E-ファクター （＝副生成物重量／目的生成物重量）
石油精製	10^6 ～ 10^8	約 0.1
基礎化学品製造	10^4 ～ 10^6	＜1～5
ファインケミカル製造	10^2 ～ 10^4	5～50
医薬・農薬製造	10 ～ 10^3	25～＞100

1）で挙げられている廃棄物に関連して，**E-ファクター**という指標がある．E-ファクターは，副生成物と目的生成物の重量比として定義され，製造業の業種別に整理されている（**表 5.1**）．業種としては，下に行くほど，より複雑で分子量の大きな分子をより多段階で得ていくものになっている．そのため，目的生成物を得るうえでより多くの廃棄物を出す傾向にある．グリーンケミストリーという立場でとらえれば，E-ファクターの大きな業種ほど改善の余地が大きいことを意味している．

2），5），8）などで触れられている**原子効率**（atom efficiency）（または**原子経済**（atom economy）とも呼ばれる）は，対象となる化学反応について，化学反応式の右辺にある分子の分子量の和（全生成物）に対する目的生成物の分子量の割合として定義される．原子効率は，副生成物の毒性の違いを考慮せず，一律に重さで扱うので，有害な副生成物が生じる反応ではそれを処理する反応を反応式に加える必要がある．異なる合成法を比較したり，化学反応のグリーン度合いのポテンシャルを見積もったりするために用いられる便利な指標である．反応が理想的に進行した場合，E-ファクターと原子効率は以下の関係式が成り立つ．実際のプロセスでは，望ましくない副反応や，溶媒や触媒や未反応物の損失などの影響で，E-ファクターはより大きな値になる．

$$\text{E-ファクター} = \frac{1}{[\text{原子効率}]} - 1$$

9）で触れられているが，量論反応で用いる試薬の原子は全て化学反応式の右辺に登場してしまうのに対し，触媒反応に用いられる触媒は化学反応式の右辺には登場しないため，触媒の活用は原子効率の向上に寄与できる．簡単な例として，炭酸ジメチル（$(CH_3O)_2CO$）の製造について，ホスゲン法と酸化カルボニル化法を比較する．以下にホスゲン法と酸化カルボニル化法の化学反応式を示す．

ホスゲン法

$$2CH_3OH + COCl_2 + 2NaOH \longrightarrow (CH_3O)_2CO + 2NaCl + 2H_2O$$

酸化カルボニル化法（銅触媒）

$$2CH_3OH + CO + \frac{1}{2}O_2 \longrightarrow (CH_3O)_2CO + H_2O$$

ホスゲン法は，ホスゲンを用いた量論反応で，メタノールとホスゲンとの反応で発生するHClを中和するために塩基が必要となるプロセスである．右辺の全分子量の和は243であり，目的生成物の分子量は90であることから，原子効率は37 %となる．一方，酸化カルボニル化法は，銅触媒を用いる触媒反応であり，この化学反応の原子効率は83 %（= 90/108）となる．原子効率と，3)や4)に関連するホスゲンとCOの毒性，その他様々な因子も考慮すると，触媒反応はよりグリーンな合成方法といえる．

7）の再生可能資源の利用については，次節のバイオマスの項目で解説する．

9）にあるように，触媒反応やそれを実現する触媒の開発は，グリーンケミストリーという観点から期待されている．グリーンケミストリーへの触媒化学の貢献としては，以下のようなものが考えられている．

a）量論反応の触媒反応化など，化学反応の原子効率向上を目指したもの．触媒反応においても，量論試薬を用いた反応に匹敵する高い選択性を実現することが極めて重要である．

b）より複雑な構造を持った化合物を合成する際には，反応が多段にわたり，一段ごとに生成物を触媒と分離したり，蒸留などの精製が必要なことも多い．これに対して，多段階の反応を一つの反応器内で一度に進行させるワンポット合成が可能になれば，分離や精製の負荷を減らすことができ，効率的なプロセスとなる．この場合，異なる触媒反応を同一反応条件下で行い，かつ共存する物質の種類が増加する中で，ワンポット合成でも生成物への選択性を高く維持できるかどうかが重要なポイントとなる．

c）不均一系触媒は，均一系触媒と比較して，生成物と触媒の分離が容易であることがプロセス上のメリットである．そのため，均一系錯体触媒を適当な担体に固定化した触媒の調製や，均一系触媒反応を不均一系触媒反応に置き換える試みがなされている．例えば，均一系酸触媒である H_2SO_4 を固体酸触媒に置き換えたプロセスの実用化が進められている．

その他，触媒と反応媒体の工夫（無溶媒化，イオン液体，二相系溶媒，超臨界溶媒，水溶媒等）を組み合わせることによる，低環境負荷な反応設計も検討されている．

5.7　バイオマス

持続可能な社会の構築という観点から，**バイオマス**など再生可能資源の利用は重要な課題である．

最も近い将来，資源の不足・枯渇が心配されるのは**石油**であり，石油から製造してきた液体燃料や化学原料をバイオマスから製造することは，有力な石油

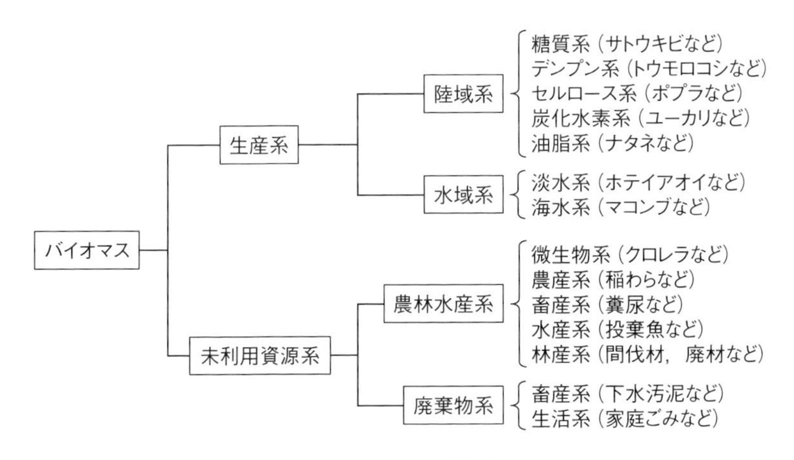

図 5.5　バイオマス資源の分類

代替法として**バイオマスリファイナリ**と呼ばれている．

バイオマス資源は，**図 5.5** のように分類されている．バイオマス資源の利用の問題点は食料との競合であり，非可食なバイオマス資源の利用が求められている．**表 5.2** にバイオマス資源の化合物や構造，性質，用途などについてまとめた．

表 5.2　バイオマス資源の例とそれらの構造と性質

バイオマス資源	化合物分類	化学構造	性質または用途
木質系バイオマス 藁，おがくず，バガス，トウモロコシ茎葉など〈リグノセルロース〉	セルロース	グルコースの直線状重合物，水素結合	結晶性，加水分解困難
	ヘミセルロース	C_5 糖，C_6 糖の枝分かれを持つ重合物	アモルファス，複雑な構造
	リグニン	アルキルフェノール類の枝分かれを持つ重合物	アモルファス，加水分解困難
非可食植物油	トリグリセリド	高級脂肪酸のグリセリンエステル	バイオディーセル
微細藻類バイオマス	トリグリセリド	高級脂肪酸のグリセリンエステル	次世代バイオディーゼル
製糖の廃棄物	デンプン，糖類	グルコースのポリマー，単糖類，二糖類	アモルファス，エタノール発酵

5.7.1　バイオエタノール

バイオエタノールの製造としては，ブラジルで行われているサトウキビからの農業副産物を用いた発酵法によるエタノール製造が代表的なものであるが，非可食で豊富に存在するリグノセルロース系バイオマスからのエタノール製造が好ましい．そのためには，反応性の低いセルロースをグルコースへと加水分解する必要がある．セルロースを加水分解する方法として代表的なものは，セルロースの加水分解酵素であるセルラーゼを用いる方法であるが，近年，生成物との分離が容易で再使用可能な固体触媒の開発が行われている．一例として，カルボキシ基やヒドロキシ基を表面官能基として多く持つ炭素が，セルロース加水分解に有効な固体触媒となることが見いだされている（**図 5.6**）．特に，炭素表面上の隣接カルボキシ基が協奏的に働いて活性点となることが提案され

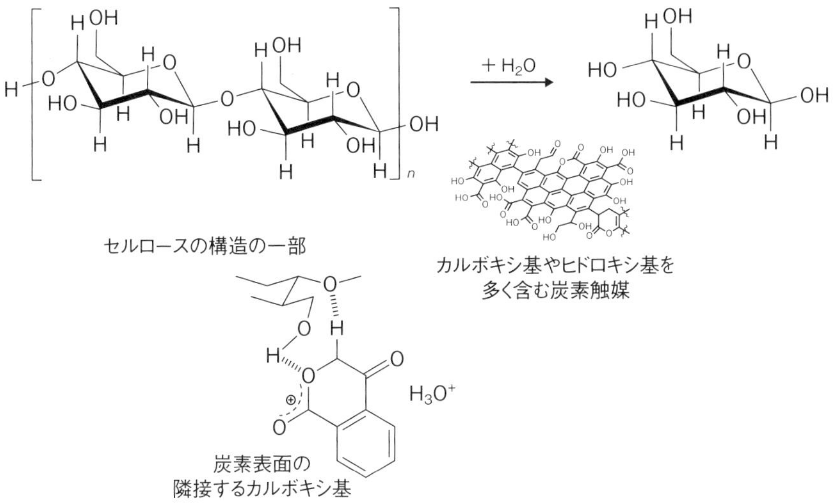

図 5.6　炭素触媒を用いるセルロースの加水分解反応と表面カルボキシ基とセルロースの相互作用

ている．従来，セルロースの加水分解には硫酸などの強酸が用いられてきたが，比較的弱い酸で選択的に加水分解できることが明らかになりつつある．

5.7.2　バイオディーゼル

バイオマス由来のディーゼル燃料として期待されているのが，高級脂肪酸のグリセリンエステルである脂肪酸トリグリセリドである．この脂肪酸トリグリセリドに含まれる高級脂肪酸は，オレイン酸，リノール酸，リノレン酸，ステアリン酸，パルミチン酸，ミリスチン酸，ラウリン酸等，C_{17} から C_{11} の飽和または不飽和の直鎖状の炭化水素基を持つ．三つの炭化水素基が 1 分子に結合したトリグリセリドの状態では，分子量が 1000 近くにもなり，粘度も高く，燃料として適さない．そこで，メタノールにより脂肪酸トリグリセリドをエステル交換反応することで，分子量や燃焼特性がディーゼル燃料として適した高級脂肪酸メチルエステルが得られる（図 5.7）．

バイオディーゼル製造プロセスのエステル交換反応には，通常 NaOH や

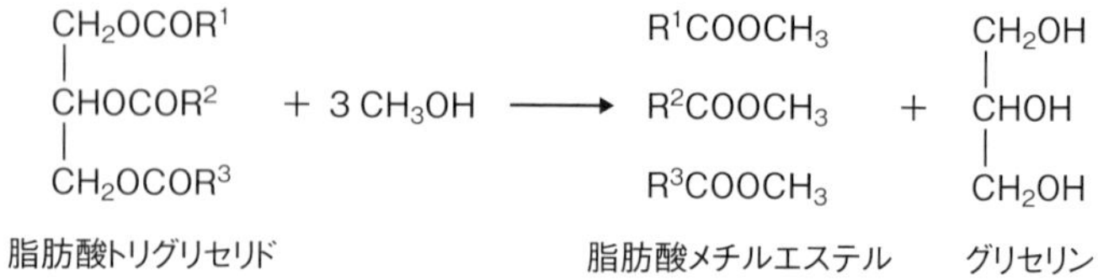

$$\begin{array}{l} CH_2OCOR^1 \\ | \\ CHOCOR^2 \\ | \\ CH_2OCOR^3 \end{array} + 3\,CH_3OH \longrightarrow \begin{array}{l} R^1COOCH_3 \\ R^2COOCH_3 \\ R^3COOCH_3 \end{array} + \begin{array}{l} CH_2OH \\ | \\ CHOH \\ | \\ CH_2OH \end{array}$$

脂肪酸トリグリセリド　　脂肪酸メチルエステル　　グリセリン

図 5.7 脂肪酸トリグリセリドのメタノールによるエステル交換反応

$NaOCH_3$といった**塩基触媒**が用いられる．一方で，原料によっては植物油中に遊離脂肪酸を含むものもあり，これは，塩基触媒の触媒毒になる．そのため，遊離脂肪酸を含む原料の場合には，エステル交換反応を行う前に，**酸触媒**を用いて遊離脂肪酸をメタノールなどでエステル化してからエステル交換反応を行っている．

5.7.3 バイオマス由来化学品の製造

現在は，エチレン，プロペン，BTX（ベンゼン・トルエン・キシレン）などの化学原料を組み合わせることで多様な化学製品を製造している．リグノセルロースに代表されるバイオマス資源は重合物であるため，化学原料として用いるためには，加水分解反応など解重合が必要になる．低分子量化した後に，発酵や熱化学変換により比較的高い収率で誘導できる分子が**バイオマスリファイナリ**の基礎化学品（ビルディング・ブロック）として位置付けられており（**図 5.8**），これらの化合物を経由して，バイオマス資源から化学原料が製造される．

フルフラールは，ヘミセルロースの加水分解により得られるペントースの酸触媒による脱水反応で得られ，現在でもバイオマスから製造されている．5-ヒドロキシメチルフルフラール（HMF）は，フルクトースを経由してグルコースから得られる．また，HMF の $-CH_2OH$ 基と $-CHO$ 基を酸化することにより，フラン-2,5-ジカルボン酸が得られる．グリセリンは，脂肪酸トリグリセリドからのバイオディーゼル製造プロセスにおける主たる副生成物である（図 5.7）．乳酸，コハク酸，3-ヒドロキシプロピオン酸は，糖やグリセリンなどの発酵により誘導可能な化合物である．レブリン酸は，HMF がさらに分解する

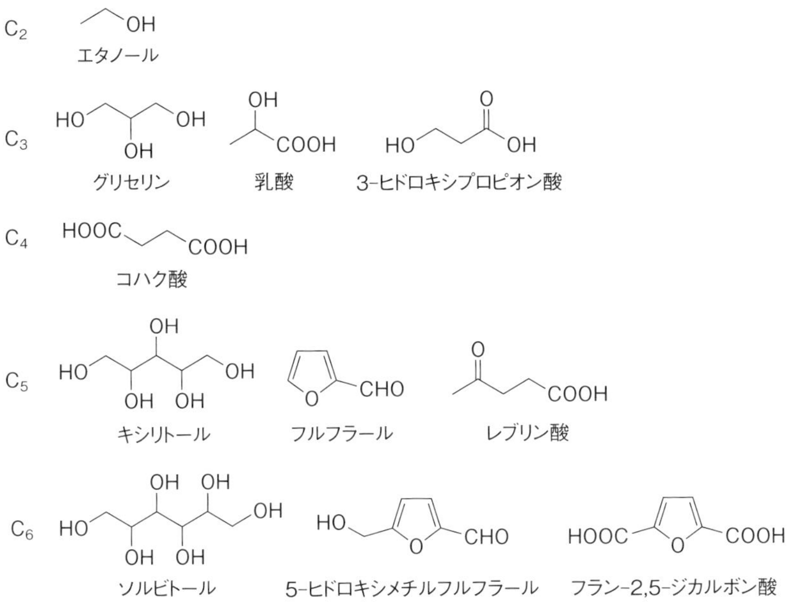

C_2 エタノール
C_3 グリセリン　乳酸　3-ヒドロキシプロピオン酸
C_4 コハク酸
C_5 キシリトール　フルフラール　レブリン酸
C_6 ソルビトール　5-ヒドロキシメチルフルフラール　フラン-2,5-ジカルボン酸

図 5.8　バイオマスリファイナリの基礎化学品の一例

ことで得られる化合物である．キシリトールおよびソルビトールは，キシロースおよびグルコースの水素化により得られる糖アルコールである．

図 5.9 に，炭化水素系化石資源として石炭，石油，天然ガス，そしてバイオマス原料，バイオマスリファイナリのビルディング・ブロック，さらに化学品の例としてジオール類の元素組成をプロットした図を示す．

石油および石油精製の基礎化学品 (エチレン，プロペン，BTX 等) は，炭素原子と水素原子から成るため，ジオール類などポリマー原料は酸素原子を加える反応 (酸化反応や水和反応) を用いて合成される．一方で，バイオマス資源からのジオール製造は，酸素含有率の高い分子内から，還元反応や脱水反応などで酸素原子を取り除いていく反応である．このように，石油からバイオマス資源への原料転換は，酸化還元の観点からは逆方向の反応であり，反応システムは大きく変わる．同時に，酸化反応では空気中の酸素が安価に手に入るが，還元反応には比較的高価な水素が必要となる．

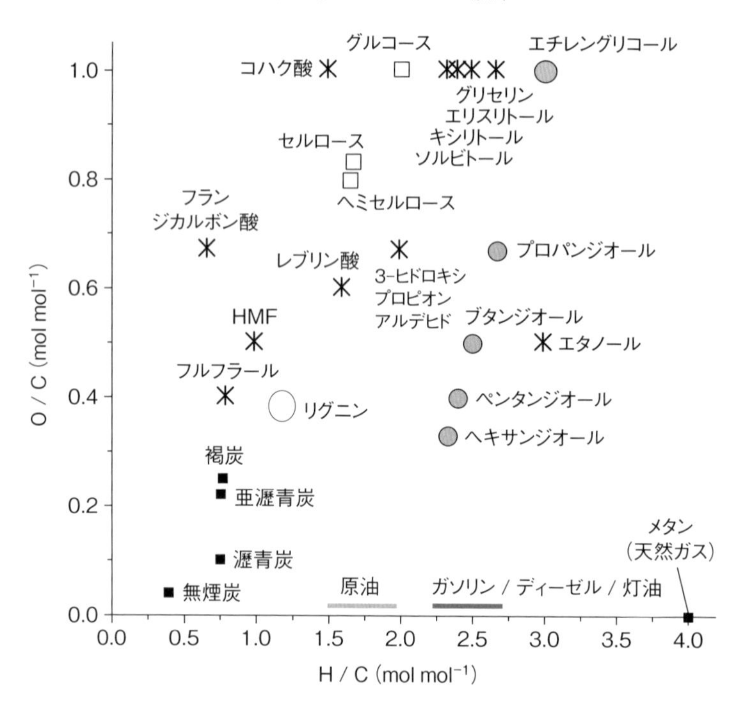

図5.9　炭化水素系化石資源およびバイオマス資源と関連化合物の組成

バイオマス由来の基礎化学品は，1分子中に多くの反応性官能基を持っているため，ある特定の化合物を選択的に得ようとした場合，触媒には，反応させずに保持する官能基と反応させる官能基を認識する機能が必要とされる．一つの例として，フルフラールからの1,5-ペンタンジオールの製造を取り上げる（図5.10）．フルフラール分子中のC=CおよびC=Oを全て水素化すること

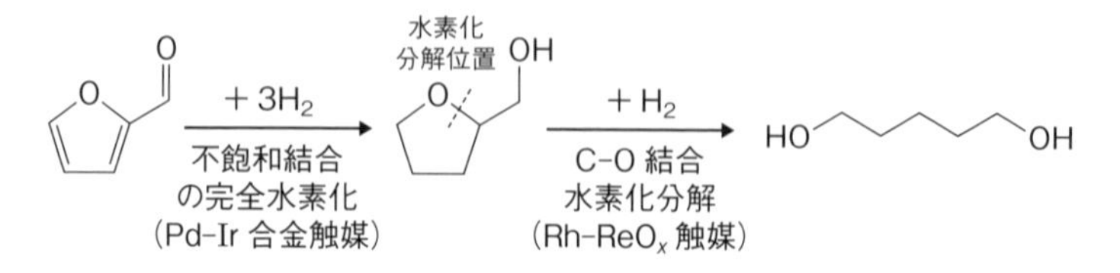

図5.10　フルフラールからテトラヒドロフルフリルアルコールを経由した1, 5-ペンタンジオールの合成反応スキーム

でテトラヒドロフルフリルアルコールが得られる．Pd-Ir 合金触媒を用いることでほぼ定量的に反応が進行する．1,5-ペンタンジオールは両末端にヒドロキシ基を持つため，ポリエステルなど樹脂の原料として用いることができる最も付加価値の高い化合物である．Rh 金属粒子表面を，低原子価（+2～+3 程度）の Re 酸化物クラスターで修飾した Rh-ReO_x 触媒は，高い収率で 1,5-ペンタンジオールを与えることが見いだされている．

バイオマスから化学原料を合成する

現在多くの化学品が石油から作られているが，環境問題への対応から，バイオマスから化学品を製造することが将来重要になると考えられている．ここでは，樹脂原料のジオールについて，石油とバイオマスからの合成法を比較してみたい．

1）1, 3-プロパンジオール

(a) および (b) が石油からの合成ルートで，(c) および (d) がバイオマスルートである．石油から 1,3-プロパンジオールを得るルートは効率的ではなく，現在は (c) が主流である．バイオディーゼルの副生成物であるグリセリンを原料とするルート (d) が検討されている．

(a) ═ —酸化→ (エポキシド) —ヒドロホルミル化 ($CO+H_2$)→ HO~~O —水素化→ HO~~OH 1,3-プロパンジオール

(b) —酸化→ ~~O —水和→ HO~~O —水素化→ HO~~OH

(c) 糖 —発酵→ HO~~OH

(d) HO~(OH)~OH グリセリン —水素化分解→ HO~~OH

2）1, 4-ブタンジオール

(e) が石油からの合成ルートで，(f) および (g) がバイオマスルートである．主流は (e) で，(f) が台頭してきている．また，グリセリン (C_3) からエリスリ

トール（C_4）の発酵，脱水による1,4-アンヒドロエリスリトール，そこからのワンポット反応による1,4-ブタンジオールを得るようなルートも研究が進められている．

(e) 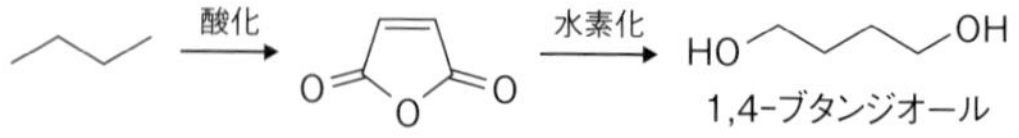 酸化 水素化 HO OH 1,4-ブタンジオール

(f) 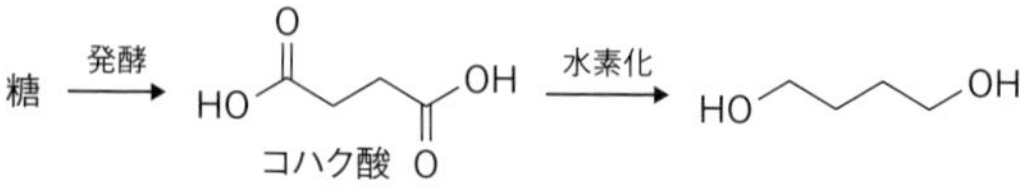 糖 発酵 HO OH コハク酸 水素化 HO OH

(g) 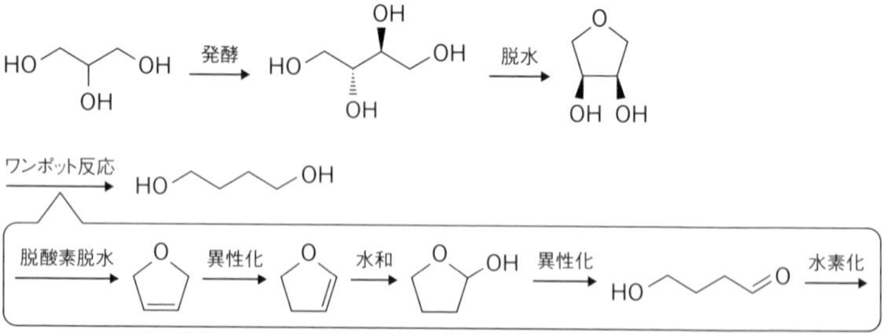 HO OH OH 発酵 HO OH OH OH 脱水 OH OH

ワンポット反応 HO OH

脱酸素脱水 異性化 水和 OH 異性化 HO O 水素化

(h) 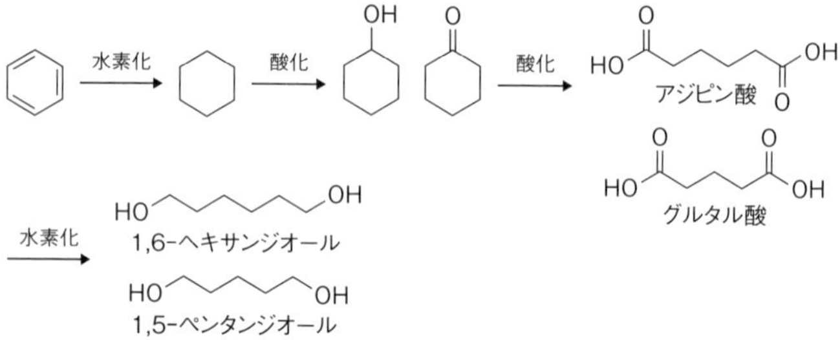 水素化 酸化 OH O 酸化 HO OH アジピン酸 HO OH グルタル酸

水素化 HO OH 1,6-ヘキサンジオール HO OH 1,5-ペンタンジオール

(i) 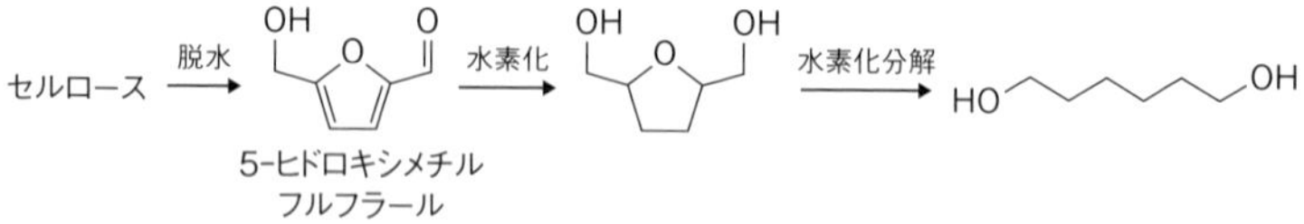 セルロース 脱水 OH O 5-ヒドロキシメチルフルフラール 水素化 OH OH 水素化分解 HO OH

(j) 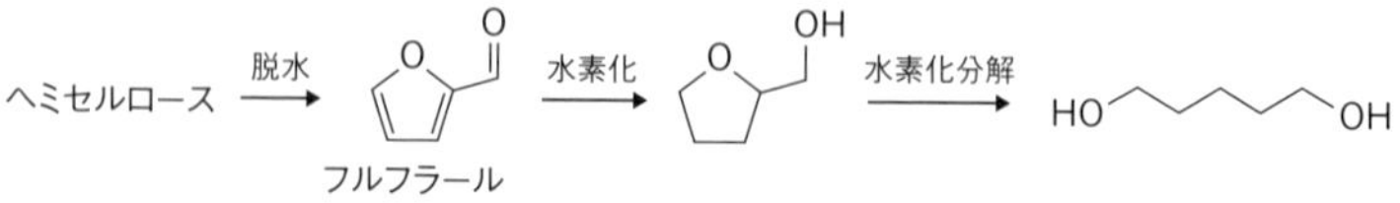 ヘミセルロース 脱水 O フルフラール 水素化 OH 水素化分解 HO OH

3）1, 5-ペンタンジオール，1, 6-ヘキサンジオール

(h) が石油からの合成ルートで，(i) および (j) がバイオマスルートである．主流は (h) で，(i) や (j) は研究段階である．(j) の中で，フルフラールを得るステップは，フルフラールの工業的製法であり，(j) の方が一歩進んでいるといえる．

いくつか合成ルートがある場合には，コストが非常に重要なファクターになっている．例えば，発酵では得られる生成物は比較的濃度の希薄な水溶液として得られることも多く，生成物の分離・精製にコストがかかる．また，水素を用いる反応（水素化，水素化分解など）では，水素のコストも重要な因子となっている．バイオマスから有用な化学品を製造する場合には，発酵や触媒だけでなく，多岐にわたる技術開発がキーとなる．

5.8 次世代燃料と触媒

5.8.1 FT 合成

ガソリン・軽油などのように燃料を石油から製造するのでなく，天然ガスやバイオマス，再生可能資源などからフィッシャー-トロプシュ（FT）反応により作ることができる．**FT 合成**は，1926 年にドイツのフィッシャー（Fischer, F.）らが，アルカリ含有鉄触媒を用いると石炭ガスから炭化水素とアルコールを合成できることを見つけたことに端を発する．その後，コバルト触媒が発見され，第二次世界大戦中にはドイツだけで年間 65 万 t の FT 合成が行われた．戦後，アパルトヘイトで石油の禁輸措置を受けた南アフリカが，やはり石炭からの FT 合成を進めた．このように暗い歴史と関係する FT だが，近年は天然ガス転換のためのツールとして，カタールの超大型 2 プラント（日量計 17 万バレル強：1 バレルは 159 L，お風呂 1 杯分）をはじめとした展開が進められてきた．

FT 合成は，以下の反応によって直鎖脂肪族炭化水素を生成する反応である．代表的な触媒は Fe，Co，Ru である．Co 系触媒は，触媒活性や液状炭化水素選択率が高いなどの優れた触媒性能を有しており，天然ガスを原料とする FT 合

成では最も広く採用されている.

$$n\mathrm{CO} + 2n\mathrm{H_2} \longrightarrow (\mathrm{CH_2})_n + n\mathrm{H_2O}$$

反応条件は200～350℃，常圧～40気圧である．反応は重合反応に近く，重合度を一定にすることが難しいため，生成物はC_1～C_{100+}と幅広く生成する．一次生成物は1-アルケンである．1-アルケンは二次反応により変化し，水素化による直鎖パラフィンの生成，水素化分解によるメタンなどの低級パラフィンの生成，二次的連鎖成長による高級炭化水素の生成などがある．また，エタノールなどの含酸素化合物類も副生する．生成物は，シュルツ-フローリー(Schulz-Flory)分布という連鎖成長確率に従って，直鎖の炭化水素が得られる．FT合成油には，原料の合成ガスの製造工程において脱硫処理が行われているため，重金属成分や硫黄，窒素成分を含有しておらず，環境負荷が小さいクリーンな軽油などが得られる．

5.8.2　メタンからの芳香族炭化水素の合成

Mo_2C/ゼオライト触媒を用いて，メタンを直接ベンゼンと水素に転換することができる．

$$6\mathrm{CH_4} \longrightarrow \mathrm{C_6H_6} + 9\mathrm{H_2}$$

この反応は，熱力学的に1023 K以上の高温が必要となる．このような高温下では，炭素析出と副反応を抑制することが困難であるために，特殊な触媒が必要となる．H-ZSM-5ゼオライトをZnもしくはMoで修飾した触媒を用いると，ベンゼンへの選択率100 %でメタンの芳香族化反応が進行する．973 Kにおいて，Zn/H-ZSM-5触媒で2気圧のメタンを反応させると，ベンゼンの収率は3 %と小さいが，Mo/H-ZSM-5触媒では8 %を超える．活性種はゼオライト細孔内に形成するMo_2Cであると考えられている．こうして，安価なシェールガスなどのガスから，石油化学原料として重要なベンゼンを得ることができる．また，水素を製造することもできる．

5.8.3　メタン酸化カップリング

メタン酸化カップリングは以下に示す反応式で表現される.

$$CH_4 + \frac{1}{2}O_2 \longrightarrow \frac{1}{2}C_2H_4 + H_2O$$

発熱反応であるが，一方，触媒表面でメタンからメチルラジカルを生成する反応が律速段階であり，メタン酸化カップリングには高温が必要となる．一度メチルラジカルが生成した後は，気相においてエタンが生成しエチレンに脱水素される．メタン酸化カップリングには，気相反応を含めると 50 以上の素過程が関与しているとされ，全体のメカニズムは複雑である.

ランタノイドであるランタン，ネオジム，サマリウムの酸化物において，メチルラジカルの生成速度が速く，特に La_2O_3 が最も顕著である．また，メタン酸化カップリングの活性点は，吸着酸素種の中でも電子を多く有した酸素種である．触媒上における吸着酸素種の平衡を以下の式に示す（式中 g は気相の，ads は触媒上の吸着酸素分子を意味する）.

$$O_{2(g)} \rightleftarrows O_{2(ads)} \overset{+e^-}{\rightleftarrows} O_2^- \overset{+e^-}{\rightleftarrows} O_2^{2-} \rightleftarrows 2O^- \overset{+e^-}{\rightleftarrows} 2O^{2-}$$

吸着酸素種の中でも，O_2^{2-} や O^- がメタン酸化カップリングに高い活性を示す．これらの吸着種は，メタンから水素原子を引き抜くことができる．熱力学的には容易だが未だ工業レベルを実現し得ない，メタンからの酸化カップリングによるエチレン合成，プロペン合成の発展が期待される（**図 5.11**）.

5.8.4　水素の貯蔵・輸送のための水素キャリア

水素を利用する際の貯蔵・輸送の技術として，**水素キャリア**あるいは**エネルギーキャリア**の確立が求められる．水素キャリアには大きく分けて，軽元素ハイドライド（NH_3，NH_3BH_3，$NaBH_4$，MgH_2 など），有機ハイドライド（メチルシクロヘキサン，デカリンなど），メタノール，ギ酸などが提案されている.

有機ハイドライドに関しては，常温・液体で安定なデカリン，メチルシクロヘキサン，あるいは水素化ジベンジルトルエンをキャリアとして，多くの実証

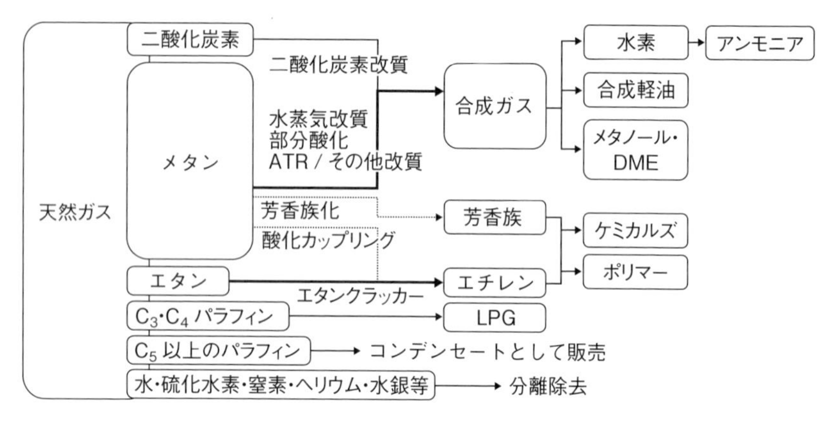

図5.11　様々な天然ガス利用プロセス

研究が行われてきた．特に，千代田化工建設によるSPERA水素システムは，白金ナノ粒子触媒を用いたメチルシクロヘキサン-トルエンサイクルであり，トルエンの水素化収率は99 % 以上，メチルシクロヘキサンの脱水素収率は95 % 以上と高いプロセス効率を示す．今後の研究課題としては，脱水素に要する熱が，得られる水素の燃焼熱の1/4近いことから，吸熱反応の熱マネジメントによる低温の熱を有効利用する手法（エクセルギー回生）と，そのための低温作動可能な高性能触媒の開発，それも白金など貴金属を用いない触媒の開発が望まれる．

CCUとエネルギーキャリア

CCUとは，carbon capture and utilizationの略である．増え続ける化石資源消費に伴い，大気中の二酸化炭素濃度が400 ppmを超え，温暖化への寄与が懸念されている．そこで，ものを燃やして出る二酸化炭素を回収し，再生可能エネルギー（太陽光や風力，バイオマスなど）と水から得られる水素を用いて，二酸化炭素を還元して燃料や物質の原料とすることをCCUと呼ぶ．CCUによって得られたエネルギーや物質を用いていれば，大気中の二酸化炭素をこれ以上増やさないことができる．また，バイオマス（植物資源）は光合成によって二酸化炭素を吸収しているため，これをエネルギーや物質として用いて，排出される二酸化炭素を回収隔離することで，大気中の二酸化炭素濃度を下げることもできる．CCU は，水素を運ぶ手段としても有効である．水素は常温では気体であるため密度が低く，漏れやすいため，運びにくい．そこで，回収した二酸化炭素と水素を反応させ，体積当たりの水素密度が高く常温で液体であるメタノールにすることで効率良く用いることができる．メタノールは多様なエネルギーや物質へと転換することも可能であることから，中国などでは大規模な利用が進む．ただし，CCU においては化石資源を組み合わせてはいけない．化石資源を組み合わせて用いると，その分だけ大気中の二酸化炭素を増やしてしまうので注意が必要である．CCU 以外にも，水素を液体として運ぶ手段（エネルギーキャリアと呼ばれる）としては，アンモニアや，有機ハイドライドが知られる．それぞれ一長一短があり，今後触媒研究による高効率化が期待される．

SDGs とサステイナビリティ

国連は，2001 年にミレニアム開発目標を策定し，その後継として 2015 年 9 月に「持続可能な開発のための 2030 アジェンダ」を採択した．これは 2030 年までに到達すべき地球上の課題をリストアップしたものである．地球は宇宙から見ると物質系としては閉じた殻であり，唯一外部から入るエネルギーは太陽光のみである．こういった環境に暮らす人間が，持続可能な社会を実現するために，17 のゴールと 69 のターゲットが選定された．これを SDGs（Sustainable Development Goals）と呼ぶ．触媒化学はその中でもとくに，7 番「エネルギー」，12 番「持続可能な消費と生産」，13 番「気候変動」などと強く相関がある．私たちは，今後あらゆる研究開発においてこの SDGs を念頭に置いて，ものを考えることが要求されていく．

演習問題

［1］　空燃比は空気と燃料の供給重量比である．メタンを理論空燃比（メタンの燃え残りがなく，酸素も完全に消費される条件）で燃焼させる場合の理論空燃比を求めよ．

［2］　固体高分子形燃料電池を用いて，1 m^3 の水素を用いて発電した場合の，得られる電力の最大量を求めよ．

［3］　エタノールはグルコースの嫌気性発酵により得られる．グルコースからエタノールが得られる化学反応式を示せ．

［4］　ステアリン酸，オレイン酸，リノール酸，リノレン酸はいずれも炭素数18のカルボン酸であるが，炭素-炭素二重結合の数が異なる．これらの化合物のIUPAC名を示し，構造と融点の関係を考察せよ．

［5］　塩基触媒および酸触媒を用いたエステル交換反応（例えば $RCOOR' + CH_3OH \rightarrow RCOOCH_3 + R'OH$）の反応機構を示せ．

［6］　5.8.3項で触れたメタンの酸化カップリング反応について，E-ファクターを求めよ．

各章の参考文献

<第1章>

Mavrikakis, M., Hammer, B. and Nørskov, J. K.：*Phys. Rev. Lett.*, **81**, 2819 (1998).

Tauster, S. J., Fung, S. C. and Garten, R. L.：*J. Am. Chem. Soc.*, **100**, 170–175 (1978).

Bond, G. C.：『Catalysis by Metals』Academic Press (1962).

Thomas, J. M.：『Design and Applications of Single-Site Heterogeneous Catalysts』Imperial College Press (2012).

Thomas, J. M. and Thomas, W. J.：『Principles and Practice of Heterogeneous Catalysis』2nd ed., Wiley-VCH (2015).

岩澤康裕・中村潤児・福井賢一・吉信　淳：『ベーシック表面化学（第6刷）』化学同人 (2018).

日本化学会 編：『物質の構造－分光』実験化学講座9，丸善 (2005).

日本表面科学会 編：『X線光電子分光法』表面分析技術選書，丸善株式会社 (1998).

日本分光学会 編：『X線・放射光の分光』分光測定入門シリーズ7，講談社 (2009).

日本化学会 編：『放射光が拓く化学の現在と未来 －物質科学にイノベーションをもたらす光－』CSJ カレントレビュー，化学同人 (2014).

太田俊明 編：『X線吸収分光法 －XAFSとその応用－』アイピーシー (2002).

SPring-8触媒評価研究会 編，安保正一・杉浦正治・永田正之 監修『SPring-8の高輝度放射光を利用した先端触媒開発』エヌ・ティー・エス (2006).

山内　淳：『磁気共鳴－ESR －電子スピンの分光学－』新・物質科学ライブラリ15，サイエンス社 (2006).

小林　修・小山田秀和 監修『固定化触媒のルネッサンス』シーエムシー出版 (2007).

米澤　徹・朝倉清高・幾原雄一 編『ナノ材料解析の実際』講談社 (2016).

田中庸裕・山下弘巳 編：『ナノ材料に利用するスペクトロスコピー －固体表面キャラクタリゼーションの実際－』講談社 (2005).

日本表面科学会 編：『透過型電子顕微鏡』表面分析技術選書，丸善出版 (1999).

日本表面科学会 編：『ナノテクノロジーのための走査プローブ顕微鏡』表面分析技術選書，丸善 (2002).

<第2章>

Heinemann, H.：A brief history of industrial catalysis, *Catal. Sci. & Tech.* (Anderson, J.R. and Boudart, M. eds.), Chap. 1, Springer-Verlag, Vol. 1, p. 1 (1981).

Voorhoeve, R. J. H., Johnson, D. W. Jr., Remeika, J. P. and Gallagher, P. K.：*Science*, **195**, 827-833 (1977).

Bassett, H. and Henry, A. J.：*J. Chem. Soc.*, **0**, 914-929 (1935).

小林久平：工業化学雑誌，**23**(6)，543-549 (1920).

Henderson, W. 著，三吉克彦 訳：『典型元素の化学』チュートリアル化学シリーズ，化学同人 (2003).

小野嘉夫・八嶋建明：『ゼオライトの科学と工学』講談社 (2000).

真田雄三・鈴木基之・藤元　薫：『新版 活性炭 －基礎と応用－』講談社 (1992).

Blanc, F., Copéret, C., Thivolle-Cazat, J., Basset, J. M., Lesage, A., Emsley, L., Sinha, A. and Schrock, R. R.：*Angew. Chem. Int. Ed.*, **45**, 1216-1220 (2006).

Blanc, F., Copéret, C., Thivolle-Cazat, J. and Basset, J. M.：*Angew. Chem. Int. Ed.*, **45**, 6201-6203 (2006).

Muratsugu, S., Lim, M. H., Itoh, T., Thumrongpatanarks, W., Kondo, M., Masaoka, S., Hor, T. S. A. and Tada, M.：*Dalton Trans.*, **42**, 12611-12619 (2013).

Motokura, K., Tada, M. and Iwasawa, Y.：*J. Am. Chem. Soc.*, **129**, 9540-9541 (2007).

Thomas, J. M.：『Design and Applications of Single-Site Heterogeneous Catalysts』Imperial College Press (2012).

<第3章>

小林　修・小山田秀和 監修：『固定化触媒のルネッサンス』シーエムシー出版 (2007).

日本化学会 編：『有機合成化学の新潮流』季刊化学総説，学会出版センター (2000).

垣内史敏：『有機金属化学』化学の要点シリーズ，共立出版 (2013).

日本化学会 編：『キラル化学 －その起源から最新のキラル材料研究まで－』CSJ カレントレビュー，化学同人 (2013).

丸岡啓二 編：『進化を続ける有機触媒 －有機合成を革新する第三の触媒－』化学フロンティア，化学同人 (2009).

虎谷哲夫・北爪智哉・吉村　徹・世良貴史・蒲池利章：『改訂 酵素 －科学と工学－』生物工学系テキストシリーズ，講談社 (2012).

東　信行・松本章一・西野　孝：『高分子科学 －合成から物性まで－』エキスパート応用化学テキストシリーズ，講談社 (2016).

<第4章>

室井高城：『工業触媒の最新動向 －シェールガス・バイオマス・環境エネルギー－』シーエムシー出版 (2013).

Rostrup-Nielsen, J.R.：*Catal. Sci. & Tech.* (Anderson, J.R. and Boudart, M. eds.), Chap. 1, Springer-Verlag, Vol. 5, p. 1 (1984).

Trimm, D.：*Catal. Today*, **37**, 233-238 (1997).

Ozaki, A. and Aika, K.：*Catal. Sci. & Tech.* (Anderson, J.R. and Boudart, M. eds.), Chap. 3, Springer-Verlag, Vol. 1, p. 87 (1981).

トーマス・ヘイガー著，渡会圭子 訳：『大気を変える錬金術 －ハーバー，ボッシュと化学の世紀－』みすず書房 (2010).

Bond, G. C.：『Heterogeneous Catalysis』2nd ed., Oxford Sci. Publ. (1987).

石油学会 編：『新版 石油精製プロセス』講談社 (2014).

<第5章>

Fujishima, A. and Honda, K.：*Bull. Chem. Soc. Jpn.*, **44**, 1148-1150 (1971).

Asahi, R., Morikawa, T., Ohwaki, T., Aoki, K. and Taga, Y.：*Science*, **293**, 269-271 (2001).

Kudo, A., Omori, K. and Kato, H.：*J. Am. Chem. Soc.*, **121**, 11459-11467 (1999).

Maeda, K., Teramura, K., Lu, D., Takata, T., Saito, N., Inoue, Y. and Domen, K.：*Nature*, **440**, 295 (2006).

Abe, R., Takami, H., Murakami, N. and Ohtani, B.：*J. Am. Chem. Soc.*, **130**, 7780-7781 (2008).

日本化学会 監修・翻訳『グリーン・サステイナブルケミストリー』I巻 (カーク・オスマー普及版)，丸善 (2016).

Shrotri, A., Kobayashi, H. and Fukuoka, A.：*Acc. Chem. Res.*, **51**, 761-768 (2018).

Tomishige, K., Nakagawa, Y. and Tamura, M.：*Green Chem.*, **19**, 2876-2924 (2017).

演習問題解答

第1章

[1] (1) 4　(2) 6　(3) 順に 4, 7, 7

[2] 吸着速度 $v_{ad} = k_{ad} P(1-\theta)^2$，脱離速度 $v_{de} = k_{de}\theta^2$ を用いて，
$k_{ad} P(1-\theta)^2 = k_{de}\theta^2$ から誘導される．

[3]

ラングミュア型単分子吸着（式(5)）

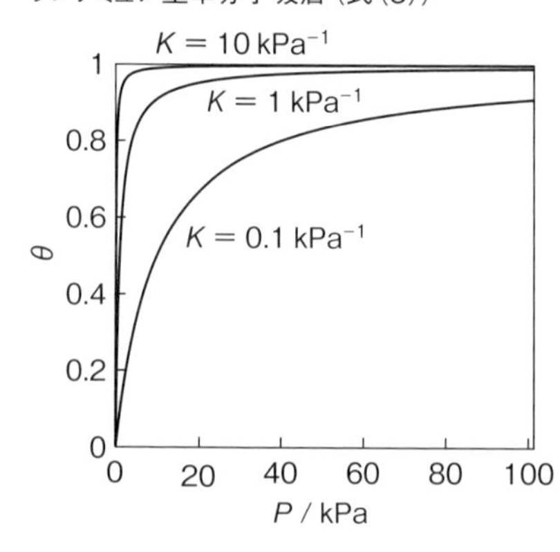

解離吸着（式(6)）

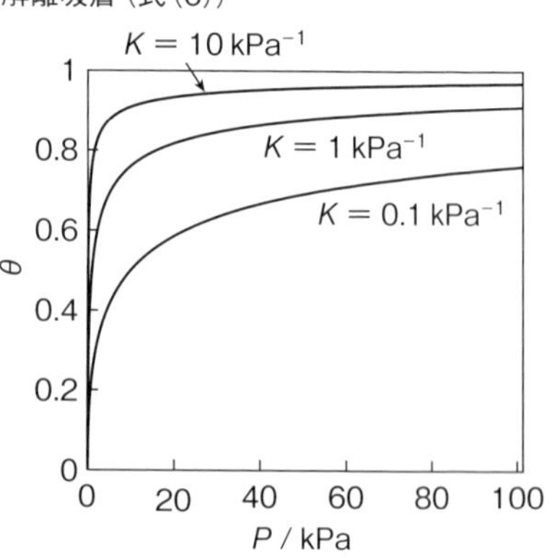

[4] $C_1(g)$ が生成する確率は $(1-\alpha)$，$C_2(g)$ が生成する確率は $\alpha(1-\alpha)$，$C_3(g)$ が生成する確率は $\alpha^2(1-\alpha)$ … なので，炭素数 n の生成物のモル分率 $[C_n(g)]/\Sigma[C_n(g)]$ はこの確率と同じ $(\alpha^{(n-1)}(1-\alpha))$ である．重量分率 W_n は，モル分率に n を掛けて比率をとることで求められ $(n\alpha^{(n-1)}(1-\alpha)/\Sigma\{n\alpha^{(n-1)}(1-\alpha)\})$，これを計算すると

$W_n = n\alpha^{(n-1)}(1-\alpha)^2$ となる．

[5] $$\frac{d[ES]}{dt} = k_1[S][E] - (k_{-1} + k_2)[ES] = 0$$

E の初濃度を $[E]_0$ とすると，$[E] = [E]_0 - [ES]$ が成り立つ．これを用いると，

$$[ES] = \frac{k_1[S][E]_0}{k_1[S] + k_{-1} + k_2}$$

ここでPの生成速度rは下記のように表され，これに上記の[ES]を代入する．

$$r = \frac{\mathrm{d}[\mathrm{P}]}{\mathrm{d}t} = k_2[\mathrm{ES}] = \frac{k_1 k_2[\mathrm{S}][\mathrm{E}]_0}{k_1[\mathrm{S}] + k_{-1} + k_2}$$

$[\mathrm{ES}] = [\mathrm{E}]_0$のとき，Pの生成速度は最大になり，$k_2[\mathrm{E}]_0 = r_{\mathrm{max}}$と記述できる．
また，$(k_{-1} + k_2)/k_1 = K_{\mathrm{m}}$とおけば，

$$r = \frac{r_{\mathrm{max}}[\mathrm{S}]}{K_{\mathrm{m}} + [\mathrm{S}]} \quad \text{（ミカエリス-メンテンの式）}$$

と書ける．ここで，K_{m}はミカエリス定数と呼ばれ，$[\mathrm{S}] = K_{\mathrm{m}}$で$r = r_{\mathrm{max}} \times 1/2$となり，最大速度の1/2になる基質濃度がミカエリス定数である．
また，r_{max}やK_{m}を求めるためには直線関係に変形して用いるのが便利であり，ラインウィーバー－バーク プロット（$1/r$と$1/[\mathrm{S}]$）がよく用いられる．

$$\frac{1}{r} = \frac{K_{\mathrm{m}}/r_{\mathrm{max}}}{[\mathrm{S}] + 1/r_{\mathrm{max}}}$$

[6] 定常反応下でRh表面はCOが飽和吸着に近い状態で，O_2は吸着CO領域に分け入ってOに解離しCOと反応するが，高温になるとCO被覆率が減少してCOもO_2も吸着平衡にあり，定常反応の見かけの活性化エネルギー（E_{a}）には，素反応CO＋Oの活性化エネルギー（E）に符号の反対の大きなCO吸着熱（Q_{CO}）とO_2吸着熱の半分（$1/2\,Q_{\mathrm{o}}$）が加わるので，見かけの活性化エネルギー（$E_{\mathrm{a}} = E - Q_{\mathrm{CO}} - 1/2\,Q_{\mathrm{o}}$）は負となる．

[7] 室温付近の吸着熱は以下のようになる．
q_{o}：HD (g) と吸着種とのポテンシャルエネルギー曲線の底のエネルギー差 とすると，0 Kでの吸着熱（q）は

$$q\,(\mathrm{HD}) = q_{\mathrm{o}} + \frac{1}{2}h\nu\,(\mathrm{HD}) - \frac{1}{2}h\nu\,(\mathrm{ZnH}) - \frac{1}{2}h\nu\,(\mathrm{OD})$$

$$q\,(\mathrm{DH}) = q_{\mathrm{o}} + \frac{1}{2}h\nu\,(\mathrm{HD}) - \frac{1}{2}h\nu\,(\mathrm{ZnD}) - \frac{1}{2}h\nu\,(\mathrm{OH})$$

であるから，

$$q\,(\mathrm{HD}) - q\,(\mathrm{DH})$$

$$= \left(\frac{1}{2}h\nu\,(\mathrm{OH}) - \frac{1}{2}h\nu\,(\mathrm{OD})\right) - \left(\frac{1}{2}h\nu\,(\mathrm{ZnH}) - \frac{1}{2}h\nu\,(\mathrm{ZnD})\right) > 0$$

$q\,(\mathrm{HD}) > q\,(\mathrm{DH})$ となるので，-Zn (H)-O (D)- が主となる．
一方，低温では律速の吸着過程の活性化エネルギーは以下のようになる．

$E^{\ddagger}$：ポテンシャルエネルギー曲線の底から底への活性化エネルギー とすると，両者の活性化エネルギーは

$$E^{\ddagger}(\mathrm{HD}) = E^{\ddagger} + \frac{1}{2}h\nu\,(\mathrm{ZnH}) - \frac{1}{2}h\nu\,(\mathrm{HD})$$

$$E^{\ddagger}(\mathrm{DH}) = E^{\ddagger} + \frac{1}{2}h\nu\,(\mathrm{ZnD}) - \frac{1}{2}h\nu\,(\mathrm{HD})$$

ただし，ν(OH) と ν(OD) は反応座標であるとして除いてある.

$$E^{\ddagger}(\mathrm{HD}) - E^{\ddagger}(\mathrm{DH}) = \frac{1}{2}h\nu\,(\mathrm{ZnH}) - \frac{1}{2}h\nu\,(\mathrm{ZnD}) > 0$$

したがって，$E^{\ddagger}(\mathrm{HD}) > E^{\ddagger}(\mathrm{DH})$ となり，
活性化エネルギーの小さな -Zn (D)-O (H)- が主となる.

第 2 章

[1] 表面積，サイズ，形状，表面構造，表面組成，欠陥密度，結晶相，格子定数，d 電子密度，d バンドセンター，酸塩基量・強度，酸化還元特性，金属-酸素結合エネルギー，中間体安定性，細孔構造など (詳細は本書の各関係箇所を参照). これらは触媒設計・調製するときに考慮する因子であり，触媒反応機構と密接に関連する.

[2] $H_1Al_1Si_{45}O_{92}$ の分子量は，2760 となる. ゼオライト 1 g 中の H の量は，0.36 mmol となり，酸量は，0.36 mmol g^{-1} と計算される.

[3] 原子間の結合距離 (原子の中心間の距離) を 0.14 nm として，一つの六角形の表裏の面積を求めると $(1/2 \times \sqrt{3}/2 \times 6 \times (0.14\,\mathrm{nm})^2) \times 2 = 1.02 \times 10^{-19}\,\mathrm{m}^2$.
一つのグラフェンの六角形の頂点の炭素原子は，隣接する他の二つの六角形と面を共有しているので，6/3 = 2 個の原子が含まれる.
二つの炭素原子の重量は $12/(6.02 \times 10^{23}) \times 2 = 3.99 \times 10^{-23}$ g であるため，
$(1.02 \times 10^{-19})/(3.99 \times 10^{-23}) = 2550\,\mathrm{m}^2\,\mathrm{g}^{-1}$ となる.

[4] 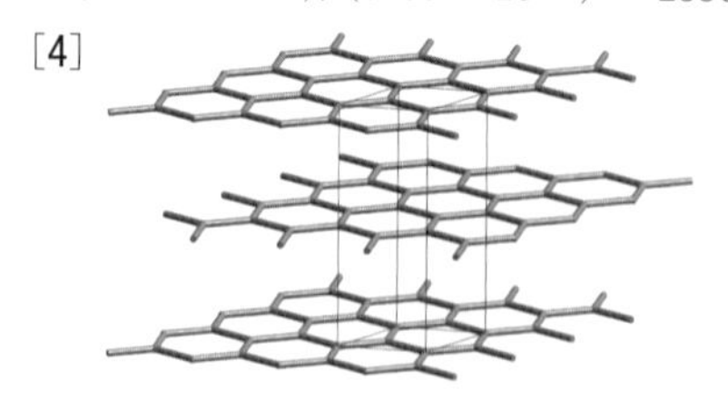

細い実線は単位格子. 上から見ると，正六角形の頂点と中心に互い違いに炭素原子が存在する.

第3章

[1] 46回．これは触媒回転数（turnover number；TON）と呼ばれ，触媒性能評価の重要な指針の一つである．理想的な触媒はこの数値が∞となる．

[2] A．触媒量が同じで収率も同じであるので，共に触媒回転数は同じ（この場合18回）．しかし，触媒Aは2時間で到達しているので1時間当たり9回，触媒Bは4時間必要なので1時間当たり4.5回しか働いていない．これは触媒回転（ターンオーバー）頻度（turnover frequency；TOF）と呼ばれる評価指針である．

[3] 逆反応も生成物阻害もないため，触媒回転に優位になる（原料のアルケンは触媒に配位しやすいが，生成物であるアルカンは触媒と相互作用しない）．

[4] ルイス酸触媒は配位結合で活性化するのに対し，初期の有機触媒ではエナミンやイミニウムイオン中間体を形成する必要があった．そのため中間体形成，反応，生成物への脱離を伴う触媒再生の3工程が必要となり，一般的に反応性が劣る例が多かった（近年では改善例が多く報告されている）．

[5] 86.3％～86.5％．

[6] 動的速度論的光学分割（dynamic kinetic resolution）．ラセミ化を伴わない場合は，立体による反応（この場合は加水分解反応）の速度差を利用した分割方法なので，単に速度論的光学分割（kinetic resolution）と呼ぶ．

[7] C．原料の主流はバイオマス由来のバイオプラスチックであるが，微生物が分解できれば原料は石油由来でも構わない．

第4章

[1] ピリジン分子においては，N原子中のp軌道にある一つの電子が芳香族性に関わっており，一つの非共有電子対がプロトンと相互作用しても，芳香族性は維持できる．そのため高い塩基性を持つ．一方でピロールは，N原子中のp軌道にある二つの電子が芳香族性に関わっており，プロトンと相互作用する場合には，この二つの電子を用いる必要があるので，芳香族性を維持しながらプロトンと相互作用することはできない．そのため，ピリジンと比較してピロールの塩基性は極めて低い．

[2] プロパンはブレンステッド酸点上のプロトンの攻撃を受け，水素と第二級カルボカチオンを与える．

Si–O–Si–O(H⊕)–Al⊖–O–Si (ゼオライト骨格) ＋ プロパン ⟶ Si–O–Si–O(…第二級カルボカチオン⊕)–Al⊖–O–Si ＋ H_2

プロパンはルイス酸点によりヒドリドが引き抜かれ，第二級のカルボカチオンを与える．

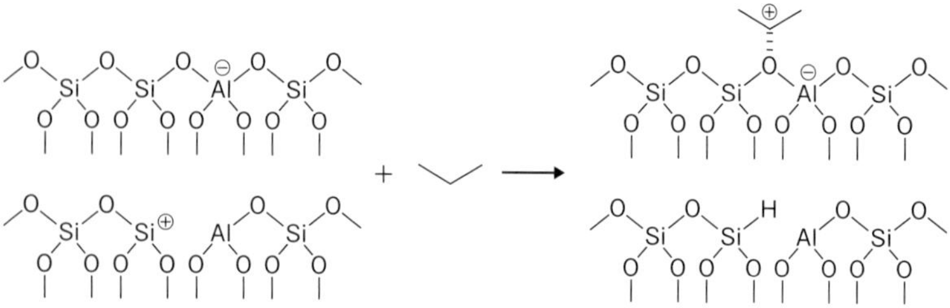

[3] 一例として下記のようになる．

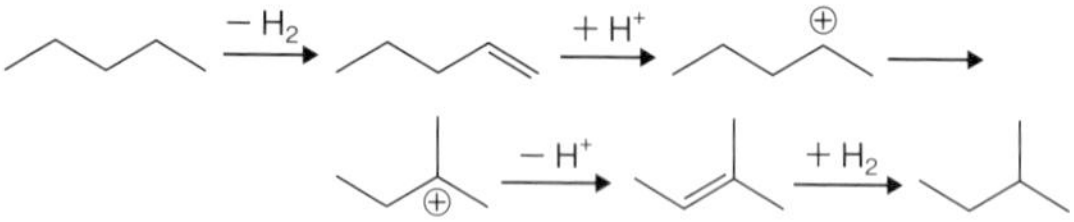

ここで，二重結合の位置や同じ級数のカルボカチオンの移動は比較的容易である．

[4] 世界同時不況のためABS樹脂やAS樹脂が過剰供給となり，世界的に減産された結果，アクリロニトリルの副生成物でもあったアセトニトリルが相対的に供給不足となったため（ABS樹脂やAS樹脂は，特に自動車のバンパーや内装に多く使われている）．

[5] 原料の入手容易性や生成物の需要量から，複数のプロセスを組み合わせて生産調整を行っているためである．例えば，フェノールはフェノール樹脂の原料として使われていたが，近年は減産傾向にあるため，クメン法で副生するアセトンは減産となる．一方，アセトン自体は需要があるので，これを賄うため他の方法でも合成している．また，生産各国の環境基準や法律により規制を受ける場合もある．水銀塩を用いたアセチレンの水和反応によるアセトアルデヒド合成は，原料が安価なため現在でも稼働しているプロセスである（ただし，日本では稼働していない）．

[6] エチレンオキシドと二酸化炭素からエチレンカーボネートを合成する．次いでエステル交換反応を繰り返し，メタノール，フェノールを触媒として，最終的にビスフェノールAとのエステル交換反応によりポリカーボネートを合成している．副生成物はエチレングリコールだが，これはPET樹脂の原料としても用いられる有用な化合物である．

エチレングリコール　メタノール　フェノール　ビスフェノールA

エチレンオキシド + CO_2 二酸化炭素 → エチレンカーボネート　ジメチルカーボネート　ジフェニルカーボネート　ポリカーボネート

第5章

[1] メタンの分子量は16，酸素の分子量は32である．$CH_4 + 2O_2 \rightarrow CO_2 + 2H_2O$ が燃焼の量論であり，酸素は空気中に21 %含まれるため，メタンを16 g燃焼させるためには，$32 \times 2 = 64$ gの酸素が必要となり，それに同伴する窒素ならびにアルゴンが79 %分あるため，これらは $64/21 \times 79 = 240.8$ gとなる．よって，メタン燃焼の理論空燃比は $(64 + 240.8)/16 = 19$ となる．

[2] 水素を常温常圧とすると，$1\ m^3 = 1000$ Lであり，$24.6\ L = 1$ molとすると40.6 molとなる．1 molの水素の燃焼当たり二つの電子が生じる．水素燃焼の起電力は1.23 Vである．よって，$40.6 \times 2 \times 96500 \times 1.23 = 9.65$ MJとなる．

[3] $C_6H_{12}O_6 \longrightarrow 2C_2H_5OH + 2CO_2$

嫌気性とは酸素がない条件で進行することを意味し，グルコース中の六つの炭素のうち，エタノール中の炭素原子は還元され，二酸化炭素中の炭素原子は酸化されていることに注意してほしい．

[4] ステアリン酸：オクタデカン酸 ($CH_3(CH_2)_{16}COOH$)　融点 70 ℃

オレイン酸：*cis*-9-オクタデセン酸　融点 16 ℃

リノール酸：*cis,cis*-9,12-オクタデカジエン酸　融点 −5 ℃

リノレン酸：*cis,cis,cis*-9,12,15-オクタデカトリエン酸　融点 −11 ℃

二重結合はいずれもシス形であり，二重結合の数が増加するごとに融点が低下することが分かる．これは，シス形の二重結合を持つことで，分子の構造が比較的直線状から曲がった分子構造をとり，分子間相互作用が弱まるためである．これらのカルボン酸から得られるトリグリセリド（油脂）の融点も同様の傾向を示す．

[5]

塩基触媒エステル交換反応

$$\mathrm{R{-}C({=}O){-}OR' + CH_3O^- \rightleftharpoons R{-}C(O^-)(OR'){-}OCH_3 \rightleftharpoons R{-}C({=}O){-}OCH_3 + R'O^-}$$

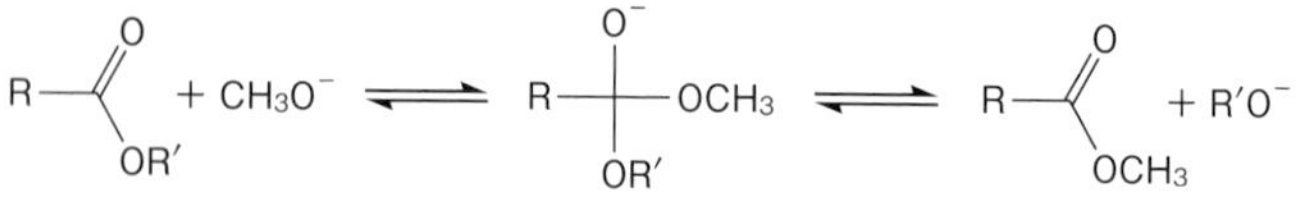

酸触媒エステル交換反応

$$\mathrm{R{-}C({=}O){-}OR' \underset{-H^+}{\overset{+H^+}{\rightleftharpoons}} [R{-}C(OH){-}OR']^{+} \underset{-CH_3OH}{\overset{+CH_3OH}{\rightleftharpoons}} R{-}C(OH)(OR'){-}\overset{+}{O}(H)CH_3}$$

$$\mathrm{\underset{+R'OH}{\overset{-R'OH}{\rightleftharpoons}} [R{-}C(OH){-}OCH_3]^{+} \underset{+H^+}{\overset{-H^+}{\rightleftharpoons}} R{-}C({=}O){-}OCH_3}$$

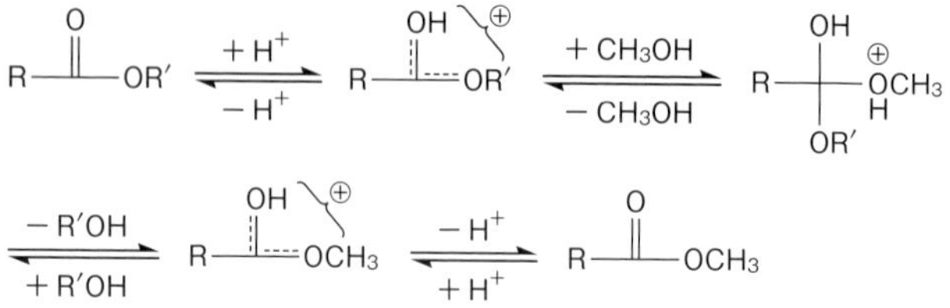

[6] 右辺のエチレンの分子量は 28，水の分子量は 18 であり，エチレンは 1/2 であるため，原子効率は 14/(14 + 18) = 43.8 % となる．
よって E-ファクターは 1/0.438 − 1 = 1.28 となる．

索　引

欧文字，数字など

ア

イ

ウ

エ

オ

カ

キ

ク

ケ

コ

メ

モ

ユ

ラ

リ

ル

レ，ロ

ワ

著者略歴

岩澤康裕（いわさわやすひろ）　東京大学大学院理学系研究科博士課程中途退学．東京大学名誉教授，電気通信大学特任教授．理学博士

小林　修（こばやししゅう）　東京大学大学院理学系研究科博士課程中途退学．東京大学大学院理学系研究科教授．理学博士

冨重圭一（とみしげけいいち）　東京大学大学院理学系研究科博士課程中途退学．東北大学大学院工学研究科教授．博士（理学）

関根　泰（せきねやすし）　東京大学大学院工学系研究科博士課程修了．早稲田大学大学院先進理工学研究科教授．博士（工学）

上野雅晴（うえのまさはる）　東京理科大学大学院薬学研究科博士課程修了．徳島大学大学院社会産業理工学研究部自然科学系講師．博士（薬学）

唯　美津木（ただみづき）　東京大学大学院理学系研究科博士課程中途退学．名古屋大学大学院理学研究科教授．博士（理学）

化学の指針シリーズ　触媒化学

2019年5月20日　第1版1刷発行

著作者　岩澤康裕　小林　修　冨重圭一　関根　泰　上野雅晴　唯　美津木

検印省略

定価はカバーに表示してあります．

発行者　吉野和浩

発行所　東京都千代田区四番町8-1
電話　03-3262-9166（代）
郵便番号　102-0081
株式会社　裳華房

印刷所　三報社印刷株式会社

製本所　株式会社　松岳社

一般社団法人
自然科学書協会会員

ISBN 978-4-7853-3228-0

周期表と触媒

周期＼族	1	2	3	4	5	6	7	8	9
1	$_{1}$H 水素 (プロトン・ヒドリド)								
2	$_{3}$Li リチウム シリケートなどに導入(Li遷移金属酸化物はLiイオン電池正極に用いられる)	$_{4}$Be ベリリウム 昔は脱アルキルなどに用いられた							
3	$_{11}$Na ナトリウム ゼオライトの構造安定化	$_{12}$Mg マグネシウム 塩基性を活かした触媒担体(酸化物)							
4	$_{19}$K カリウム (各種電子供与性修飾剤)	$_{20}$Ca カルシウム 担体(欠損型酸化物の合成)	$_{21}$Sc スカンジウム アルドール反応	$_{22}$Ti チタン 光触媒(酸化物・酸窒化物)担体(酸化物・複合酸化物)・重合	$_{23}$V バナジウム 芳香族酸化・硫酸合成(酸化物)	$_{24}$Cr クロム 飽和炭化水素脱水素・水素化(酸化物の酸化還元)	$_{25}$Mn マンガン 脱水素・亜硝酸分解(酸化物)スス燃焼(酸化物・複合酸化物の酸化還元)	$_{26}$Fe 鉄 FT合成(金属)アンモニア合成・水性ガスシフト(酸化物)飽和炭化水素脱水素(酸化物)	$_{27}$Co コバルト FT合成・酸化・エタノール転換や改質(担持金属と酸化物)
5	$_{37}$Rb ルビジウム ほとんど用いない	$_{38}$Sr ストロンチウム 担体(欠損型酸化物の合成)	$_{39}$Y イットリウム 担体(欠損型酸化物の合成)	$_{40}$Zr ジルコニウム 担体(酸化物・複合酸化物)固体電解質材料・重合	$_{41}$Nb ニオブ プロパン酸化(複合酸化物)固体酸(含水ニオブ酸)	$_{42}$Mo モリブデン 脱水素・酸化・メタセシス・環化(酸化物)環化(硫化物)ヘテロポリ酸合成(イオン)	$_{43}$Tc テクネチウム 存在せず	$_{44}$Ru ルテニウム メタン化・水素化・アンモニア合成・FT合成(金属)	$_{45}$Rh ロジウム 排ガス浄化・メタン直接部分酸化・CO選択酸化(金属)・ヒドロホルミル化・不斉還元
6	$_{55}$Cs セシウム (各種電子供与性修飾剤)	$_{56}$Ba バリウム 窒素酸化物の吸着分解(イオン)	ランタノイド	$_{72}$Hf ハフニウム	$_{73}$Ta タンタル	$_{74}$W タングステン 脱水素・酸化・メタセシス・環化(酸化物)ヘテロポリ酸合成(イオン)	$_{75}$Re レニウム 助触媒	$_{76}$Os オスミウム 有害(まれに酸化で用いる)	$_{77}$Ir イリジウム 環境浄化・水素化など

ランタノイド

$_{57}$La ランタン	$_{58}$Ce セリウム	$_{59}$Pr プラセオジム	$_{60}$Nd ネオジム	$_{61}$Pm プロメチウム	$_{62}$Sm サマリウム	$_{63}$Eu ユウロピウム
燃焼触媒・担体(酸化物・複合酸化物)	環境触媒・燃焼触媒・自動車触媒担体(酸化物・複合酸化物)	まれに用いられる	(磁性材料)		担体(酸化物・複合酸化物)	まれに用いられる